Übungsbuch zur Analysis

Anton Deitmar

Übungsbuch zur Analysis

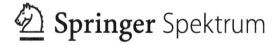 Springer Spektrum

Anton Deitmar
Mathematisches Institut
Universität Tübingen
Tübingen, Deutschland

ISBN 978-3-662-62859-1   ISBN 978-3-662-62860-7   (eBook)
https://doi.org/10.1007/978-3-662-62860-7

Die Deutsche Nationalbibliothek verzeichnet diese Publikation in der Deutschen Nationalbibliografie; detail-
lierte bibliografische Daten sind im Internet über http://dnb.d-nb.de abrufbar.

Planung/Lektorat: Annika Denkert
Springer Spektrum ist ein Imprint der eingetragenen Gesellschaft Springer-Verlag GmbH, DE und ist ein Teil
von Springer Nature.
Die Anschrift der Gesellschaft ist: Heidelberger Platz 3, 14197 Berlin, Germany

Vorwort

Das vorliegende Übungsbuch ist als Begleittext zu dem Buch

Analysis
Anton Deitmar
Springer Spektrum; 3. Auflage: 2020
ISBN-13: 978-3642548093

gedacht. Zitate, die mit Ana- beginnen, beziehen sich auf dieses Analysis-Buch. Beide Bücher können begleitend zu einer Hochschul-Veranstaltung oder auch für das Selbststudium genutzt werden.

Zum Studium der Mathematik gehört einerseits das Nachvollziehen einer Vorlesung oder eines Lehrbuchs und andererseits das selbständige Lösen von Aufgaben. An der Hochschule werden die Lösungen in der Regel korrigiert und besprochen. Beim Selbststudium fehlt dieses Feedback. Damit eine gefundene Lösung auf Korrektheit geprüft werden kann, ist in diesem Fall der Vergleich zu einer gegebenen Lösung hilfreich. Deshalb enthält dieses Buch im hinteren Teil Lösungen zu vielen Aufgaben.

Hier eine eindringliche Mahnung: Schauen Sie sich die Lösung einer Aufgabe erst dann an, wenn Sie sich intensiv mit der Aufgabe auseinander gesetzt haben, am besten erst dann, wenn Sie selbst eine Lösung gefunden haben und deren Korrektheit und Vollständigkeit prüfen möchten. Sie gefährden den Lernerfolg, wenn Sie die Lösung zu früh anschauen.

In der Praxis heißt das: Geben Sie sich mehrere Tage, am besten eine Woche Zeit! Erst dann sollten Sie die Lösung nachschlagen. Das mag lang erscheinen, ist aber die Zeit, die gebraucht wird und entspricht auch der Vorgehensweise an der Hochschule.

Im hinteren Teil des Buches findet man Lösungsvorschläge für viele Aufgaben. Die Aufgaben sind markiert, je nachdem, ob eine Lösung oder eine Lösungsskizze zu finden ist:

(L)   Eine Lösung ist im hinteren Teil des Buches zu finden.

(LS)   Eine Lösungsskizze wird gegeben.

Zu jeder Aufgabe ist ein Schwierigkeitsgrad angegeben:

(A)   Leichte Aufgabe. Durch direkte Anwendung
          der Definitionen und Sätze zu lösen.

(B)   Mittelschwer. Mit etwas Nachdenken zu lösen.

(C)   Hier ist ein Trick zu finden oder eine besondere Einsicht.

(E)   Für Experten.

Für jede Art von Feedback an meine Email-Adresse bin ich dankbar. Auf meiner Homepage finden Sie laufend Updates für beide Bücher.

Tübingen, 2020   Anton Deitmar

Inhaltsverzeichnis

II Lösungsvorschläge

Teil I

Aufgaben

Kapitel 1

Grundlagen

1.1 Aussagen

Aufgabe 1.1.1. (A) (L)

Es seien

$$\wedge = \text{und}, \qquad \vee = \text{oder}.$$

Zeige: Für alle Aussagen $\mathcal{A}, \mathcal{B}$ gilt

(a) $\mathcal{A} \Rightarrow (\mathcal{B} \Rightarrow \mathcal{A})$ und

(b) $(\mathcal{A} \wedge \neg\mathcal{B}) \vee (\mathcal{B} \wedge \neg\mathcal{A}) \quad \Leftrightarrow \quad (\mathcal{A} \vee \mathcal{B}) \wedge \neg(\mathcal{A} \wedge \mathcal{B})$.

Hierbei ist $\neg C$ die **Negation** der Aussage C, also ist $\neg C$ genau dann wahr, wenn C falsch ist.

Aufgabe 1.1.2. (A)

Es sei ∇ das ausschließliche oder, d.h., für zwei Aussagen $\mathcal{A}$ und $\mathcal{B}$ ist $\mathcal{A}\nabla\mathcal{B}$ genau dann wahr, wenn eine und nur eine der beiden Aussagen wahr ist. Also

$$\mathcal{A}\nabla\mathcal{B} \quad \Leftrightarrow \quad (\mathcal{A} \vee \mathcal{B}) \wedge \neg(\mathcal{A} \wedge \mathcal{B}).$$

Zeige: Für beliebige Aussagen $\mathcal{A}, \mathcal{B}, C$ gilt:

(a) $(\mathcal{A}\nabla\mathcal{B})\nabla C \Leftrightarrow \mathcal{A}\nabla(\mathcal{B}\nabla C)$,

© Der/die Autor(en), exklusiv lizenziert durch
Springer-Verlag GmbH, DE, ein Teil von Springer Nature 2021
A. Deitmar, *Übungsbuch zur Analysis*, https://doi.org/10.1007/978-3-662-62860-7_1

(b) $\mathcal{A} \wedge (\mathcal{B} \nabla C) \Leftrightarrow (\mathcal{A} \wedge \mathcal{B}) \nabla (\mathcal{A} \wedge C)$.

1.2 Mengen

Aufgabe 1.2.1. (A)   (L)

Seien A, B, C Mengen.

Zeige:

$$(A \smallsetminus B) \smallsetminus (A \smallsetminus C) = (A \cap C) \smallsetminus B,$$
$$(A \smallsetminus B) \smallsetminus (C \smallsetminus B) = A \smallsetminus (B \cup C).$$

Aufgabe 1.2.2. (B)   (L)

Sei X eine Menge. Für eine Teilmenge $A \subset X$ schreibt man auch A^c für das **Komplement** $X \smallsetminus A$. Sei I eine Indexmenge und für jedes $i \in I$ sei $A_i \subset X$ eine Teilmenge. Ferner seien $A, B, C \subset X$.

Beweise oder widerlege:

$$\text{(a)} \quad \left(\bigcup_{i \in I} A_i \right)^c = \bigcap_{i \in I} A_i^c, \qquad \text{(b)} \quad \left(\bigcap_{i \in I} A_i \right)^c = \bigcup_{i \in I} A_i^c$$

$$\text{(c)} \quad ((A \smallsetminus B) \cap C)^c = (B \cap A^c) \cup C^c$$

Aufgabe 1.2.3. (B)

Seien A, B, C Mengen und sei die **symmetrische Differenz** von Mengen definiert als
$$A \Delta B := (A \smallsetminus B) \cup (B \smallsetminus A).$$

Zeige:

(a) $A \Delta B = (A \cup B) \smallsetminus (A \cap B)$,

(b) $(A \Delta B) \Delta C = A \Delta (B \Delta C)$,

(c) $A \cap (B \Delta C) = (A \cap B) \Delta (A \cap C)$.

Hintergrund: Die Aussage (b) bedeutet, dass die Δ-Operation assoziativ ist. Die leere Menge $\emptyset$ ist ein neutrales Element, also $\emptyset \Delta A = A$ und jede Menge A hat sich selbst als inverses, also $A \Delta A = \emptyset$. Da schließlich noch $A \Delta B = B \Delta A$ gilt, folgt, dass die Potenzmenge $\mathcal{P}(X)$ einer beliebigen Menge X mit der Δ-Operation eine abelsche Gruppe bildet.

Fasst man Δ als "Addition" und die Schnittbildung $\cap$ als "Multiplikation" auf, dann ist Teil (c) gerade das bekannte Distributivgesetz $a(b+c) = ab + bc$.

In der Tat folgt alles dies, wenn man einer Teilmenge $A \subset X$ ihre charakteristische Funktion $\mathbf{1}_A$ zuordnet, die nach $\{0, 1\} = \mathbb{F}_2$ abbildet, den Körper mit zwei Elementen, siehe Analysis, Beispiel 2.2.2, wobei

$$\mathbf{1}_A(x) = \begin{cases} 1 & x \in A, \\ 0 & x \notin A. \end{cases}$$

Auf Grund der Rechenregeln in $\mathbb{F}_2$ sieht man dann

$$\mathbf{1}_{A \Delta B} = \mathbf{1}_A + \mathbf{1}_B, \qquad \mathbf{1}_{A \cap B} = \mathbf{1}_A \mathbf{1}_B,$$

wobei die Addition und Multiplikation die Operationen in $\mathbb{F}_2$ sind.

1.3 Abbildungen

Aufgabe 1.3.1. (C) (L)

Zeige: Jede Abbildung f kann als Komposition $f = g \circ h$ einer injektiven Abbildung g und einer surjektiven Abbildung h geschrieben werden.

Aufgabe 1.3.2. (A)

Sei $f : X \to Y$ eine Abbildung. Sei $f^{-1} : \mathcal{P}(Y) \to \mathcal{P}(X)$ die Abbildung

$$A \mapsto f^{-1}(A) = \{x \in X : f(x) \in A\}.$$

Man nennt $f^{-1}(A)$ auch das **Urbild** von A.

Man beweise, dass für beliebige Teilmengen A, B von Y gilt

$$f^{-1}(A \cap B) = f^{-1}(A) \cap f^{-1}(B) \quad \text{und} \quad f^{-1}(A \cup B) = f^{-1}(A) \cup f^{-1}(B),$$

sowie $f^{-1}(A^c) = f^{-1}(A)^c$. In der letzten Aussage ist $(.)^c$ jeweils entsprechend zu interpretieren, also $A^c = Y \setminus A$ und $f^{-1}(A)^c = X \setminus f^{-1}(A)$.

Das bedeutet, dass die Urbild-Funktion mit allen mengentheoretischen Operationen vertauscht.

Aufgabe 1.3.3. (C)   (L)

Man nennt eine nichtleere Menge M **abzählbar**, wenn sie leer ist, oder es eine surjektive Abbildung $\mathbb{N} \twoheadrightarrow M$ gibt.

Beweise, dass eine Menge M genau dann abzählbar ist, wenn M endlich ist oder wenn es eine Bijektion $\mathbb{N} \rightarrow M$ gibt.

1.4   Vollständige Induktion

Aufgabe 1.4.1. (A)   (L)

Zeige, dass für $n \in \mathbb{N}$ gilt

$$\sum_{k=2}^{n} \frac{1}{k(k-1)} = 1 - \frac{1}{n}.$$

Aufgabe 1.4.2. (A)

Beweise, dass für jede natürliche Zahl n gilt

(a) $\sum_{k=1}^{n} k = \frac{n(n+1)}{2}$,   (b) $\sum_{k=1}^{n} k^2 = \frac{n(n+1)(2n+1)}{6}$,   (c) $\sum_{k=1}^{n} k^3 = \frac{n^2(n+1)^2}{4}$.

Aufgabe 1.4.3. (A)

Zeige, dass für jede natürliche Zahl $n \geq 4$ gilt $n! > 2^n$.

Aufgabe 1.4.4. (B)   (LS)

Sei $f : \mathbb{N} \to \mathbb{R}$ eine **Polynomfunktion** vom Grad $d + 1$, d.h., gegeben durch

$$f(n) = a_0 + a_1 n + \cdots + a_{d+1} n^{d+1}$$

mit Koeffizienten $a_0, \ldots, a_{d+1} \in \mathbb{R}$ mit $a_{d+1} \neq 0$. Sei dann

$$\Delta f(n) = f(n + 1) - f(n).$$

Beweise:

(a) Die Funktion Δf ist eine Polynomfunktion vom Grad d.

(b) Ist $\Delta f = 0$, dann ist f konstant.

(c) Zu jeder Polynomfunktion g gibt es eine Polynomfunktion f so dass $g = \Delta f$.

(d) Sei umgekehrt $f : \mathbb{N} \to \mathbb{R}$ eine Funktion, so dass $\Delta f(n)$ eine Polynom-funktion vom Grad d ist, dann ist $f(n)$ eine Polynomfunktion vom Grad $d + 1$.

Aufgabe 1.4.5. (A)   (L)

Zeige, dass für jede natürliche Zahl $n \geq 1$ und jede ganze Zahl $0 \leq k \leq n$ gilt

$$\binom{n}{k} \leq \frac{n^k}{k!}.$$

(Hinweis: Benutze Proposition Ana-1.5.10.)

Aufgabe 1.4.6. (A)   (LS)

Sei $f_1 = f_2 = 1$ und für $n \in \mathbb{N}$ sei $f_{n+2} = f_n + f_{n+1}$. Die Folge (f_n) heißt die Folge der **Fibonacci-Zahlen**.

Zeige, dass für jede natürliche Zahl n gilt

$$f_n = \frac{1}{\sqrt{5}} \left(\left(\frac{1 + \sqrt{5}}{2} \right)^n - \left(\frac{1 - \sqrt{5}}{2} \right)^n \right).$$

Aufgabe 1.4.7. (C)   (L)

Zeige, dass für alle natürlichen Zahlen l, m, n mit $m \leq n$ gilt

$$\sum_{k=m}^{n} \binom{k}{l} = \binom{n+1}{l+1} - \binom{m}{l+1}.$$

Aufgabe 1.4.8. (A)   (L)

Zeige, dass für jedes $n \in \mathbb{N}$ gilt

(a) $n + n^2$ ist gerade,

(b) die Zahl $f(n) = 7^{2n} - 2^n$ ist durch 47 teilbar.

Aufgabe 1.4.9. (B)

Zeige, dass für jedes $n \in \mathbb{N}$ die Zahl $a_n = \frac{2n}{3} + \frac{n^2}{4} - \frac{n^3}{6} + \frac{n^4}{4}$ ganz ist, also in $\mathbb{Z}$ liegt.

(Hinweis: Zeige per Induktion, dass $12a_n$ durch 12 teilbar ist.)

Aufgabe 1.4.10. (A)

Zeige:

(a) Für jede natürliche Zahl n ist die Zahl $f(n) = n(n + 3)$ gerade.

(b) Für jede natürliche Zahl n ist die Zahl $g(n) = n^3 - n$ durch 6 teilbar.

Aufgabe 1.4.11. (B)   (L)

Untersuche folgende Funktionen auf Injektivität und Surjektivität:

(a) $f : \mathbb{N} \to \mathbb{N}$, $f(n) = n + (-1)^{n+1}$,

(b) $f : \mathbb{N} \to \mathbb{R}$, $f(n) = 1 + \frac{1}{n}$,

(c)

$$f : \mathbb{N} \to \mathbb{N}, n \mapsto \begin{cases} \frac{n}{4} & \text{falls } n \text{ durch 4 teilbar ist,} \\ 3n + 1 & \text{falls } n \text{ nicht durch 4 teilbar ist.} \end{cases}$$

Aufgabe 1.4.12. (A)

Zeige, dass für jede natürliche Zahl n gilt

$$\sum_{k=1}^{2n} \frac{(-1)^{k+1}}{k} = \sum_{k=1}^{n} \frac{1}{k+n}.$$

Aufgabe 1.4.13. (B) (L)

(Division mit Rest) Seien $k, m \in \mathbb{N}$. Zeige, dass es eindeutig bestimmte $q, r \in \mathbb{N}_0$ gibt mit $r < m$ und

$$k = mq + r.$$

Kapitel 2

Die reellen Zahlen

2.1 Körper

Aufgabe 2.1.1. (B) (L)

Sei $\mathcal{K}$ ein Körper und seien $a, b, c, d \in \mathcal{K}$ mit $b, d \neq 0$. Für ab^{-1} schreibt man auch $\frac{a}{b}$.

Zeige:

$$\text{a) } \frac{a}{b} \cdot \frac{c}{d} = \frac{ac}{bd}, \qquad \text{b) } \frac{a}{b} + \frac{c}{d} = \frac{ad + bc}{bd}.$$

Aufgabe 2.1.2. (B) (LS)

Man beweise, dass für alle $n, m \in \mathbb{N}$ und für alle Elemente x, y eines Körpers $\mathcal{K}$ gilt $(xy)^n = x^n y^n$, sowie $x^{m+n} = x^m x^n$ und $(x^m)^n = x^{mn}$.

Aufgabe 2.1.3. (B) (L)

Man zeige, dass die Menge

$$\mathbb{Q} + \mathbb{Q}\sqrt{2} = \left\{ x + y\sqrt{2} : x, y \in \mathbb{Q} \right\}$$

mit den Operationen von $\mathbb{R}$ ein Körper ist.

© Der/die Autor(en), exklusiv lizenziert durch
Springer-Verlag GmbH, DE, ein Teil von Springer Nature 2021
A. Deitmar, *Übungsbuch zur Analysis*, https://doi.org/10.1007/978-3-662-62860-7_2

2.2   Anordnung

Aufgabe 2.2.1. (A)

Zeige mit Hilfe des binomischen Lehrsatzes, dass für jedes Element $x \geq 0$ eines geordneten Körpers $\mathcal{K}$ und jedes $n \geq 2$ gilt

$$(1 + x)^n \geq \frac{n^2}{4} x^2,$$

wobei hier $n \in \mathbb{N}$ mit seinem Bild $n_{\mathcal{K}}$ in $\mathcal{K}$ identifiziert wird.

Aufgabe 2.2.2. (A)

Beweise, dass für alle Elemente $0 < a \leq b$ eines angeordneten Körpers gilt

$$a^2 \leq \left(\frac{2ab}{a+b} \right)^2 \leq ab \leq \left(\frac{a+b}{2} \right)^2 \leq \frac{a^2 + b^2}{2} \leq b^2.$$

(Hinweis: Beweise jede Ungleichung separat. Die meisten fußen auf der Tatsache, dass Quadrate ≥ 0 sind.)

Aufgabe 2.2.3. (B)

Zeige:

(a) Für $a > 0$ gilt $a + \frac{1}{a} \geq 2$. Wann herrscht Gleichheit?

(b) Für alle $a_1, \ldots, a_n > 0$ gilt

$$\left(\sum_{j=1}^{n} a_j \right) \left(\sum_{j=1}^{n} \frac{1}{a_j} \right) \geq n^2.$$

Aufgabe 2.2.4. (B)

Zeige, dass für alle $a, b \in \mathbb{R}$ gilt

$$|a| + |b| \leq |a + b| + |a - b|.$$

Wann gilt Gleichheit?

Aufgabe 2.2.5. (E) (LS)

Für einen angeordneten Körper K definiere eine Abbildung $\eta : \mathbb{N}_0 \to K$ induktiv durch

$$\eta(0) = 0_K, \quad \eta(n+1) = \eta(n) + 1_K,$$

wobei 0_k und 1_K die Null und Eins im Körper K bezeichnen.

Zeige, dass η zu einer eindeutig bestimmten injektiven Abbildung $\mathbb{Q} \to \mathcal{K}$ fortgesetzt werden kann, die *additiv*, *multiplikativ* und *ordnungstreu* ist, d.h., für alle $a, b \in \mathbb{Q}$ die Bedingungen

$$\eta(a+b) = \eta(a) + \eta(b) \quad \text{und} \quad \eta(ab) = \eta(a)\eta(b)$$

sowie

$$a < b \quad \Leftrightarrow \quad \eta(a) < \eta(b)$$

erfüllt. Man kann auf diese Weise den Körper $\mathbb{Q}$ als einen Unterkörper von K auffassen.

2.3 Intervalle und beschränkte Mengen

Aufgabe 2.3.1. (A)

Zeige, dass die Menge

$$M = \left\{ x \in \mathbb{R} : |x+1| \leq |x-1| \right\}$$

ein Intervall ist und bestimme die Intervallgrenzen.

Aufgabe 2.3.2. (B) (L)

Für eine Teilmenge $A \subset \mathbb{R}$ und $\varepsilon > 0$ sei $U_\varepsilon(A)$ die ε-Umgebung von A, also

$$U_\varepsilon(A) = \bigcup_{a \in A} (a - \varepsilon, a + \varepsilon).$$

Zeige: Ist $\varepsilon > 0$ gegeben und A beschränkt, dann gibt es eine endliche Teilmenge $E \subset A$ so dass

$$A \subset U_\varepsilon(E).$$

2.4   Dedekind-Vollständigkeit

Aufgabe 2.4.1. (C)   (L)

Sei $a > 0$ eine reelle Zahl.
Zeige, dass es genau ein $\eta > 0$ in $\mathbb{R}$ gibt, so dass $\eta^2 = a$. Man schreibt dieses
Element als $\sqrt{a}$.

Aufgabe 2.4.2. (A)

(Arithmetisches und geometrischen Mittel) Seien $0 < a < b$ in $\mathbb{R}$ gegeben.
Zeige:

$$\sqrt{ab} \leq \frac{a + b}{2}.$$

Der Ausdruck $\sqrt{ab}$ wird das **geometrische Mittel** und $\frac{a+b}{2}$ das **arithmetische
Mittel** genannt.

Aufgabe 2.4.3. (A)

Sei

$$M = \left\{ 2^{-m} + n^{-1} : m, n \in \mathbb{N} \right\} \subset \mathbb{R}$$

Hat diese Menge ein Infimum, ein Supremum, ein Minimum, ein Maximum? Wenn ja, bestimme es jeweils.

Aufgabe 2.4.4. (B)

Bestimme, ob die folgenden Mengen nach unten oder oben beschränkt sind
und bestimmte gegebenenfalls das Supremum, Infimum und entscheide,
ob es sich um ein Maximum oder Minimum handelt.

   a) $A = \left\{ x \in \mathbb{R} : x^3 < 27 \right\}$,   b) $B = \left\{ \frac{n-1}{n+1} : n \in \mathbb{N} \right\}$,   c) $C = \left\{ \frac{x}{x+1} : x > -1 \right\}$.

Aufgabe 2.4.5. (B)

Seien $\emptyset \neq A, B \subset \mathbb{R}$ nach oben beschränkt.
Zeige, dass die Menge

$$A + B = \left\{ a + b : a \in A, \ b \in B \right\}$$

nach oben beschränkt ist und dass gilt

$$\sup(A + B) = \sup A + \sup B.$$

Aufgabe 2.4.6. (B) (LS)

Für welche $\alpha \in \mathbb{R}$ ist die Funktion $f : \mathbb{R} \to \mathbb{R}$,

$$f(x) = \alpha x + |x|,$$

Injektiv, bzw. surjektiv?

Kapitel 3

Folgen und Reihen

3.1 Konvergenz

Aufgabe 3.1.1. (B)   (L)

Sei (a_n) eine reelle Folge.

Beweise oder widerlege:

(a) wenn (a_n) konvergiert, dann ist $(a_n - a_{n+1})$ eine Nullfolge.

(b) Wenn $(a_n - a_{n+1})$ eine Nullfolge ist, konvergiert (a_n).

Aufgabe 3.1.2. (B)   (L)

Beweise oder widerlege: Für Folgen $(a_n)_{n \in \mathbb{N}}$ und $(b_n)_{n \in \mathbb{N}}$ in $\mathbb{R}$ gilt

(a) (a_n) und (b_n) konvergieren genau dann beide, wenn $(a_n + b_n)$ und $(a_n - b_n)$ beide konvergieren,

(b) wenn (a_n) und $(a_n b_n)$ konvergieren, dann konvergiert auch (b_n).

Aufgabe 3.1.3. (B)   (L)

Sei $S \subset \mathbb{R}$ eine nichtleere, nach oben beschränkte Menge und sei $a \in \mathbb{R}$ ihr Supremum.

Zeige, dass es eine monoton wachsende Folge (s_n) in S gibt, die gegen a konvergiert.

© Der/die Autor(en), exklusiv lizenziert durch
Springer-Verlag GmbH, DE, ein Teil von Springer Nature 2021
A. Deitmar, *Übungsbuch zur Analysis*, https://doi.org/10.1007/978-3-662-62860-7_3

Aufgabe 3.1.4. (A)   (L)

Zeige:

(a) Sei (a_n) eine Nullfolge und (b_n) eine beschränkte Folge. Dann ist $(a_n b_n)$ eine Nullfolge.

(b) In Teil (a) kann auf die Beschränktheit von (b_n) nicht verzichtet werden.

Aufgabe 3.1.5. (A)

Man zeige:

(a) Jedes offene Intervall $I \neq \emptyset$ in $\mathbb{R}$ ist überabzählbar (Definition Ana-3.2.2).

(b) Die irrationalen Zahlen liegen **dicht** in $\mathbb{R}$. Das heißt, zu je zwei reellen Zahlen $a < b$ gibt es eine Zahl $r \in \mathbb{R} \setminus \mathbb{Q}$, so dass $a < r < b$.

Aufgabe 3.1.6. (B)

Sei $A \subset \mathbb{R}$ eine Teilmenge mit der Eigenschaft

$$a \in A \quad \Rightarrow \quad \exists_{\delta > 0} \, (a - \delta, a) \cap A = \emptyset.$$

Das heißt, zu jedem Element von A gibt es links davon eine kleine Lücke.

Zeige, dass A abzählbar ist.

(Hinweis: $\mathbb{Q}$ liegt dicht in $\mathbb{R}$.)

Aufgabe 3.1.7. (C)   (LS)

Sei $(a_n)_{n \in \mathbb{N}}$ eine beschränkte Folge in $\mathbb{R}$.

Zeige, dass der **Limes superior**

$$\limsup_{n \to \infty} a_n = \lim_{n \to \infty} \left(\sup \{a_k : k \geq n\} \right)$$

und der Limes inferior

$$\liminf_{n \to \infty} a_n = \lim_{n \to \infty} \left(\inf \{a_k : k \geq n\} \right)$$

in $\mathbb{R}$ existieren und dass die Folge genau dann in konvergiert, wenn die beiden gleich sind.

Aufgabe 3.1.8. (B)   (L)

Sei (a_n) eine Folge in $\mathbb{R}$. Eine Zahl $a \in \mathbb{R}$ heißt **Häufungspunkt** der Folge, wenn es zu jedem $\varepsilon > 0$ unendlich viele Indizes $n \in \mathbb{N}$ gibt mit $|a_n - a| < \varepsilon$.

Zeige:

(a) Ein Punkt $a \in \mathbb{R}$ ist genau dann Häufungspunkt der Folge (a_n), wenn es eine Teilfolge $(a_{n_k})_{k \in \mathbb{N}}$ gibt, die gegen a konvergiert.

(b) Sei (r_n) irgendeine Abzählung der rationalen Zahlen. Dann ist jede reelle Zahl Häufungspunkt der Folge (r_n).

(c) Sei H die Menge der Häufungspunkte einer beschränkten reellen Folge (a_n), dann gilt
$$\limsup_n a_n = \sup H.$$

(d) Die Menge H der Häufungspunkte ist abgeschlossen in $\mathbb{R}$.

Aufgabe 3.1.9. (E)   (LS)

Eine Folge (a_n) reeller Zahlen heißt **subadditiv**, falls $a_{m+n} \le a_m + a_n$ für alle $m, n \in \mathbb{N}$ gilt.

Zeige:

(a) Sei (b_n) eine nach unten beschränkte Folge reeller Zahlen so dass
$$\limsup b_n \le b_k$$
für jedes $k \in \mathbb{N}$ gilt. Dann konvergiert die Folge (b_n).

(b) Ist die Folge (a_n) stets ≥ 0 und subadditiv, dann konvergiert die Folge $\left(\frac{a_n}{n}\right)_{n \in \mathbb{N}}$.

(Hinweis: Wähle $k \in \mathbb{N}$ fest und schreibe $n = q_n k + r_n$ gemäß der Division mit Rest, Aufgabe 1.4.13.)

Aufgabe 3.1.10. (A)   (L)

Untersuche jeweils die Folge (a_n) auf Konvergenz und bestimme gegebenenfalls den Grenzwert (mit Begründung).

$$a_n = \frac{n+1}{n^2+1}, \quad \frac{n^2+4}{(n+1)^2}, \quad \frac{1}{\sqrt{n}},$$

$$a_n = \left(\sqrt{n+1} - \sqrt{n}\right), \quad (-1)^n \frac{3n+1}{n+4}, \quad \frac{n^n}{n!}.$$

Aufgabe 3.1.11. (B)   (L)

Sei (a_n) eine Nullfolge in $\mathbb{R}$.
Zeige, dass

$$b_n = \frac{1}{n^2} \sum_{k=1}^{n} k a_k.$$

ebenfalls eine Nullfolge ist.

(Hinweis: Benutze $\sum_{k=1}^{n} k = \frac{n(n+1)}{2}$ und betrachte für gegebenes $\varepsilon > 0$ die Indizes $n \in \mathbb{N}$ mit $|a_n| < \varepsilon$.)

Aufgabe 3.1.12. (C)

Sei (a_n) eine Folge reeller Zahlen und sei $a \in \mathbb{R}$ mit der folgenden Eigenschaft: zu jeder Teilfolge (a_{n_k}) gibt es eine Teilfolge $\left(a_{n_{k_j}}\right)$, welche gegen a konvergiert.

Man zeige, dass die Folge (a_n) gegen a konvergiert.

Aufgabe 3.1.13. (C)   (LS)

Zeige, dass die rekursiv definierte Folge

$$a_1 = 1, \qquad a_{n+1} = \sqrt{a_n + 1}$$

konvergiert und bestimme ihren Grenzwert.

Aufgabe 3.1.14. (B)

(Konvergenz von Mittelwerten) Für eine gegebene Folge (a_n) in $\mathbb{R}$ mit $a_n > 0$ sei $A_n = \frac{1}{n}(a_1 + \cdots + a_n)$ das arithmetische Mittel.
Zeige: Konvergiert (a_n) gegen $a \in \mathbb{R}$, dann konvergiert auch (A_n) gegen a.

Aufgabe 3.1.15. (E)   (LS)

Sei (a_n) eine monoton fallende Nullfolge.

Zeige:

(a) Gilt $\sum_n a_n < \infty$, dann geht die Folgt $(n a_n)$ gegen Null.

(b) Seien $\varepsilon_n \in \{\pm 1\}$ so dass die Reihe $\sum_{j=1}^{\infty} a_j \varepsilon_j$ konvergiert. Dann gilt

$$\lim_n (\varepsilon_1 + \cdots + \varepsilon_n) a_n = 0.$$

Aufgabe 3.1.16. (B)

Zeige:

(a) Für jede ganze Zahl $k \geq 0$ gilt $\lim_{n \to \infty} \frac{1}{2^n} \binom{n}{k} = 0$.

(b) Konvergiert die Folge $(a_n)_{n \in \mathbb{N}_0}$ gegen a, so konvergiert auch die Folge $b_n = \frac{1}{2^n} \sum_{k=0}^{n} \binom{n}{k} a_k$ gegen a.

Aufgabe 3.1.17. (C) (LS)

Zeige, dass jede Folge in $\mathbb{R}$ eine monotone Teilfolge besitzt

---

Aufgabe 3.1.18. (A)

Sei $E \subset \mathbb{R}$ eine endliche Menge.

Konstruiere eine Folge (a_n) reeller Zahlen, so dass es für jedes $e \in E$ eine Teilfolge von (a_n) gibt, die gegen e konvergiert.

Aufgabe 3.1.19. (A)

Zeige, dass für jedes $x \geq -1$ und jedes $n \in \mathbb{N}$ gilt:

$$(1+x)^n \geq 1 + nx.$$

Aufgabe 3.1.20. (E)

Eine Teilmenge $S \subset \mathbb{N}$ der Menge der natürlichen Zahlen hat **Dichte** $\alpha \in [0,1]$, falls

$$\lim_{N \to \infty} \frac{1}{N} \# \left(S \cap \{1, 2, \ldots, N\} \right) = \alpha.$$

Eine Teilfolge $(a_{n_k})_{k \in \mathbb{N}}$ einer Folge $(a_n)_{n \in \mathbb{N}}$ hat **Dichte** $\alpha \in [0,1]$, falls die Menge der Indizes $\{n_1, n_2, \ldots\}$ die Dichte α hat. Sei $(a_n)_{n \in \mathbb{N}}$ eine Folge reeller Zahlen $0 \leq a_n \leq 1$.

Zeige, dass die folgenden Aussagen äquivalent sind:

(a) $\frac{1}{N}\sum_{n=1}^{N}a_n$ konvergiert für $N \to \infty$ gegen Null,

(b) es gibt eine Teilfolge $(a_{n_k})_{k\in\mathbb{N}}$ der Dichte 1, die gegen Null konvergiert.

3.2   Reihen

Aufgabe 3.2.1. (B)   (L)

(Wurzelkriterium)

Sei $(a_n)_{n\in\mathbb{N}}$ eine Folge reeller Zahlen mit der Eigenschaft

$$\limsup_{n} \sqrt[n]{|a_n|} < 1.$$

Zeige, dass die Reihe $\sum_{n=1}^{\infty}a_n$ absolut konvergiert.

Aufgabe 3.2.2. (B)

Zeige:

(a) Die Reihe $\sum_{n=1}^{\infty}\frac{1}{n^2}$ konvergiert.

(b) Es seien p und q Polynomfunktionen mit reellen Koeffizienten, so dass $\text{grad}(q) \geq \text{grad}(p) + 2$ und $q(n) \neq 0$ für $n \in \mathbb{N}$ gilt. Dann konvergiert die Reihe $\sum_{n=1}^{\infty}\frac{p(n)}{q(n)}$ absolut.

(Hinweis: Beispiel Ana-3.4.1.)

Aufgabe 3.2.3. (B)   (LS)

Untersuche die folgenden Reihen auf Konvergenz:

$$\sum_{n=1}^{\infty}\frac{n!}{n^n}, \quad \sum_{n=1}^{\infty}\frac{n+4}{n^2+3n+1}.$$

Aufgabe 3.2.4. (B)

Seien $a_n, b_n > 0$ mit $\frac{a_{n+1}}{a_n} \leq \frac{b_{n+1}}{b_n}$ für alle $n \in \mathbb{N}$.

Zeige: Konvergiert die Reihe $\sum_{n=1}^{\infty} b_n$, so auch $\sum_{n=1}^{\infty} a_n$.

Aufgabe 3.2.5. (C) (LS)

Zeige, dass für jedes $n \in \mathbb{N}$ die Abschätzung $\sum_{k=1}^{n} \frac{1}{k} \leq 1 + \log n$ gilt.

Kapitel 4

Funktionen und Stetigkeit

4.1 Stetige Funktionen

Aufgabe 4.1.1. (A) (L)

Seien $f, g : \mathbb{R} \to \mathbb{R}$ stetige Funktionen. Es gelte $f(r) = g(r)$ für jedes $r \in \mathbb{Q}$.

Zeige, dass $f = g$ ist.

Aufgabe 4.1.2. (B) (L)

Zwei Teilmengen $A, B \subset \mathbb{R}$ heißen *homöomorph*, falls es eine bijektive Abbildung $f : A \to B$ gibt, so dass f und ihre Umkehrfunktion f^{-1} stetig sind. Seien $a < b$ in $\mathbb{R}$.

Zeige, dass das Intervall (a, b) homöomorph zu $\mathbb{R}$ ist, nicht aber zu $[a, b]$.

Aufgabe 4.1.3. (B)

Man zeige, dass die Indikatorfunktion des Intervalls $[\sqrt{2}, \infty)$, also $f = 1_{[\sqrt{2}, \infty)}$ in jedem Punkt von $\mathbb{Q}$ stetig ist.

Aufgabe 4.1.4. (C) (LS)

Gibt es eine Funktion $f : \mathbb{R} \to \mathbb{R}$, die in jedem irrationalen Punkt stetig und in jedem rationalen Punkt unstetig ist?

© Der/die Autor(en), exklusiv lizenziert durch
Springer-Verlag GmbH, DE, ein Teil von Springer Nature 2021
A. Deitmar, *Übungsbuch zur Analysis*, https://doi.org/10.1007/978-3-662-62860-7_4

Aufgabe 4.1.5. (C)   (LS)

Ist die Funktion $f : \mathbb{R} \to \mathbb{R}$

$$f(x) = \begin{cases} \frac{\sqrt{x^2+1}}{x} - \frac{1}{x} & x \neq 0, \\ 0 & x = 0. \end{cases}$$

stetig?

Aufgabe 4.1.6. (B)

Sei $p \in D \subset \mathbb{R}$ und sei $f : D \to \mathbb{R}$ eine Funktion. Es gelte $\lim_n f(p_n) = f(p)$ für jede monotone Folge $p_n \to p$ in D.

Zeige, dass f im Punkt p stetig ist.

(Siehe Aufgabe 3.1.12 und 3.1.17.)

Aufgabe 4.1.7. (B)   (L)

An welchen Stellen ist die Funktionen $f : \mathbb{R} \to \mathbb{R}$ stetig?

$$f(x) = \begin{cases} x\left[\frac{1}{x}\right], & x \neq 0, \\ 0 & x = 0. \end{cases}$$

Hier ist [.] die **Gauß-Klammer**, also $[x] = \max\left\{k \in \mathbb{Z} : k \leq x\right\}$.

Aufgabe 4.1.8. (B)   (L)

Seien $f, g : \mathbb{R} \to \mathbb{R}$ stetig und sei $m : \mathbb{R} \to \mathbb{R}$, $m(x) = \max\left(f(x), g(x)\right)$ das Maximum der beiden Funktionen.

Zeige, dass die Funktion $m(x)$ stetig ist.

Aufgabe 4.1.9. (B)   (L)

(Sonnenaufgangslemma) Sei $f : \mathbb{R} \to \mathbb{R}$ eine stetige Funktion. Ein Punkt $x \in \mathbb{R}$ heißt **Schattenpunkt**, falls es ein $y > x$ gibt mit $f(y) > f(x)$. Die

Punkte $a < b$ seien keine Schattenpunkte für f, aber das offene Intervall (a, b) bestehe nur aus Schattenpunkten.

Zeige, dass $f(a) = f(b)$ gilt und $f(x) < f(b)$ für alle $x \in (a, b)$.

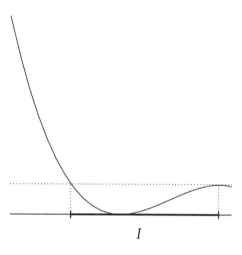

Im Bild enthält das Intervall I nur Schattenpunkte.

Aufgabe 4.1.10. (B) (L)

(a) Untersuche die Stetigkeitseigenschaften der Funktionen $f, g : \mathbb{R} \to \mathbb{R}$

$$f(x) = |x|, \qquad g(x) = \begin{cases} \sin\left(\frac{1}{x}\right) & x \neq 0, \\ 0 & x = 0. \end{cases}$$

(b) Wie müssen $\alpha, \beta \in \mathbb{R}$ gewählt werden, damit die Funktion $f : \mathbb{R} \to \mathbb{R}$

$$f(x) = \begin{cases} 1 & x \leq 1, \\ \alpha x - 2 & 1 < x < 2, \\ \beta e^x & x \geq 2. \end{cases}$$

stetig ist?

Aufgabe 4.1.11. (E)   (LS)

Eine Funktion $f : \mathbb{R} \to \mathbb{R}$ heißt **halbstetig von unten**, wenn für jede monoton wachsende konvergente Folge $x_n \to x$ gilt $\lim_n f(x_n) = f(x)$.

Zeige:
a) Eine Funktion f ist genau dann halbstetig von unten, wenn

$$\forall_{\substack{x \in \mathbb{R} \\ \varepsilon > 0}} \exists_{\delta > 0} : \quad y \in (x - \delta, x) \quad \Rightarrow \quad |f(y) - f(x)| < \varepsilon.$$

b) Eine von unten halbstetige Funktion hat nur abzählbar viele Unstetigkeitsstellen.

Hier ist eine **Unstetigkeitsstelle** ein Punkt im Definitionsbereich, in dem die Funktion nicht stetig ist.

4.2 Monotone Funktionen

Aufgabe 4.2.1. (E)   (L)

Zeige:

(a) Jede monotone Funktion $f : \mathbb{R} \to \mathbb{R}$ mit dichtem Bild ist stetig und surjektiv. (Definitionen Ana-2.5.10 und Ana-3.8.3)

(b) Es gibt keine monotone Funktion $f : \mathbb{R} \to \mathbb{R}$ mit $f(\mathbb{R}) = \mathbb{R} \setminus \mathbb{Q}$. (Beachte Aufgabe 3.1.5.)

(c) Sei $A \subset \mathbb{R}$ nichtleer und abgeschlossen. Es gibt eine monotone Funktion $f : \mathbb{R} \to \mathbb{R}$ mit $f(\mathbb{R}) = A$.

Aufgabe 4.2.2. (B)   (LS)

Die Funktion $f : [a, b] \to [a, b]$ mit $a, b \in \mathbb{R}$ und $a < b$ sei monoton wachsend und stetig.

Zeige, dass für jedes $x_0 \in [a, b]$ die Iterationsfolge $(x_n)_{n \in \mathbb{N}}$ mit $x_{n+1} = f(x_n)$

a) monoton ist und

b) gegen einen Punkt $\xi \in [a, b]$ konvergent. Zeige, weiter, dass für diesen Punkt gilt $f(\xi) = \xi$, d.h. ξ ist ein *Fixpunkt* von f.

Aufgabe 4.2.3. (B) (LS)

Seien $a < b$ reelle Zahlen und $f : [a, b] \to [a, b]$ sei stetig.

Zeige:

(a) Es gibt ein $x \in [a, b]$ mit $f(x) = x$.

(b) Die Funktion f ist genau dann injektiv, wenn sie entweder streng monoton wachsend oder streng monoton fallend ist.

Aufgabe 4.2.4. (A) (L)

Zeige, dass eine monotone Funktion auf einem Intervall nur abzählbar viele Unstetigkeitsstellen hat.

4.3 Die Exponentialfunktion

Aufgabe 4.3.1. (C) (LS)

Sei $f : \mathbb{R} \to \mathbb{R}$ eine stetige Funktion mit

$$f(x + y) = f(x)f(y)$$

für alle $x, y \in \mathbb{R}$.

Zeige, dass $f(1) \geq 0$ gilt und dass für jedes $x \in \mathbb{R}$ gilt

$$f(x) = a^x,$$

wobei $a = f(1)$ ist. Hier wird vereinbart, dass $0^x = 0$ für jedes $x \in \mathbb{R}$ gilt.

Aufgabe 4.3.2. (B)

Definiere die Funktion cosh (**Cosinus hyperbolicus**) durch

$$\cosh : \mathbb{R} \to \mathbb{R}, \qquad \cosh(x) = \frac{e^x + e^{-x}}{2}.$$

Zeige, dass die Funktion cosh das Intervall $[0, \infty)$ bijektiv nach $[1, \infty)$ abbildet. Die Umkehrfunktion wird arcosh (**Area Cosinus hyperbolicus**) genannt. Zeige weiter, dass für jedes $x \geq 1$ die Gleichung $\mathrm{arcosh}(y) = \log\left(y + \sqrt{y^2 - 1}\right)$ gilt.

Aufgabe 4.3.3. (A)

Zeige, dass die Funktion $f : \mathbb{R} \to \mathbb{R}$,

$$f(x) = \begin{cases} e^{-1/x} & x > 0, \\ 0 & x \leq 0. \end{cases}$$

stetig ist.

Aufgabe 4.3.4. (C)   (L)

Seien $f, g : \mathbb{N} \to [0, \infty)$ Funktionen. Wir schreiben $f \ll g$, falls es eine Konstante $C > 0$ gibt so dass $f(n) \leq Cg(n)$ für jedes $n \in \mathbb{N}$ gilt.

(a) Ist die Aussage $f \ll g$ äquivalent dazu, dass es ein $n_0 \in \mathbb{N}$ und ein $C > 0$ gibt, so dass $f(n) \leq Cg(n)$ für alle $n \geq n_0$ gilt?

(b) Seien

$$f(n) = e^{n^2}, \qquad g(n) = n^n.$$

Entscheide, ob $f \ll g$ oder $g \ll f$ oder beides gilt.

4.4   Anwendungen

Aufgabe 4.4.1. (C)   (LS)

(Arithmetisch-Geometrisches Mittel). Seien $0 < x < y$ reelle Zahlen. Sei $a_1 = \frac{x+y}{2}$ und $g_1 = \sqrt{xy}$. Definiere dann induktiv $a_{n+1} = \frac{a_n + g_n}{2}$ und $g_{n+1} = \sqrt{a_n g_n}$.

Zeige: Die Folge fällt a_n monoton, die Folge g_n wächst monoton und es gilt $g_n \leq a_n$. Beide Folgen konvergieren, und zwar gegen denselben Grenzwert.

Aufgabe 4.4.2. (E)   (L)

Gibt es eine Abzählung $(a_n)_{n \in \mathbb{N}}$ der rationalen Zahlen > 0 so dass

$$\lim_n (a_n)^{\frac{1}{n}} = 1?$$

Aufgabe 4.4.3. (B) (L)

Sei $x_1 > 0$ beliebig und sei $x_{n+1} = x_n^{x_n}$. Für welche Werte von x_1 konvergiert die Folge (x_n) und was ist der Grenzwert?

4.5 Komplexe Zahlen

Aufgabe 4.5.1. (A) (L)

Schreibe die komplexe Zahl z in der Form $z = a + bi$ mit $a, b \in \mathbb{R}$:

a) $z = \frac{2+i}{1+i}$

b) $z = (1 + i)^n$, $n \in \mathbb{N}$.

Aufgabe 4.5.2. (A)

Sei $n \in \mathbb{N}$.
Zeige, dass jede komplexe Zahl z eine n-te Wurzel in $\mathbb{C}$ hat, also dass es ein $w \in \mathbb{C}$ gibt, so dass $w^n = z$ gilt.

(Hinweis: Polarkoordinaten)

Kapitel 5

Differentialrechnung

5.1 Differenzierbarkeit

Aufgabe 5.1.1. (B) (LS)

(a) Sei $f : \mathbb{R} \to \mathbb{R}$ eine differenzierbare Funktion und es gelte $f'(x) = cf(x)$ für ein $c \in \mathbb{R}$ und jedes $x \in \mathbb{R}$.

 Zeige, dass es ein $d \in \mathbb{R}$ gibt, so dass $f(x) = de^{cx}$ für jedes $x \in \mathbb{R}$ gilt.

(b) Es seien $f, g : \mathbb{R} \to \mathbb{R}$ differenzierbar und es gelte $f' = g$ und $g' = f$, sowie $f(0) = 1$ und $g(0) = 0$.

 Zeige, dass

$$f^2(x) - g^2(x) = 1 \quad \text{und} \quad f(x) + g(x) = e^x \quad \text{für alle } x \in \mathbb{R}.$$

Aufgabe 5.1.2. (A) (L)

Beweise die Differenzierbarkeit und berechne die Ableitungen der folgenden Funktionen

(a) $\cosh(x) = \frac{1}{2}(e^x + e^{-x})$, $\sinh(x) = \frac{1}{2}(e^x - e^{-x})$, $x \in \mathbb{R}$,

(b) $f(x) = x^{(x^x)}$, $x > 0$,

(c) $g(x) = (x^x)^x$, $x > 0$.

© Der/die Autor(en), exklusiv lizenziert durch
Springer-Verlag GmbH, DE, ein Teil von Springer Nature 2021
A. Deitmar, *Übungsbuch zur Analysis*, https://doi.org/10.1007/978-3-662-62860-7_5

Aufgabe 5.1.3. (A)

Zeige, dass die Funktion $f(x) = x^2 \sin\left(\frac{1}{x}\right)$ für $x \neq 0$ und $f(0) = 0$ auf ganz $\mathbb{R}$ differenzierbar ist.

Aufgabe 5.1.4. (A)

(Produktregel für höhere Ableitungen)
Seien f, g auf einem Intervall definierte, n-mal differenzierbare Funktionen.

Zeige, dass das Produkt fg ebenso oft differenzierbar ist und dass gilt

$$(fg)^{(n)} = \sum_{k=0}^{n} \binom{n}{k} f^{(k)} g^{(n-k)},$$

Aufgabe 5.1.5. (C)

Eine Funktion f auf einem Intervall I heißt **glatt**, falls sie unendlich oft differenzierbar ist.

Zeige, dass die Komposition zweier glatter Funktionen glatt ist.

(Hinweis: Benutze Induktion nach n, um die n-fache Differenzierbarkeit von $f \circ g$ zu zeigen.)

5.2 Lokale Extrema, Mittelwertsatz

Aufgabe 5.2.1. (B)

Es sei $f : [a, b] \to \mathbb{R}$ differenzierbar und es gelte $f'(a) < 0 < f'(b)$.

Zeige, dass es ein $y \in (a, b)$ gibt, so dass $f'(y) = 0$ gilt.

Aufgabe 5.2.2. (B)

Seien $a < b$ in $\mathbb{R}$ und sei $f : [a, b] \to [a, b]$ differenzierbar mit stetiger Ableitung f'. Es gelte $|f'(x)| < 1$ für jedes $x \in [a, b]$.

Zeige, dass f genau einen Fixpunkt hat.

Aufgabe 5.2.3. (B) (LS)

Sei $0 < \alpha < 1$. Untersuche die Folge (a_n) auf Konvergenz und bestimme gegebenenfalls den Grenzwert:

$$a_n = (n+1)^\alpha - n^\alpha.$$

Aufgabe 5.2.4. (C)

Es sei $f : (0, \infty) \to \mathbb{R}$ beschränkt und differenzierbar.

Zeige, dass es eine Folge $(x_n)_{n \in \mathbb{N}}$ gibt, so dass $x_n \to \infty$ und dass $f'(x_n)$ gegen Null geht.

Aufgabe 5.2.5. (B)

Zeige, dass für reelle Zahlen $a_1, \ldots, a_n > 0$ gilt

$$\sqrt[n]{\prod_{j=1}^{n} a_j} \leq \frac{1}{n} \sum_{j=1}^{n} a_j.$$

Die linke Seite ist als das **geometrische Mittel** der Zahlen $b_1, \ldots, b_n$ bekannt, die rechte als das **arithmetische Mittel**.

(Hinweis: Induktion nach n. Für den Induktionsschritt diskutiere die Funktion $f(x) = \sum_{j=1}^{n} a_j + x - (n+1) \sqrt[n+1]{x \prod_{j=1}^{n} a_j}$.)

Aufgabe 5.2.6. (E) (LS)

Zeige: Eine auf einem offenen Intervall konvexe Funktion (Definition Ana-5.2.11) ist stetig.

Aufgabe 5.2.7. (C) (L)

Zeige, dass für gegebenes $a > 0$ die rekursiv definierte Folge

$$x_{n+1} = \frac{1}{2}\left(x_n + \frac{a}{x_n}\right), \qquad n \in \mathbb{N}$$

für jeden Startwert $x_1 > 0$ gegen $\sqrt{a}$ konvergiert.

Aufgabe 5.2.8. (B)   (LS)

Seien $a < b$ reelle Zahlen und $f : [a,b] \to [a,b]$ eine stetige Funktion. Sei
$x_1 \in [a,b]$ und $x_{n+1} = f(x_n)$.

(a) Sei H die Menge der Häufungspunkte der Folge (x_n), siehe Aufgabe
    3.1.8 oder Definition Ana-8.5.9.

    Man zeige, dass $f(H) \subset H$ gilt.

(b) Sei $a < \alpha < b$ und es gelte für jedes $x \in [a,b]$:

$$|f(x) - \alpha| < |x - \alpha|.$$

    Zeige, dass die Folge (x_n) gegen α konvergiert.

Die Voraussetzung in (b) besagt, dass der Graph der Funktion f in dem
grauen Bereich liegt.

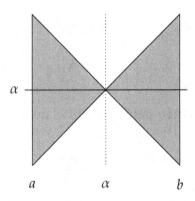

Aufgabe 5.2.9. (B)   (LS)

Für $a > 0$ sei $f(x) = a^x$.

Zeige, dass $f : (0, \infty) \to (0, \infty)$ genau dann einen Fixpunkt besitzt, wenn
$a \le e^{1/e}$.

Aufgabe 5.2.10. (B)   (LS)

Seien $a_1, \dots, a_n > 0$.
Zeige:

$$(a_1 + \dots + a_n)\left(\frac{1}{a_1} + \dots + \frac{1}{a_n}\right) \ge n^2.$$

Aufgabe 5.2.11. (B)

Sei $f : \mathbb{R} \to \mathbb{R}$ stetig differenzierbar und die Ableitung f' sei beschränkt.

Zeige, dass f gleichmäßig stetig ist.

5.3 Die Regeln von de l'Hospital

Aufgabe 5.3.1. (A)   (L)

Bestimme die folgenden Grenzwerte, falls sie existieren.

(a) $\lim\limits_{x \to 1} \dfrac{3x^2 - 2x - 1}{x^6 + 9x^5 - 10x^4}$,

(b) $\lim\limits_{x \to 0} \dfrac{e^x - e^{-x}}{x^2}$

(c) $\lim\limits_{x \searrow 0} \dfrac{x}{\log x}$

(d) $\lim\limits_{x \to 0} \dfrac{x^2}{\sin(x)}$.

Aufgabe 5.3.2. (A)   (LS)

Für gegebene $a, b > 0$ bestimme den Limes, falls existent:

$$\lim_{x \to 1} \frac{x^a - 1}{x^b - 1}.$$

Kapitel 6

Integralrechnung

6.1 Hauptsatz der Differential- und Integralrechnung

Aufgabe 6.1.1. (A) (L)

Seien $a < b$ reelle Zahlen und $f : [a, b] \to \mathbb{R}$ Riemann-integrierbar. Es gebe ein $\delta > 0$ so dass $f(x) \geq \delta$ für jedes $x \in [a, b]$.

Zeige, dass die Funktion $\frac{1}{f}$ Riemann-integrierbar ist.

Aufgabe 6.1.2. (A) (LS)

Für $m, n \in \mathbb{Z}$ berechne das Integral

$$\int_0^{2\pi} \sin(mx)\sin(nx)\, dx.$$

Aufgabe 6.1.3. (A)

Seien $a < b$ reelle Zahlen und $f : [a, b] \to \mathbb{R}$ sei stetig differenzierbar. Für $y \in \mathbb{R}$ sei

$$F(y) = \int_a^b f(x)\sin(xy)\, dx.$$

Zeige, dass $F(y)$ für $|y| \to \infty$ gegen Null geht.

(Hinweis: Partielle Integration)

© Der/die Autor(en), exklusiv lizenziert durch
Springer-Verlag GmbH, DE, ein Teil von Springer Nature 2021
A. Deitmar, *Übungsbuch zur Analysis*, https://doi.org/10.1007/978-3-662-62860-7_6

Aufgabe 6.1.4. (B)

Zeige, dass für ganze Zahlen $0 \le k \le n$ gilt

$$\int_0^1 x^k (1-x)^{n-k}\, dx = \frac{1}{(n+1)\binom{n}{k}}.$$

Aufgabe 6.1.5. (A)   (L)

Berechne die Integrale

$$\text{(a)} \quad \int_1^e \frac{\log(x^2)}{x}\, dx, \quad \text{(b)} \quad \int_0^{2\pi} |\sin x|\, dx, \quad \text{(c)} \quad \int_0^1 \exp(x + e^x)\, dx.$$

Aufgabe 6.1.6. (A)   (LS)

Bestimme jeweils eine Stammfunktion zu folgenden Funktionen auf $(1, \infty)$:

$$\text{(a)}\ \log x \quad \text{(b)}\ \frac{1}{x \log x} \quad \text{(c)}\ x e^{x^2} \quad \text{(d)}\ \frac{1}{x\sqrt{x}} \quad \text{(e)}\ \frac{x}{1+x^2} \quad \text{(f)}\ \frac{x-\sqrt{x}}{x+\sqrt{x}}$$

6.2   Uneigentliche Integrale

Aufgabe 6.2.1. (A)   (LS)

Für welche $\alpha > 0$ konvergiert die Reihe $\sum_{n=1}^{\infty} \frac{\log n}{n^\alpha}$?

Aufgabe 6.2.2. (B)

Zeige, dass die folgenden uneigentlichen Integrale konvergieren:

$$\int_0^\infty \frac{\sin x}{\sqrt{x}}\, dx, \qquad \int_0^\infty \sin(x^2)\, dx.$$

Aufgabe 6.2.3. (A) (L)

Untersuche die folgenden uneigentlichen Integrale auf Existenz und bestimme gegebenenfalls ihren Wert:

(a) $\int_1^\infty \frac{x\sqrt{x}}{(2x-1)^2}\,dx,$

(b) $\int_2^\infty \frac{1}{x(\log x)^2}\,dx$

(c) $\int_0^\infty e^{sx}\cos(tx)\,dx, \quad s,t \in \mathbb{R}.$

Aufgabe 6.2.4. (A) (L)

Überprüfe die folgenden uneigentlichen Integrale auf Konvergenz und bestimme gegebenenfalls ihren Wert:

a) $\int_0^1 x^\alpha\,dx, \quad \alpha \in \mathbb{R},$ b) $\int_1^\infty x^\alpha\,dx, \quad \alpha \in \mathbb{R},$ c) $\int_0^1 \log(x)\,dx.$

Aufgabe 6.2.5. (A) (LS)

(a) Sei $f : \mathbb{R} \to \mathbb{R}$ stetig so dass

$$f(x+1) = f(x)$$

für jedes $x \in \mathbb{R}$ gilt.

Zeige, dass $\int_0^\infty f(x)\,dx$ nur existieren kann, wenn $f = 0$ ist.

(b) Entscheide, ob die folgenden uneigentlichen Integrale existieren:

(i) $\int_0^1 \sin\left(\frac{1}{x}\right)\,dx,$ (ii) $\int_0^\infty e^{2\pi it}\,dt.$

Kapitel 7

Funktionenfolgen

7.1 Gleichmäßige Konvergenz

Aufgabe 7.1.1. (C)   (L)

Seien $a < b$ reelle Zahlen. Eine Funktion $f : [a, b] \to \mathbb{R}$ heißt **Regelfunktion** falls f gleichmäßiger Limes von Riemannschen Treppenfunktionen ist.

Zeige: Eine Funktion f ist genau dann eine Regelfunktion, wenn für jedes $x_0 \in [a, b]$ die einseitigen Limiten $\lim_{x \nearrow x_0} f(x)$ und $\lim_{x \searrow x_0} f(x)$ existieren. Zeige ferner, dass jede Regelfunktion Riemann-integrierbar ist.

(Hinweis: Betrachte die Menge A_n aller $c \in [a, b]$ so dass es eine Treppenfunktion $t : [a, c] \to \mathbb{R}$ gibt mit $|t(x) - f(x)| < \frac{1}{n}$ für alle $x \in [a, c]$.)

Aufgabe 7.1.2. (B)   (L)

Konvergiert die Folge $f_n(x) = x^n(1 - x^n)$ gleichmäßig auf dem Intervall $[0, 1]$?

Aufgabe 7.1.3. (B)   (L)

Entscheide für jeder dieser Funktionenfolgen auf $\mathbb{R}$, ob sie punktweise und ob sie gleichmäßig konvergiert.

(a) $f_n(x) = \sqrt[n]{x^2 + 1}$,   (b) $g_n(x) = \sum_{k=1}^{n} \frac{\sin(kx)}{2^k}$,   (c) $h_n(x) = \sin(nx)$.

© Der/die Autor(en), exklusiv lizenziert durch
Springer-Verlag GmbH, DE, ein Teil von Springer Nature 2021
A. Deitmar, *Übungsbuch zur Analysis*, https://doi.org/10.1007/978-3-662-62860-7_7

Aufgabe 7.1.4. (B)

Sei $(f_n)_{n \in \mathbb{N}}$ eine Folge stetiger Funktionen $f_n : [a, b] \to \mathbb{R}$, $a < b$, mit $f_n(x) \geq f_{n+1}(x)$ für jedes $n \in \mathbb{N}$ und alle $x \in [a, b]$. Die Folge f_n konvergiere punktweise gegen Null.

Beweise, dass sie gleichmäßig konvergiert.

Aufgabe 7.1.5. (B)

Sei $f_n : I \to \mathbb{R}$ eine Folge von Funktionen auf dem kompakten Intervall I, die gleichmäßig konvergiert. Sei $x_0 \in I$ ein Punkt in dem jedes f_n stetig ist.

Zeige, dass

$$\lim_{x \to x_0} \lim_{n \to \infty} f_n(x) = \lim_{n \to \infty} \lim_{x \to x_0} f_n(x).$$

(Man orientiere sich am Beweis von Satz Ana-7.1.3.)

Aufgabe 7.1.6. (A)   (L)

Untersuche die Funktionenfolgen $g_n, f_n : \mathbb{R} \to \mathbb{R}$ mit

$$\text{(a) } g_n(x) = \sqrt{x^2 + \frac{1}{n}}, \qquad \text{(b) } f_n(x) = \arctan(nx)$$

auf gleichmäßige Konvergenz.

Aufgabe 7.1.7. (A)

Sei $(\phi_n)_{n \in \mathbb{N}}$ eine Folge von Funktionen auf $\mathbb{R}$, dergestalt, dass es zu jedem $C \geq 0$ ein $n_0 \in \mathbb{N}$ gibt, so dass für jedes $x \in [-C, C]$ und jedes $n \geq n_0$ gilt $\phi_n(x) = 0$.

Zeige, dass die Reihe

$$\sum_{n=1}^{\infty} \phi_n(x)$$

auf jedem kompakten Intervall gleichmäßig konvergiert.

7.2 Potenzreihen

Aufgabe 7.2.1. (B)   (LS)

Bestimme die Taylor-Reihe der Funktion $\log x$ um einen Entwicklungspunkt $a > 0$. Wo konvergiert die Reihe? Stellt sie die Funktion dar?

Aufgabe 7.2.2. (C)   (LS)

Zeige:

$$\sum_{n=0}^{\infty} \frac{(-1)^n}{2n+1} = \frac{\pi}{4}.$$

(Hinweis: Stelle die Arcustangens-Funktion als Integral ihrer Ableitung dar.)

Aufgabe 7.2.3. (A)   (L)

Schreibe die folgenden Funktionen als Potenzreihen um den angegebenen Entwicklungspunkt und bestimme jeweils den Konvergenzradius:

(a) $\qquad f(x) = \dfrac{1}{x}$, $\qquad a = 1,$

(b) $\qquad g(x) = \dfrac{1}{x^2 + 2x + 1}$, $\qquad b = 0,$

(c) $\qquad h(x) = x^2 e^{x+1}$, $\qquad c = 0.$

Aufgabe 7.2.4. (B)   (LS)

Für welche $x \in \mathbb{R}$ konvergiert die Potenzreihe

$$\sum_{n=1}^{\infty} \frac{1}{n^2} \left(\sqrt{n^2 + n} - \sqrt{n^2 + 1} \right)^n x^n?$$

7.3 Fourier-Reihen

Aufgabe 7.3.1. (A)   (L)

Berechne die Fourier-Reihe der periodischen Funktion f, die für $0 \leq x < 1$ den Wert $f(x) = x$ hat.

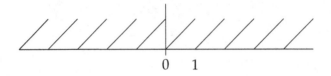

$$0 \quad 1$$

Aufgabe 7.3.2. (A)   (LS)

Berechne die Fourier-Reihe der Funktion $f(x) = |\sin(2\pi x)|$.

Aufgabe 7.3.3. (C)

Sei $f : \mathbb{R} \to \mathbb{C}$ periodisch und stetig und sei

$$\omega(y) = \int_0^1 |f(t+y) - f(t)| \, dt.$$

Zeige, dass die Fourier-Koeffizienten c_k von f für $k \neq 0$ der Abschätzung $|c_k| \leq \frac{1}{2}\omega\left(\frac{1}{2k}\right)$ genügen.

Aufgabe 7.3.4. (B)   (LS)

Gemäß Definition Ana-7.4.2 bezeichnen wir mit $C(\mathbb{R}/\mathbb{Z})$ die Menge aller periodischen stetigen Abbildungen $f : \mathbb{R} \to \mathbb{R}$. Für $\phi \in C_c(\mathbb{R})$ sei $f_\phi(x) = \sum_{k \in \mathbb{Z}} \phi(x+k)$.

Zeige, dass diese Summe auf jedem kompakten Intervall gleichmäßig konvergiert und dass die resultierende Funktion f_ϕ in $C(\mathbb{R}/\mathbb{Z})$ liegt. Zeige weiter, dass die so entstehende Abbildung

$$C_c(\mathbb{R}) \to C(\mathbb{R}/\mathbb{Z}), \qquad \phi \mapsto f_\phi$$

surjektiv ist.
(Hinweis: Wähle eine Funktion $\phi \in C_c(\mathbb{R})$ mit $\phi \geq 0$ ohne Nullstellen im Intervall $[0, 1]$. Für gegebenes $f \in C_c(\mathbb{R}/\mathbb{Z})$ betrachte $\frac{\phi(x)f(x)}{f_\phi(x)}$.)

Aufgabe 7.3.5. (A) (LS)

Zeige:

(a) Die Funktion $f(x) = e^{-\pi x^2}$ liegt im Schwartz-Raum und ist ihre eigene Fourier-Transformierte, d.h., es gilt $\hat{f} = f$.
   (Hinweis: Zeige, $f'(x) = -2\pi x f(x)$ und dass die Fourier-Transformierte $\hat{f}$ dieselbe Gleichung erfüllt. Betrachte dann den Quotienten $\hat{f}/f$.)

(b) Für $t > 0$ sei $\Theta(t) = \sum_{k \in \mathbb{Z}} e^{-t\pi k^2}$. Zeige, dass für jedes $t > 0$

$$\Theta(t) = \frac{1}{\sqrt{t}} \Theta\left(\frac{1}{t}\right).$$

Kapitel 8

Metrische Räume

8.1 Metrik und Vollständigkeit

Aufgabe 8.1.1. (B)   (L)

Sei S eine Menge, $n \in \mathbb{N}$ und sei $X = S^n$ das n-fache kartesische Produkt von S mit sich selbst.

Zeige, dass

$$d(x, y) = \#\{i : x_i \neq y_i\}$$

eine Metrik auf X definiert.

Aufgabe 8.1.2. (B)

Sei X eine beliebige Menge. Sei d die diskrete Metrik wie in Beispiel Ana-8.1.1. Es ist also $d(x, y) = 1$ wenn $x \neq y$.

Zeige:

(a) d ist eine Metrik auf X. In dieser Metrik ist jede Teilmenge von X sowohl offen als auch abgeschlossen.

(b) Jede in d konvergente Folge (x_n) ist am Ende stationär, d.h., es gibt ein n_0 so dass für $n \geq n_0$ gilt $x_n = x_{n_0}$.

© Der/die Autor(en), exklusiv lizenziert durch
Springer-Verlag GmbH, DE, ein Teil von Springer Nature 2021
A. Deitmar, *Übungsbuch zur Analysis*, https://doi.org/10.1007/978-3-662-62860-7_8

Aufgabe 8.1.3. (B)

Der Raum $C([0,1])$ aller stetigen Funktionen $f : [0,1] \to \mathbb{R}$ sei mit der Metrik $d(f,g) = \int_0^1 |f(x) - g(x)|\, dx$ versehen.

Zeige: Die Folge

$$f_n(x) = \begin{cases} 0 & x \leq \frac{1}{2}, \\ nx - \frac{n}{2} & \frac{1}{2} < x < \frac{1}{2} + \frac{1}{n}, \\ 1 & x \geq \frac{1}{2} + \frac{1}{n}, \end{cases}$$

ist eine Cauchy-Folge in $C([0,1])$, aber nicht konvergent. Hier ein Bild des Graphen:

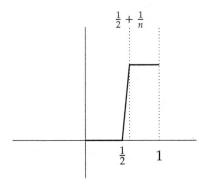

8.2 Metrische Topologie

Aufgabe 8.2.1. (B)   (L)

Sei (X,d) ein metrischer Raum und $a \in X$, sowie $r > 0$. Nach Lemma Ana-8.2.4 ist der Ball $B_r(a)$ offen. Ist die Menge $\{x \in X : d(x,a) \leq r\}$ abgeschlossen? Ist sie gleich dem Abschluss von $B_r(a)$?

Aufgabe 8.2.2. (C)

Eine Teilmenge A eines metrischen Raumes X heißt **diskret**, falls es zu jedem Punkt $a \in A$ eine offene Umgebung $U \subset X$ gibt, so dass $A \cap U = \{a\}$.
Ein Punkt $p \in X$ heißt **Häufungspunkt** der Menge $A \subset X$, wenn jede Umgebung $U \subset X$ von p unendlich viele Elemente von A enthält.

(Warnung: Ein Häufungspunkt einer Teilmenge ist etwas anderes als ein Häufungspunkt einer Folge, Definition 8.5.9.)

Zeige, dass eine abgeschlossene Teilmenge $A \subset X$ genau dann diskret ist, wenn sie keine Häufungspunkte hat. Zeige ferner, dass diese Aussage ohne die Voraussetzung der Abgeschlossenheit falsch ist.

Aufgabe 8.2.3. (C) (L)

Zwei Metriken d_1, d_2 auf X heißen **äquivalent**, falls sie dieselbe Topologie induzieren, d.h., falls eine Menge genau dann in der einen Metrik offen ist, wenn sie es in der anderen ist.

Zeige:

(a) Zwei Metriken d_1, d_2 sind genau dann äquivalent sind, wenn dieselben Folgen in ihnen konvergieren, d.h., wenn für jede Folge (x_n) in X gilt

$$(x_n) \text{ konvergiert in } d_1 \quad \Leftrightarrow \quad (x_n) \text{ konvergiert in } d_2.$$

In diesem Fall stimmen auch die Limiten überein.

(b) Haben zwei äquivalente Metriken auch dieselben Cauchy-Folgen?

Aufgabe 8.2.4. (E) (LS)

Sei (X, d) ein metrischer Raum und sei $f : [0, \infty) \to [0, \infty)$ eine monoton wachsende, **subadditive** Funktion, d.h., es gilt

$$f(a + b) \leq f(a) + f(b)$$

für alle $x, y \in [0, \infty)$. Ferner sei $x = 0$ die einzige Nullstelle von f.

Zeige:

(a) $d_f = f \circ d$ ist ebenfalls eine Metrik.

(b) Jede monoton wachsende Funktion $f : [0, \infty) \to [0, \infty)$ mit $f(0) = 0$, die **konkav** ist, ist subadditiv. Hierbei heißt f konkav, wenn $-f$ konvex ist, wenn also gilt

$$f((1 - t)x + ty) \geq (1 - t)f(x) + tf(y)$$

für alle $x, y \geq 0$ und jedes $0 \leq t \leq 1$.

(c) Ist f zusätzlich stetig, dann ist d_f äquivalent zu d.

(d) Jede Metrik ist zu einer beschränkten Metrik äquivalent.

8.3 Stetigkeit

Aufgabe 8.3.1. (B)

Zeige, dass eine Abbildung $f : X \to Y$ zwischen metrischen Räumen genau dann stetig ist, wenn es zu jeder in X konvergenten Folge $x_n \to x$ eine Teilfolge $(x_{n_k})_{k \in \mathbb{N}}$ gibt, so dass $f(x_{n_k})$ gegen $f(x)$ konvergiert.

Aufgabe 8.3.2. (A)

Sei (X, d) ein metrischer Raum und sei $a \in X$.

Zeige: Sind $x_n \to x$ und $y_n \to y$ konvergente Folgen in X, dann konvergiert $d(x_n, y_n)$ gegen $d(x, y)$.

Aufgabe 8.3.3. (A)

Seien X, Y metrische Räume und $f, g : X \to Y$ stetig.

Zeige, dass die Menge $A = \left\{ x \in X : f(x) \neq g(x) \right\}$ offen ist.

Aufgabe 8.3.4. (A)

Sei X ein metrischer Raum und f_n eine Folge stetiger Funktionen auf X. Die Folge konvergiert **lokal gleichmäßig** gegen eine Funktion f, wenn es zu jedem $x \in X$ eine Umgebung U gibt, so dass die Folge auf U gleichmäßig gegen f konvergiert.

Zeige, dass in diesem Fall die Funktion f stetig ist.

Aufgabe 8.3.5. (A)

Seien X, Y, Z metrische Räume und $f_1, f_2, \dots$ eine Folge von Abbildungen $X \to Y$, die gleichmäßig gegen ein $f : X \to Y$ konvergiert. Sei $g : Y \to Z$ gleichmäßig stetig.

Zeige, dass die Folge $g \circ f_n$ gleichmäßig gegen $g \circ f$ konvergiert.

8.4 Zusammenhang

Aufgabe 8.4.1. (B) (L)

Sei X ein metrischer Raum und seien $A, B \subset X$ zusammenhängende Teilmengen mit $A \cap B \neq \emptyset$.

Zeige, dass die Vereinigung $A \cup B$ ebenfalls zusammenhängend ist.

Aufgabe 8.4.2. (C) (L)

Zeige, dass die Menge

$$X = \left\{ \begin{pmatrix} x \\ \sin(1/x) \end{pmatrix} : 0 < x \leq 1 \right\} \cup \left\{ \begin{pmatrix} 0 \\ t \end{pmatrix} : |t| \leq 1 \right\} \quad \subset \quad \mathbb{R}^2$$

zusammenhängend, aber nicht wegzusammenhängend ist. (Siehe Definitionen Ana-8.4.1 und Ana-8.4.6.)

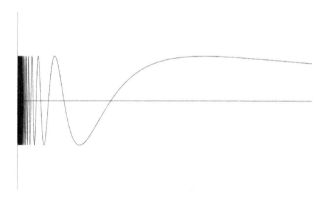

Aufgabe 8.4.3. (C) (L)

Sei $Q \subset \mathbb{R}^2$ eine abzählbar unendliche Teilmenge.

Zeige, dass $X = \mathbb{R}^2 \smallsetminus Q$ ist mit der euklidischen Metrik auf $\mathbb{R}^2$ wegzusammenhängend ist.

(Hinweis: Sei $Q = \{q_1, q_2, \ldots\}$. Konstruiere induktiv zu jedem $j \in \mathbb{N}$ einen Weg γ_j, der den ersten j Elementen ausweicht.)

8.5 Kompaktheit

Aufgabe 8.5.1. (B)   (L)

Sei (X, d) ein metrischer Raum und sei $K \subset X$ nichtleer und kompakt. Für $x \in X$ sei

$$d_K(x) = \inf \left\{ d(x, k) : k \in K \right\}$$

der Abstand von x zu K.

Zeige, dass d_K eine stetige Funktion auf X ist.

Aufgabe 8.5.2. (E)   (LS)

Sei (X, d) ein vollständiger metrischer Raum. Für eine Teilmenge $A \subset X$ und $\varepsilon > 0$ sei

$$U_\varepsilon(A) = \left\{ x \in X : d(x, A) < \varepsilon \right\}$$

die ε-Umgebung von A. Hierbei ist $d(x, A) = \inf_{a \in A} d(x, a)$. Sei

$$\mathcal{K}(X) = \left\{ K \subset X : \text{kompakt} \right\}$$

das System aller kompakten Teilmengen von X. Für $K, L \in \mathcal{K}(X)$ sei die **Hausdorff-Metrik** definiert durch

$$d_H(K, L) = \inf \left\{ \varepsilon > 0 : K \subset U_\varepsilon(L) \text{ und } L \subset U_\varepsilon(K) \right\}.$$

Zeige, dass d_H in der Tat eine Metrik auf $\mathcal{K}(X)$ definiert und dass diese Metrik vollständig ist.

Aufgabe 8.5.3. (E)   (LS)

Sei $X = \mathbb{R}^\mathbb{N}$ die Menge aller Folgen $(a_j)_{j \in \mathbb{N}}$ reeller Zahlen.

Zeige:

(a) Die Vorschrift

$$d\big((a_j), (b_j)\big) = \sum_{j=1}^{\infty} \frac{1}{2^j} \frac{|a_j - b_j|}{1 + |a_j - b_j|}$$

definiert eine Metrik auf X.

(b) Eine Folge $a_n \in X$ konvergiert genau dann gegen $b \in X$ in dieser Metrik, wenn $a_{n,j} \to b_j$ für $n \to \infty$ für jedes j gilt.

(c) Der Raum (X, d) ist vollständig.

(d) Der Raum (X, d) ist nicht kompakt.

Aufgabe 8.5.4. (B)

Es sei (X, d) ein metrischer Raum. Für zwei Teilmengen $A, B \subset X$ sei der **Abstand** der beiden gleich

$$\text{dist}(A, B) = \inf \big\{ d(a, b) : a \in A, \ b \in B \big\}.$$

Zeige:

(a) Seien $A \subset X$ abgeschlossen, $K \subset X$ kompakt und es gelte $A \cap K = \emptyset$. Dann haben A und K positiven Anstand, also $\text{dist}(A, K) > 0$.

(b) Es ist möglich, dass zwei abgeschlossene, disjunkte Teilmengen Abstand Null haben.

Aufgabe 8.5.5. (C)   (L)

Sei (X, d) ein kompakter metrischer Raum und sei $\varepsilon > 0$.

(a) Eine Teilmenge $F \subset X$ heißt ε**-separiert**, falls $d(e, f) \geq \varepsilon$ für alle $e \neq f$ in F gilt.

   Zeige, dass es ein $N = N(\varepsilon) \in \mathbb{N}$ gibt, so dass für jede ε-separierte Teilmenge $F \subset X$ gilt

$$|F| \leq N.$$

(b) Sei $u(\varepsilon)$ die minimale Anzahl von offenen Bällen $B_\varepsilon(x)$, die nötig sind, um X zu überdecken, also

$$u(\varepsilon) = \min \left\{ n \in \mathbb{N} : \exists_{x_1, \ldots, x_n \in X}, \ X = \bigcup_{j=1}^{n} B_\varepsilon(x_j) \right\}.$$

   Zeige, dass zwischen $N(\varepsilon)$ und $u(\varepsilon)$ die Relation $N(2\varepsilon) \leq u(\varepsilon) \leq N(\varepsilon)$ gilt.

Aufgabe 8.5.6. (B)

(a) Sei (x_n) eine Cauchy-Folge in einem metrischen Raum (X, d). Sei (x_{n_k}) eine Teilfolge, die gegen einen Punkt $x \in X$ konvergiert.

   Zeige, dass auch (x_n) gegen x konvergiert.

(b) **Beweise,** dass jeder kompakte metrische Raum vollständig ist.

8.6   Normierte Vektorräume

Aufgabe 8.6.1. (C)   (L)

Für eine $n \times n$ Matrix $A \in M_n(\mathbb{R})$ sei $\|A\| = \sqrt{\sum_{1 \leq i,j \leq n} |A_{i,j}|^2}$ die **euklidische Matrixnorm**.

(a) **Zeige,** dass diese Norm **submultiplikativ** ist, d.h. dass gilt $\|AB\| \leq \|A\| \, \|B\|$.

(b) Man sagt, dass eine Folge $\left(A^{(v)}\right)_{v \in \mathbb{N}}$ von Matrizen gegen eine Matrix A konvergiert, wenn die Folge $\left\|A^{(v)} - A\right\|$ gegen Null geht.

   Zeige, dass dies genau dann der Fall ist, wenn für jedes Indexpaar (i, j) mit $1 \leq i, j \leq n$ gilt $\lim_{v \to \infty} A_{i,j}^{(v)} = A_{i,j}$.

(c) Wir sagen: eine Reihe $\sum_{v=0}^{\infty} A^v$ von $n \times n$ Matrizen **konvergiert absolut**, falls $\sum_{v=0}^{\infty} \|A^v\| < \infty$ gilt.

   Beweise, dass jede absolut konvergente Reihe konvergiert.

(d) **Zeige,** dass für eine gegebene Matrix $A \in M_n(\mathbb{C})$ die Reihe

$$\exp(A) = \sum_{v=0}^{\infty} \frac{1}{v!} A^v$$

absolut konvergiert und dass für zwei Matrizen A, B mit $AB = BA$ gilt

$$\exp(A + B) = \exp(A) \exp(B).$$

Gib ein Beispiel, dass diese Aussage falsch wird, wenn man auf die Bedingung $AB = BA$ verzichtet.

Aufgabe 8.6.2. (A)

Sei $(V, \|.\|)$ ein normierter Raum.

Zeige, dass die Norm $\|.\| : V \to \mathbb{C}$ eine stetige Abbildung ist.

Kapitel 9

Mehrdimensionale Differentialrechnung

9.1 Partielle Ableitungen

Aufgabe 9.1.1. (A)   (L)

Bestimme die partiellen Ableitungen folgender Funktionen $\mathbb{R}^2 \to \mathbb{R}$.

  a) $f(x,y) = x^3 + y^3 - 3xy$,

  b) $g(x,y) = \sin x + \sin y + \sin(x+y)$,

  c) $h(x,y) = \left(1 + x^2\right)^y$.

9.2 Totale Differenzierbarkeit

Aufgabe 9.2.1. (B)

Sei $n \in \mathbb{N}$. Man identifiziert den Vektorraum der $n \times n$ Matrizen $M_n(\mathbb{R})$ mit $\mathbb{R}^{n^2}$ und betrachtet die Exponentialabbildung $\exp : M_n(\mathbb{R}) \to M_n(\mathbb{R})$, $\exp(A) = \sum_{n=0}^{\infty} \frac{1}{n!} A^n$, siehe Aufgabe 8.6.1.

Zeige, dass diese Abbildung $\exp$ in jedem Punkt differenzierbar ist. Zeige, weiter, dass ihre Differentialmatrix im Punkt $A = 0$ die $n^2 \times n^2$ Einheitsmatrix ist. (Betrachte die Potenzreihe.)

© Der/die Autor(en), exklusiv lizenziert durch
Springer-Verlag GmbH, DE, ein Teil von Springer Nature 2021
A. Deitmar, *Übungsbuch zur Analysis*, https://doi.org/10.1007/978-3-662-62860-7_9

Aufgabe 9.2.2. (B)   (L)

Sei $U = GL_n(\mathbb{R})$ die Menge aller invertierbaren Matrizen in $M_n(\mathbb{R})$.

Beweise, dass U eine offene Teilmenge von $M_n(\mathbb{R}) \cong \mathbb{R}^{n^2}$ ist und dass $f : U \to U, A \mapsto A^{-1}$ differenzierbar ist mit Differential

$$Df(A)B = -A^{-1}BA^{-1}.$$

Hierbei wird $DF(A)$ als lineare Abbildung von $M_n(\mathbb{R}) \cong \mathbb{R}^{n^2}$ in sich aufgefasst.

(Hinweis: Betrachte zunächst $A = I$, die Einheitsmatrix.)

Aufgabe 9.2.3. (A)   (LS)

Sei $F : \mathbb{R}^2 \to \mathbb{R}^2$ gegeben durch $F(x, y) = (x^2 - y^2, 2xy)$.

Berechne die Funktionalmatrix von F. Ist F surjektiv? Wieviele Urbildpunkte hat ein gegebener Punkt $(x, y) \neq (0, 0)$?

Aufgabe 9.2.4. (A)

Sei $U \subset \mathbb{R}^n$ ein beschränkter offener Ball und $f : U \to \mathbb{R}$ stetig differenzierbar. Es gebe eine Konstante $K > 0$ mit

$$\|Df(x)\| \leq K \qquad \text{für alle } x \in U.$$

Zeige, dass f beschränkt und gleichmäßig stetig ist.

9.3   Kurven

Aufgabe 9.3.1. (A)   (L)

Für welches $a > 0$ ist die Länge der Kurve

$$\gamma_a : [0, 1] \to \mathbb{R}^3, \qquad t \mapsto \left(\cos(at), \sin(at), \frac{t}{a}\right)$$

am kleinsten und welchen Wert nimmt sie dann an?

Aufgabe 9.3.2. (A)

Seien $a < b$ und $c < d$ in $\mathbb{R}$ und sei $f : [a,b] \to [d,c]$ bijektiv und f, f^{-1} seien beide stetig differenzierbar. Sei $\gamma_f : [a,b] \to \mathbb{R}^2$ die Kurve $\gamma_f(t) = (t, f(t))$.

Zeige, dass γ_f und $\gamma_{f^{-1}}$ rektifizierbar sind und dieselbe Bogenlänge haben.

Aufgabe 9.3.3. (A) (L)

Zeige, dass die Helix

$$\gamma : [-\pi, \pi] \to \mathbb{R}^3, \qquad\qquad t \mapsto (\cos(t), \sin(t), t)$$

rektifizierbar ist und berechne ihre Länge.

9.4 Taylor-Formel und lokale Extrema

Aufgabe 9.4.1. (A) (LS)

Bestimme die Taylor-Entwicklung der Funktion $f : (0, \infty) \times (0, \infty) \to \mathbb{R}$,

$$f(x, y) = \frac{x - y}{x + y}.$$

im Punkt $(1, 1)$ bis zu den Gliedern 2. Ordnung.

Aufgabe 9.4.2. (A) (L)

Bestimme die lokalen Extrema der folgenden Funktionen $\mathbb{R}^2 \to \mathbb{R}$.

(a) $f(x, y) = (x^2 + y^2)e^{-x^2}$.

(b) $g(x, y) = \sin(x)\sin(y)$.

9.5   Lokale Umkehrfunktionen

Aufgabe 9.5.1. (B) $\hfill$ (L)

Es sei $\Omega = \left\{ x \in \mathbb{R}^3 : x_1 + x_2 + x_3 \neq -1 \right\}$ und die Abbildung $f : \Omega \to \mathbb{R}^3$ sei gegeben durch

$$x \mapsto \frac{1}{1 + x_1 + x_2 + x_3} x.$$

(a) Berechne $Df(x_1, x_2, x_3)$.

(b) Bestimme das Bild $f(\Omega)$, zeige Injektivität und gib die Umkehrabbildung $f^{-1} : f(\Omega) \to \Omega$ explizit an.

(c) Bestimme die Differentialmatrix von f^{-1}.

Kapitel 10

Mehrdimensionale Integralrechnung

10.1 Parameterabhängige Integrale

Aufgabe 10.1.1. (A) (L)

Zeige:

(a) Für eine im Punkt (x_0, x_0) differenzierbare Funktion $F : \mathbb{R}^2 \to \mathbb{R}$ ist die Funktion $f(x) = F(x, x)$ in $x = x_0$ differenzierbar und es gilt $f'(x_0) = D_1 F(x_0, x_0) + D_2 F(x_0, x_0)$.

(b) Die Funktion

$$g(t) = \int_1^t \frac{e^{tx}}{x}\, dx$$

ist für $t > 0$ differenzierbar und hat die Ableitung $g'(t) = \frac{2e^{t^2} - e^t}{t}$.

Aufgabe 10.1.2. (A)

Sei $f : \mathbb{R} \to \mathbb{R}$, $f(t) = \int_0^1 \frac{e^{-(1+x^2)t^2}}{x^2+1}\, dx$.

Zeige, dass die Funktion f differenzierbar ist und die Ableitung $f'(t) = -2e^{-t^2} \int_0^t e^{-u^2}\, du$ hat. Zeige weiter, dass gilt $\left(\int_0^t e^{-u^2}\, du \right)^2 = \frac{\pi}{4} - f(t)$ gilt. Folgere, dass $\int_0^\infty e^{-u^2}\, du = \frac{\sqrt{\pi}}{2}$.

Springer-Verlag GmbH, DE, ein Teil von Springer Nature 2021
A. Deitmar, *Übungsbuch zur Analysis*, https://doi.org/10.1007/978-3-662-62860-7_10

Aufgabe 10.1.3. (A)   (LS)

Sei $k \in \mathbb{N}$ und $C_b^k(\mathbb{R}^n)$ die Menge aller k-mal stetig differenzierbaren Funktionen $f : \mathbb{R}^n \to \mathbb{R}$, für die $D^\alpha f$ beschränkt ist für jedes $\alpha \in \mathbb{N}_0^n$ mit $|\alpha| \leq k$.

Beweise:

(a) Die Abbildung

$$f \mapsto \|f\|_k = \sum_{|\alpha| \leq k} \sup \left\{ |D^\alpha f(x)| : x \in \mathbb{R}^n \right\}$$

ist eine Norm auf dem Vektorraum $C_b^k(\mathbb{R}^n)$.

(b) Der normierte Vektorraum $\left(C_b^k(\mathbb{R}^n), \|\cdot\|_k \right)$ ist vollständig.

10.2   Stetige Funktionen mit kompakten Trägern

Aufgabe 10.2.1. (A)   (L)

Zeige, dass das Faltungs-Produkt (Definition Ana-10.2.12) assoziativ ist, also dass für $f, g, h \in C_c(\mathbb{R}^n)$ gilt

$$(f * g) * h = f * (g * h).$$

Aufgabe 10.2.2. (A)

Sei $f \in C_c(\mathbb{R})$ und sein $p(x)$ eine Polynomfunktion vom Grad n.

Beweise, dass das Faltungs-Integral $f * p(x)$ für jedes $x \in \mathbb{R}$ existiert (Definition Ana-10.2.12) und $f * p$ ebenfalls eine Polynomfunktion vom Grad $\leq n$ ist.

Aufgabe 10.2.3. (B)

Sei $C(\mathbb{R}/\mathbb{Z}, \mathbb{R})$ die Menge aller periodischen stetigen Funktionen $f : \mathbb{R} \to \mathbb{R}$. Sei $I : C(\mathbb{R}/\mathbb{Z}, \mathbb{R}) \to \mathbb{R}$ ein positives Funktional mit $I(\tau_a f) = I(f)$ für jedes $f \in C(\mathbb{R}/\mathbb{Z}, \mathbb{R})$ und jedes $a \in \mathbb{R}$, wobei $\tau_a f(x) = f(x - a)$ (siehe Definition Ana-10.2.5).

Zeige, dass es ein $c \geq 0$ gibt, so dass

$$I(f) = c \int_0^1 f(x) \, dx.$$

(Hinweis: Für $\phi \in C_c(\mathbb{R}, \mathbb{R})$ betrachte die Funktion $x \mapsto \sum_{k \in \mathbb{Z}} \phi(x + k)$. Verwende Aufgabe 7.3.4 und Satz Ana-10.2.9.)

Aufgabe 10.2.4. (B)

Sei $f \in C_c^\infty(\mathbb{R}, \mathbb{R})$ eine glatte Funktion mit kompaktem Träger. Es gelte $f(x) \geq 0$ für jedes $x \in \mathbb{R}$. Zeige, dass $\sqrt{f}$ ebenfalls eine glatte Funktion ist.

(Hinweis: Taylor-Formel)

10.3 Die Transformationsformel

Aufgabe 10.3.1. (C)   (L)

Für zwei Punkte $x, y \in \mathbb{R}^n$ sei

$$[x, y] := \big\{ (1 - t)x + ty : 0 \leq t \leq 1 \big\}$$

die Verbindungslinie zwischen x und y. Eine Teilmenge $K \subset \mathbb{R}^n$ heißt **konvex**, falls für je zwei $x, y \in K$ gilt $[x, y] \subset K$.

Für gegebene $v_1, v_2, \ldots, v_k \in \mathbb{R}^n$ sei die **konvexe Hülle** definiert durch

$$\mathrm{conv}(v_1, \ldots, v_k) = \left\{ \sum_{j=1}^k t_j v_j : t_1, \ldots, t_k \geq 0, \ \sum_{j=1}^n t_j = 1 \right\}.$$

Zeige:

(a) Die Menge $\mathrm{conv}(v_1, \ldots, v_k)$ ist die kleinste konvexe Menge, die die Punkte $v_1, \ldots, v_k$ enthält.

(b) Es gilt

$$\mathrm{conv}(0, v_1, \ldots, v_k) = \left\{ \sum_{j=1}^{k} t_j v_j : t_1, \ldots, t_k \geq 0, \ \sum_{j=1}^{n} t_j \leq 1 \right\}$$

(c) Die Menge $D = \mathrm{conv}(0, v_1, \ldots, v_k)$ enthält genau dann eine nichtleere offene Menge, wenn $v_1, \ldots, v_k$ den Vektorraum $\mathbb{R}^n$ aufspannen.

Aufgabe 10.3.2. (B)   (L)

Sei $K \subset \mathbb{R}^n$ kompakt mit $\mathrm{vol}(K) > 0$, siehe Definition Ana-10.3.10. Sei weiter $v \in \mathbb{R}^n$ ein Vektor mit $\|v\| = 1$. Für $s \in \mathbb{R}$ sei

$$H_{s,v} = \left\{ x \in \mathbb{R}^n : \langle x, v \rangle \geq s \right\}$$

der *Halbraum* zu s und v, wobei $\langle v, w \rangle = v_1 w_1 + \cdots + v_n w_n$ das kanonische Skalarprodukt auf dem Vektorraum $\mathbb{R}^n$ bezeichnet.

Man beweise, dass für einen gegebenen Vektor v die Abbildung

$$\begin{aligned} \mathbb{R} &\to [0, \infty) \\ s &\mapsto \mathrm{vol}(K \cap H_{s,v}) \end{aligned}$$

stetig und monoton fallend ist. Man folgere, dass es ein $s_0 \in \mathbb{R}$ gibt, so dass

$$\mathrm{vol}(K \cap H_{s_0,v}) = \mathrm{vol}(K \cap H_{-s_0,-v}).$$

In diesem Fall sagt man, dass der affine Unterraum $A_{s_0,v} = H_{s_0,v} \cap H_{-s_0,-v}$ eine **gerechte Teilung** von K definiert. Ist s_0 eindeutig bestimmt?

Aufgabe 10.3.3. (A) (LS)

Sei D die Menge aller $(x, y) \in \mathbb{R}^2$ mit $x, y > 0$ und $x + y < 1$. Sei R die Menge aller $(x, y) \in \mathbb{R}^2$ mit $0 < x + y < 2$ und $0 < x - y < 2$.

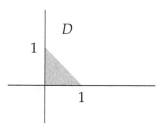 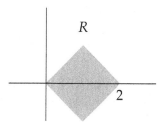

Berechne

$$\int_D e^{y/(x+y)} \, dx \, dy \quad \text{und} \quad \int_R (x^2 - y^2) \, dx \, dy.$$

Aufgabe 10.3.4. (A)

Für eine Basis $v_1, \ldots, v_n$ des $\mathbb{R}^n$ sei die abgeschlossene **Fundamentalmasche** $\mathcal{F} = \mathcal{F}(v_1, \ldots, v_n)$ definiert als

$$\mathcal{F} = \left\{ t_1 v_1 + \cdots + t_n v_n : 0 \le t_1, \ldots, t_n \le 1. \right\}$$

Hier ein Bild im Fall $n = 2$:

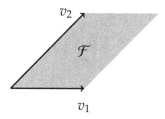

Sei dann das **Volumen** der Basis definiert als das Volumen von $\mathcal{F}$ gemäß Definition Ana-10.3.10, also $\mathrm{vol}(v_1, \ldots, v_n) = \mathrm{vol}(\mathcal{F})$. Sei A die Matrix mit Spalten $v_1, \ldots, v_n$.

Zeige:

$$\mathrm{vol}(v_1, \ldots, v_n) = |\det(A)|.$$

Aufgabe 10.3.5. (B)

(a) Sei $K \subset \mathbb{R}^n$ ein Kompaktum mit $K \subset U \subset \mathbb{R}^n$ für einen Untervektor-raum $U \neq \mathbb{R}^n$.

Zeige, dass $\mathrm{vol}(K) = 0$.

(b) Sei $K \subset \mathbb{R}^n$ kompakt und konvex (siehe Aufgabe 10.3.1) und es gelte $0 \in K$.

Zeige, dass $\mathrm{vol}(K) > 0$ genau dann gilt, wenn K eine Basis des Vektor-raums $\mathbb{R}^n$ enthält.

Aufgabe 10.3.6. (A)

Sei $L = \int_{-\infty}^{\infty} e^{-x^2}\, dx$. Schreibe $L^2 = \int_{-\infty}^{\infty} \int_{-\infty}^{\infty} e^{-(x^2+y^2)}\, dx\, dy$ und benutze Polar-koordinaten, um einen neuen Beweis von $L = \sqrt{\pi}$ zu liefern.

Kapitel 11

Gewöhnliche Differentialgleichungen

11.1 Existenz und Eindeutigkeit

Aufgabe 11.1.1. (B) (LS)

Das **Picard-Lindelöf-Verfahren** ist das folgende Iterationsverfahren, das im Beweis des Existenzsatzes Ana-11.1.10 verwendet wird. Ist $U \subset \mathbb{R} \times \mathbb{R}^n$ offen und $f : U \to \mathbb{R}^n$ eine Abbildung, die einer lokalen Lipschitz-Bedingung genügt. Sei dann $(a, v) \in U$. Man setzt

$$\phi_0(x) = v, \quad \phi_{k+1}(x) = v + \int_a^x f(t, \phi_k(t))\, dt.$$

Dann konvergiert die Funktionenfolge (ϕ_k) lokal-gleichmäßig gegen die eindeutig bestimmte Lösung ϕ des Anfangswertproblems

$$\phi'(x) = f(x, \phi(x)), \qquad \phi(a) = v.$$

Bestimme mit Hilfe des Picard-Lindelöf-Verfahrens die Lösung des Gleichungssystems

$$y_1' = -y_2, \qquad y_2' = y_1$$

mit der Anfangsbedingung $\phi(0) = (1, 0)$.

Aufgabe 11.1.2. (A)

Sei $f : \mathbb{R} \times \mathbb{R} \to \mathbb{R}$ eine stetige Funktion, die einer lokalen Lipschitz-Bedingung genügt. Es gelte

$$f(-x, y) = -f(x, y)$$

für alle $x, y \in \mathbb{R}$.

Zeige, dass jede Lösung $y : [-r, r] \to \mathbb{R}$ mit $r > 0$ der Differentialgleichung $y' = f(x, y)$ eine gerade Funktion ist.

Aufgabe 11.1.3. (A)

Seien $I, J \subset \mathbb{R}$ offene Intervalle, $h : I \to \mathbb{R}$ sei stetig und $g : J \to \mathbb{R}$ sei stetig differenzierbar.

Man beweise, dass für die Differentialgleichung

$$y' = h(x)g(y), \qquad (x, y) \in I \times J,$$

die folgenden Aussagen gelten:

(a) Ist $x_0 \in I$ und $y_0 \in J$ mit $g(y_0) = 0$, dann ist $\phi : I \to \mathbb{R}$ mit $\phi(x) = y_0$ die eindeutig bestimmte Lösung der Differentialgleichung mit $\phi(x_0) = y_0$.

(b) Sei $\psi : I_1 \to \mathbb{R}$ eine Lösung auf einem Intervall $I_1 \subset I$. Gilt $g(\psi(x_1)) \neq 0$ für ein $x_1 \in I_1$, dann ist $g(\psi(x)) \neq 0$ für alle $x \in I_1$.

Aufgabe 11.1.4. (C)   (L)

Sei $f : \mathbb{R}^2 \to \mathbb{R}$ eine stetige Funktion mit

$$xyf(x, y) < 0 \qquad \text{falls } xy \neq 0.$$

Zeige, dass $\phi = 0$ die einzige Lösung der Gleichung $y' = f(x, y)$ auf $\mathbb{R}$ ist, die $\phi(0) = 0$ erfüllt.
(Hinweis: Welche Vorzeichen hat f in den vier Quadranten?)

Aufgabe 11.1.5. (B) (L)

Bestimme die Lösungen der Differentialgleichung

$$y' = (2x - 1)y^2$$

in einer Umgebung der Null.

Aufgabe 11.1.6. (A)

Sei $y : \mathbb{R} \to \mathbb{R}$ zweimal stetig differenzierbar und erfülle die Differentialgleichung

$$y'' = f(t, y),$$

mit einer stetigen Funktion $f : \mathbb{R}^2 \to (0, \infty)$.

Beweise, dass es ein $T \in [-\infty, \infty]$ gibt, so dass $y(t)$ im Intervall $(-\infty, T)$ streng monoton fällt und im Intervall (T, ∞) streng monoton wächst.

Aufgabe 11.1.7. (B)

Ein Seil soll einen schweren Kronleuchter in einer Kirche halten. Die Reißfestigkeit des Seils ist proportional zu seiner Querschnittsfläche. Das Gewicht des Seils ist proportional zu seinem Volumen. Gesucht ist ein Seil, das den Kronleuchter und sein eigenes Gewicht tragen kann. Sei $Q(x)$ die minimale Querschnittsfläche eines Seils in der Höhe $x \geq 0$ über dem Kronleuchter, das diese Aufgabe erfüllt. Wir setzen $Q(x)$ als stetig voraus.

Zeige, dass die Querschnittsfläche $Q(x)$ von der Form $Q(x) = q_0 e^{cx}$ sein muss. Hierbei ist q_0 die Grundquerschnittsfläche, die gebraucht wird um den Kronleuchter zu tragen, $c > 0$ ist der Proportionalitätsfaktor zwischen Gewicht und Volumen des Seils.

Aufgabe 11.1.8. (B) (L)

Bestimme alle Lösungen von

$$y' = y^2 - (2t + 1)y + 1 + t + t^2,$$

in einer Umgebung von $t_0 = 0$. (Ansatz: $y = t + u(t)^{-1}$)

11.2   Lineare Differentialgleichungen

Aufgabe 11.2.1. (A)   (LS)

Bestimme alle auf $\mathbb{R}$ definierten Lösungen der Differentialgleichung

$$y' = 5y + t.$$

Aufgabe 11.2.2. (B)   (LS)

Löse das Anfangswertproblem

$$f' = g + h,$$
$$g' = f + h,$$
$$h' = f + g$$

auf $\mathbb{R}$ mit den Anfangswerten $f(0) = 1$, $g(0) = 2$ und $h(0) = 3$.

Aufgabe 11.2.3. (E)   (L)

Bestimme ein reelles Fundamentalsystem von Lösungen für die Differentialgleichung

$$y'' = y' - y$$

und drücke die Lösungen durch komplexe Exponentialfunktionen aus.

(Hinweis: Für $\zeta = e^{2\pi i/6}$ zeige man $\zeta^3 = -1$ und $1 + \zeta^2 + \zeta^4 = 0$.)

Aufgabe 11.2.4. (B)   (L)

Sei $A : \mathbb{R} \to M_n(\mathbb{R})$ eine differenzierbare Abbildung.

Zeige: Gilt $A(t)A(s) = A(s)A(t)$ für alle $s, t \in \mathbb{R}$, dann folgt $A'(t)A(s) = A(s)A'(t)$ für alle $s, t \in \mathbb{R}$ und

$$(\exp(A(t)))' = A'(t) \exp(A(t)).$$

Gib ein Beispiel, das zeigt, dass die Voraussetzung $A(t)A(s) = A(s)A(t)$ notwendig ist.

Aufgabe 11.2.5. (A)

In einer Umgebung der Null in $\mathbb{R}$ betrachte die Differentialgleichung

$$f'' + h(x)f' = \lambda f$$

für eine Konstante λ, wobei h eine gegebene glatte ungerade ($h(-x) = -h(x)$) Funktion ist, die in einer Umgebung der Null in $\mathbb{R}$ definiert ist.

Zeige, dass nicht jede Lösung f eine gerade Funktion ist.

11.3 Trennung der Variablen

Aufgabe 11.3.1. (C) (L)

Bestimme die Lösungen und die maximalen Existenzintervalle der Anfangswertprobleme

(a) $y' = \frac{y}{t} + t$, $\qquad t > 0$, $\qquad y(1) = 0$,

(b) $y' = \sqrt{1 - y^2}$, $\qquad t \in \mathbb{R}$ $\qquad y(0) = 0$,

(c) $y' = \sqrt{1 - y^2}$, $\qquad t \in \mathbb{R}$ $\qquad y(0) = 1$.

Aufgabe 11.3.2. (A)

Zeige, dass $y(t) = 3e^{1-\frac{1}{t}} - 2$ die eindeutig bestimmte Lösung des Anfangswertproblems

$$t^2 y' = 2 + y \text{ in } (0, \infty) \quad \text{mit} \quad y(1) = 1$$

ist.

Kapitel 12

Allgemeine Topologie

12.1 Abstrakte Topologie

Aufgabe 12.1.1. (A) (L)

Ein topologischer Raum X heißt T1-Raum, wenn alle einelementigen Teilmengen abgeschlossen sind.

Beweise, dass ein topologischer Raum X genau dann T1 ist wenn es zu je zwei Punkten $x \neq y$ von X eine offene Umgebung U von x gibt, die y nicht enthält.

Aufgabe 12.1.2. (C)

(Gerade mit doppeltem Nullpunkt) Sei $X_0 = \mathbb{R} \smallsetminus \{0\}$ und $X = X_0 \sqcup \{a, b\}$, wobei a und b zwei neue Punkte sind. Sei $\mathcal{T} \subset \mathcal{P}(X)$ das System aller Teilmengen $U \subset X$ so dass

(i) $U \cap X_0$ ist offen in der Topologie von $\mathbb{R} \smallsetminus \{0\}$,

(ii) Ist $a \in U$ oder $b \in U$, dann gibt es ein $\varepsilon > 0$ so dass $\left((-\varepsilon, \varepsilon) \smallsetminus \{0\} \right) \subset U$.

© Der/die Autor(en), exklusiv lizenziert durch
Springer-Verlag GmbH, DE, ein Teil von Springer Nature 2021
A. Deitmar, *Übungsbuch zur Analysis*, https://doi.org/10.1007/978-3-662-62860-7_12

Zeige, dass $\mathcal{T}$ eine Topologie auf X ist und dass X mit dieser Topologie kein Hausdorff-Raum ist.

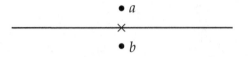

12.2   Stetigkeit

Aufgabe 12.2.1. (B)   (L)

Sei $f : X \to Y$ eine stetige Bijektion zwischen kompakten Hausdorff-Räumen.

Zeige, dass f ein Homöomorphismus ist.

Aufgabe 12.2.2. (B)

Eine stetige Abbildung $f : X \to Y$ heißt **eigentlich**, wenn die Urbilder kompakter Mengen kompakte Mengen sind. Seien X und Y Hausdorff-Räume und seien $\widehat{X}$ bzw. $\widehat{Y}$ ihre Einpunkt-Kompaktifizierungen. Eine stetige Abbildung $f : X \to Y$ wird durch $\hat{f}(\infty_X) = \infty_Y$ zu einer Abbildung $\hat{f} : \widehat{X} \to \widehat{Y}$ fortgesetzt.

Zeige, dass die Abbildung $\hat{f}$ genau dann stetig ist, wenn f eigentlich ist.

12.3   Kompaktheit und das Lemma von Urysohn

Aufgabe 12.3.1. (C)   (L)
Sei C ein kompakter topologischer Raum und sei $f : X \times C \to \mathbb{R}$ eine stetige Abbildung. Ist die Funktion

$$g : X \to \mathbb{R}, \qquad x \mapsto \sup \{ f(x, c) : c \in C \}$$

ebenfalls stetig?.

Aufgabe 12.3.2. (C)   (L)

Seien X, Y topologische Räume und sei $C(X, Y)$ die Menge aller stetigen Abbildungen von X nach Y. Die **Kompakt-Offen-Topologie** auf $C(X, Y)$ ist die Topologie, die von allen Mengen der Form

$$L(K, U) = \left\{ f \in C(X, Y) : f(K) \subset U \right\}$$

erzeugt wird, wobei $K \subset X$ kompakt und $U \subset Y$ offen ist.

Man zeige: Ist Y ein metrischer Raum, dann konvergiert eine Folge $f_n \in C(X, Y)$ genau dann in der Kompakt-Offen-Topologie gegen ein $f \in C(X, Y)$, wenn die Folge auf jeder kompakten Menge gleichmäßig konvergiert.

(Man muss verlangen, dass Y ein metrischer Raum ist, damit überhaupt von gleichmäßiger Konvergenz gesprochen werden kann.)

Aufgabe 12.3.3. (A)

Es sei $\mathbb{N}$ mit der diskreten Topologie versehen und $\widehat{\mathbb{N}} = \mathbb{N} \cup \{\infty\}$ die Einpunkt-Kompaktifizierung von $\mathbb{N}$.

Zeige, dass eine Menge $A \subset \widehat{\mathbb{N}}$ genau dann kompakt ist, wenn $\infty \in A$ oder A endlich ist.

Aufgabe 12.3.4. (B)

Seien X, Y, Z lokalkompakte Hausdorff-Räume.

Zeige, dass die Komposition $c : C(X, Y) \times C(Y, Z) \to C(X, Z)$ eine stetige Abbildung ist, wenn alle Abbildungsräume mit der Kompakt-Offen-Topologie aus Aufgabe 12.3.2 versehen werden.

12.4   Erzeuger

Aufgabe 12.4.1. (A)   (L)

Sei $(X_i)_{i \in I}$ eine beliebige Familie topologischer Räume und sei $X = \prod_{i \in I} X_i$ der Produktraum. Sei $a \in X$ ein fester Punkt.

Zeige, dass die Menge

$$D = \left\{ x \in X : x_j = a_j \text{ für fast alle } j \in I \right\}$$

dicht in X liegt.

Aufgabe 12.4.2. (A)

Sei (X, d) ein metrischer Raum.

Zeige, dass die Abbildung $d : X \times X \to \mathbb{R}$ stetig ist, wenn $X \times X$ mit der Produkttopologie versehen wird.

Aufgabe 12.4.3. (A)

Sei $(X_i)_{i \in I}$ eine Familie von Hausdorff-Räumen.

Zeige, dass das Produkt $\prod_{i \in I} X_i$ ebenfalls ein Hausdorff-Raum ist.

12.5   Der Satz von Stone-Weierstraß

Aufgabe 12.5.1. (A)   (L)

Sei $f : [0, 1] \to \mathbb{R}$ stetig und es gelte $\int_0^1 f(t) t^n \, dt = 0$ für alle $n = 0, 1, 2 \dots$.

Folgere, dass $f = 0$ ist.

Aufgabe 12.5.2. (E)   (LS)

Sei $\emptyset \neq T \subset \mathbb{R}$ eine offene Teilmenge. Für $t \in T$ sei $f_t : [0, 1] \to \mathbb{C}$ definiert durch $f_t(x) = e^{(x+t)^2}$.

Zeige, dass $V = \text{Spann}(f_t : t \in T)$ dicht in $C([0, 1])$ liegt.

12.6 Die Sätze von Baire und Tietze

Aufgabe 12.6.1. (B) (L)

Zeige, dass der Banach-Raum $V = C([0,1], \mathbb{R})$ aller stetigen Funktionen $f :$ $[0,1] \to \mathbb{R}$ Elemente enthält, die an keinem Punkt von $(0,1)$ differenzierbar sind.

Hinweis: Betrachte die Mengen

$$A_n = \left\{ f \in V : \exists_{x \in [0, 1-1/n]} \; \forall_{h \in (0, 1/n)} \; \left| \frac{f(x+h) - f(x)}{h} \right| \leq n \right\}.$$

12.7 Netze

Aufgabe 12.7.1. (C) (L)

(a) Sei $(X_i)_{i \in I}$ eine Familie von topologischen Räumen und sei $X = \prod_{i \in I} X_i$ der Produktraum.

   Zeige, dass ein Netz $(x_\alpha)_{\alpha \in A}$ in X genau dann gegen $x \in X$ konvergiert, wenn jede Koordinate $(x_{\alpha,i})_{\alpha \in A}$ gegen x_i konvergiert.

(b) Sei Y ein Hausdorff-Raum, X ein beliebiger topologischer Raum und $f : X \to Y$ eine stetige Abbildung.

   Zeige, dass der Graph $G(f) = \big\{ (x, f(x)) : x \in X \big\}$ eine abgeschlossene Teilmenge von $X \times Y$ ist.

Aufgabe 12.7.2. (B) (L)

Sei S eine unendliche Menge und sei I die Menge aller endlichen Teilmengen von S. Sei $f : S \to [0, \infty)$ eine beschränkte Abbildung und für jede endliche Teilmenge $E \subset S$ sei

$$f_E = \sup_{\substack{s \in S \\ s \notin E}} f(s).$$

Zeige:

(a) Die Menge I ist durch

$$E \leq F \quad \Leftrightarrow \quad E \subset F$$

gerichtet.

(b) Das Netz $(f_E)_{E \in I}$ konvergiert genau dann gegen Null, wenn für jede Folge $(s_j)_{j \in \mathbb{N}}$ mit paarweise verschiedenen Folgegliedern gilt

$$\lim_{j \to \infty} f(s_j) = 0.$$

(c) Der Ausdruck $\sum_{s \in S} f(s)$ sei definiert durch

$$\sum_{s \in S} f(s) = \sup_{E \in I} \sum_{s \in E} f(s).$$

Dann sind äquivalent:

(i) $\sum_{s \in S} f(s) < \infty$.

(ii) Die Menge $S_{>0} = \left\{ s \in S : f(s) \neq 0 \right\}$ ist abzählbar und für jede Abzählung $(r_j)_{j \in \mathbb{N}}$ dieser Menge konvergiert die Summe $\sum_{j=1}^{\infty} f(r_j)$.

Kapitel 13

Maßtheorie

13.1 Sigma-Algebren

Aufgabe 13.1.1. (A) (L)

Für $n \in \mathbb{N}$ bezeichne $\mathcal{A}_n \subset \mathcal{P}(\mathbb{N})$ die von $\mathcal{E}_n := \left\{ \{1\}, \{2\}, \ldots, \{n\} \right\}$ erzeugte σ-Algebra auf dem Grundraum $X = \mathbb{N}$.

Zeige, dass $\mathcal{A}_n$ aus allen Mengen $A \subset \mathbb{N}$ besteht, für die entweder $A \subset \{1, 2, \ldots, n\}$ oder $A^c \subset \{1, 2, \ldots, n\}$ gilt.

Ist $\bigcup\limits_{n=1}^{\infty} \mathcal{A}_n$ eine σ-Algebra auf $\mathbb{N}$?

Aufgabe 13.1.2. (A)

Sei X eine Menge und seien $A_i \subset X$, $i = 1, \ldots, n$. Die symmetrische Differenz $A \triangle B$ von Teilmengen von X (Ana-14.5.3) ist nach Aufgabe 14.5.3 assoziativ.

Zeige, dass die Menge
$$A = A_1 \triangle A_2 \triangle \ldots \triangle A_n$$
genau aus den $x \in X$ besteht, für die die Anzahl
$$I(x, A_1, \ldots, A_n) = \#\{i \in \mathbb{N} : i \leq n, \ x \in A_i\}$$
ungerade ist.

(Hinweis: Benutze Induktion nach n.)

© Der/die Autor(en), exklusiv lizenziert durch
Springer-Verlag GmbH, DE, ein Teil von Springer Nature 2021
A. Deitmar, *Übungsbuch zur Analysis*, https://doi.org/10.1007/978-3-662-62860-7_13

Aufgabe 13.1.3. (B)   (L)

Sei $(A_n)_{n\geq 1}$ eine Folge von Teilmengen von X. Wir definieren den **Limes superior** der Folge (A_n) als die Menge

$$\limsup_{n\to\infty} A_n = \left\{x \in X : x \in A_n \text{ für unendlich viele } n \in \mathbb{N}\right\} = \bigcap_{n=1}^{\infty}\bigcup_{k\geq n} A_k$$

und den **Limes inferior** als

$$\liminf_{n\to\infty} A_n = \left\{x \in X : \text{ es gibt } n_0 \in \mathbb{N} \text{ mit } x \in A_n \text{ für alle } n \geq n_0\right\} = \bigcup_{n=1}^{\infty}\bigcap_{k\geq n} A_k.$$

Zeige:

(a) $\left(\limsup_n A_n\right)^c = \liminf_n A_n^c$,

(b) $\mathbf{1}_{\liminf_n A_n} = \liminf_{n\to\infty} \mathbf{1}_{A_n}$ und $\mathbf{1}_{\limsup_n A_n} = \limsup_{n\to\infty} \mathbf{1}_{A_n}$,

(c) $\liminf_n A_n \cap \limsup_n B_n \subset \limsup_n (A_n \cap B_n)$,

(d) $\left(\limsup_n A_n\right) \setminus \left(\liminf_n A_n\right) = \limsup_n (A_n \setminus A_{n+1})$.

Aufgabe 13.1.4. (B)   (L)

Sei X eine Menge. Eine Folge $(A_n)_{n\geq 1}$ von Teilmengen von X heißt *konvergent*, falls

$$\limsup_{n\to\infty} A_n = \liminf_{n\to\infty} A_n.$$

In diesem Falle nennt man

$$\lim_{n\to\infty} A_n := \limsup_{n\to\infty} A_n = \liminf_{n\to\infty} A_n$$

den *Limes* der Folge $(A_n)_{n\geq 1}$ und sagt, die Folge $(A_n)_{n\geq 1}$ konvergiert gegen $\lim_{n\to\infty} A_n$.

Weiterhin heißt die Folge von Mengen *monoton wachsend*, falls $A_n \subset A_{n+1}$ für alle $n \in \mathbb{N}$ und *monoton fallend*, falls $A_n \supset A_{n+1}$ für alle $n \in \mathbb{N}$.

Zeige:

(a) Jede monotone Folge von Teilmengen von X konvergiert.

(b) Eine Folge (A_n) konvergiert genau dann gegen $A \subset X$, wenn die Funktionenfolge $(\mathbf{1}_{A_n})$ punktweise gegen $\mathbf{1}_A$ konvergiert. (Die Definition von $\mathbf{1}_A$ wird in Ana-1.2.11 gegeben.)

(c) Eine Folge $(A_n)_{n \geq 1}$ von Teilmengen von X konvergiert genau dann gegen die leere Menge, wenn zu jedem $x \in X$ nur endlich viele $n \in \mathbb{N}$ existieren mit $x \in A_n$.

(d) Für zwei konvergente Folgen $(A_n)_{n \in \mathbb{N}}$ und $(B_n)_{n \in \mathbb{N}}$ von Teilmengen einer Menge X konvergieren auch die Folgen

$$(A_n^c), \quad (A_n \cap B_n), \quad (A_n \cup B_n).$$

Aufgabe 13.1.5. (C)

Zeige, dass eine σ-Algebra entweder endlich oder überabzählbar ist.

(Hinweis: Sei $(X, \mathcal{A})$ ein Messraum. Für $x \in X$ betrachte $\bigcap_{A \in \mathcal{A}, \, x \in A} A$.)

Aufgabe 13.1.6. (C)

Eine **Partition** der Menge X ist eine Familie $(A_i)_{i \in I}$ nichtleerer Teilmengen so dass $A_i \cap A_j = \emptyset$ falls $i \neq j$ und $X = \bigcup_{i \in I} A_i$.

Zeige: Ist die σ-Algebra $\mathcal{A}$ von einer Partition erzeugt, dann ist sie als σ-Algebra isomorph zu der abzählbar-coabzählbar-Algebra $\mathcal{B}$ auf einer Menge Y. Dies soll bedeuten, dass es eine bijektive Abbildung $\phi : \mathcal{A} \to \mathcal{B}$ gibt, so dass für alle $A, A_1, A_2 \cdots \in \mathcal{A}$ gilt

$$\phi(\emptyset) = \emptyset, \qquad\qquad \phi(A^c) = \phi(A)^c,$$

sowie

$$\phi\left(\bigcup_{j=1}^{\infty} A_j\right) = \bigcup_{j=1}^{\infty} \phi(A_j).$$

Zeige ferner: Ist X abzählbar, dann ist jede σ-Algebra von einer Partition erzeugt.

13.2 Messbare Abbildungen

Aufgabe 13.2.1. (B)   (L)

(a) (Initial-σ-Algebra). Sei $f_i : X \to X_i$, $i \in I$ eine Familie von Abbildungen in Messräume $(X_i, \mathcal{A}_i)$.

Zeige, dass es eine kleinste σ-Algebra $\mathcal{A}$ auf X gibt, so dass alle f_i messbar werden. Diese heißt **Initial-σ-Algebra**. Zeige ferner, dass Abbildung $g : Z \to X$ von einem Messraum Z genau dann messbar ist, wenn alle Kompositionen $f_i \circ g$ messbar sind.

(b) (Final-σ-Algebra). Sei $f_i : X_i \to X$, $i \in I$ eine Familie von Abbildungen von Messräumen $(X_i, \mathcal{A}_i)$.

Zeige, dass es eine größte σ-Algebra $\mathcal{A}$ auf X gibt, so dass alle f_i messbar sind. Diese heißt **Final-σ-Algebra**. Zeige, dass eine Abbildung $g : X \to Z$ in einen Messraum Z genau dann messbar ist, wenn alle Kompositionen $g \circ f_i$ messbar sind.

Aufgabe 13.2.2. (B)   (L)

Sei $(X, \mathcal{A}, \mu)$ ein Maßraum und sei (f_j) eine Folge messbarer Funktionen $f_j : X \to \mathbb{R}$.

Ist die Menge
$$\left\{ x \in X : \lim_j f_j(x) \text{ existiert in } [-\infty, \infty] \right\}$$

messbar?

Aufgabe 13.2.3. (C)   (LS)

Beweise oder widerlege: Ist $f : X \to X$ eine messbare Bijektion auf dem Messraum $(X, \mathcal{A})$, dann ist die Umkehrabbildung f^{-1} ebenfalls messbar.

Aufgabe 13.2.4. (C)   (LS)

Sei $f : \mathbb{R} \to \mathbb{R}$ und es gelte $\lim_n f(x_n) = f(x)$ für jede monoton wachsende konvergente Folge $x_n \nearrow x \in \mathbb{R}$.

Zeige, dass f Borel-messbar ist.

13.3 Maße

Aufgabe 13.3.1. (A)   (L)

Es sei $(X, \mathcal{A}, \mu)$ ein Maßraum mit $\mu(X) < \infty$ und sei $(A_n)_{n \geq 1}$ eine Folge messbarer Teilmengen von X. Der Limes superior von Mengen ist in Aufgabe 13.1.3 definiert.

Zeige:

$$\mu\left(\liminf_{n \to \infty} A_n\right) \leq \liminf_{n \to \infty} \mu(A_n) \leq \limsup_{n \to \infty} \mu(A_n) \leq \mu\left(\limsup_{n \to \infty}(A_n)\right).$$

Aufgabe 13.3.2. (E)   (LS)

Sei $(X, \mathcal{A}, \mu)$ ein Maßraum. Die **symmetrische Differenz** $A \Delta B$ zweier Mengen A, B wurde in Ana-14.5.3 definiert, siehe auch Aufgabe 1.2.3.

Man zeige:

(a) Die Relation

$$A \sim B \quad \Leftrightarrow \quad \mu(A \Delta B) = 0$$

ist eine Äquivalenzrelation auf $\mathcal{A}$.

(b) Es gilt

$$A \sim B \quad \Leftrightarrow \quad \text{es gibt eine Nullmenge } N \text{ so dass } A \cup N = B \cup N.$$

(c) Ist μ endlich, so ist die Abbildung

$$([A], [B]) \mapsto d\big([A], [B]\big) = \mu(A \Delta B)$$

wohldefiniert und ist eine Metrik auf der Menge $M = \mathcal{A}/\sim$.

(d) Der metrische Raum (M, d) ist vollständig.

Aufgabe 13.3.3. (B)

Sei $\mu \neq 0$ ein Maß auf der Borel-σ-Algebra von $\mathbb{R}$, welches nur die Werte 0 und 1 annimmt.

Zeige, dass es ein $x_0 \in \mathbb{R}$ gibt, so dass

$$\mu(A) = \begin{cases} 1 & x_0 \in A, \\ 0 & x_0 \notin A. \end{cases}$$

Aufgabe 13.3.4. (B)

Sei $(X, \mathcal{A}, \mu)$ ein Maßraum.

(a) Seien $A_1, \ldots, A_n$ messbare Mengen endlichen Maßes.

   Zeige:

$$\mu\left(\bigcup_{i=1}^{n} A_i\right) = \sum_{I} (-1)^{|I|+1} \mu\left(\bigcap_{i \in I} A_i\right),$$

   wobei die Summe über alle nichtleeren Teilmengen I von $\{1, \ldots, n\}$ läuft.

(b) Es sei $(A_j)_{j \in \mathbb{N}}$ eine Folge messbarer Mengen. Für $m \in \mathbb{N}$ sei B_m die Menge der $x \in X$, die in mindestens m der A_j liegen.

   Zeige, dass B_m messbar ist und dass

$$\mu(B_m) \leq \frac{1}{m} \sum_{j=1}^{\infty} \mu(A_j).$$

Aufgabe 13.3.5. (B)

Sei $(X, \mathcal{A}, \mu)$ ein Maßraum mit $\mu(X) < \infty$. Für $S \subset X$ sei

$$\mu^*(S) = \inf\{\mu(A) : S \subset A \in \mathcal{A}\}.$$

Man zeige:

   (a) Die Abbildung μ^* ist ein äußeres Maß. Die σ-Algebra der μ^*-messbaren Mengen, $\mathcal{A}^*$, ist genau die μ-Vervollständigung $\widehat{\mathcal{A}}$ von $\mathcal{A}$.

   (b) Die Aussage von Teil (a) bleibt richtig, wenn μ nur als σ-endlich vorausgesetzt wird und sie wird falsch, wenn man auf diese Voraussetzung verzichtet.

Aufgabe 13.3.6. (A)

Sei $(X, \mathcal{A}, \mu)$ ein Maßraum und seien $A_1, A_2, \ldots$ messbare Mengen. Es gelte $\sum_{k=1}^{\infty} \lambda(A_k) < \infty$.

Zeige, dass es eine Nullmenge N gibt, so dass für jedes $x \in X \setminus N$ die Menge

$$\{k \in \mathbb{N} : x \in A_k\}$$

endlich ist.

13.4 Das Lebesgue-Maß

Aufgabe 13.4.1. (A)

Seien $(a_n)_{n\in\mathbb{N}}$ eine Folge in $\mathbb{R}$ und

$$a = \liminf_n a_n \in [-\infty, \infty), \qquad b = \limsup_n a_n \in (-\infty, \infty].$$

Zeige, dass a und b jeweils Limiten von geeigneten Teilfolgen von $(a_n)_n$ sind.

Aufgabe 13.4.2. (B)   (L)

Sei $A \subset \mathbb{R}$ eine Teilmenge. Ein Punkt $x_0 \in \mathbb{R}$ heißt **Häufungspunkt** von A, falls jede Umgebung U von x_0 unendlich viele Punkte aus A enthält. (Warnung: dieser Begriff unterscheidet sich vom Begriff des Häufungspunktes einer Folge in Definition Ana-8.5.9.)

Sei $A \subset \mathbb{R}$ und sei $H(A)$ die Menge der Häufungspunkte von A.

Zeige:

(a) Die Menge $H(A) \subset \mathbb{R}$ ist abgeschlossen.

(b) Die Menge $A \setminus H(A)$ ist abzählbar.

(c) Sei $A \subset \mathbb{R}$ Lebesgue-messbar. Sei $H(A)$ eine Nullmenge, dann ist A eine Nullmenge. Gilt auch die Umkehrung?

Aufgabe 13.4.3. (B)   (LS)

Eine Teilmenge $P \subset \mathbb{R}$ heißt **perfekt**, falls sie gleich der Menge ihrer Häufungspunkte ist. Eine Teilmenge $N \subset \mathbb{R}$ heißt **nirgends dicht**, falls ihr Abschluss $\overline{N}$ keine offene Menge $\neq \emptyset$ enthält.

Zeige, dass das Cantor-Diskontinuum C nirgends dicht und perfekt ist.

Aufgabe 13.4.4. (C)

Eine Teilmenge $T \subset \mathbb{R}$ heißt **total messbar**, wenn jede Teilmenge von T Lebesgue-messbar ist.

Zeige, dass eine Menge T genau dann total messbar ist, wenn T eine Lebesgue-Nullmenge ist.

(Hinweis: Man orientiere sich an dem Beweis von Satz Ana-13.4.15.)

Aufgabe 13.4.5. (B)   (LS)

Sei $f : \mathbb{R} \to \mathbb{R}$ stetig differenzierbar und sei

$$A = \left\{ x \in \mathbb{R} : f'(x) = 0 \right\}.$$

Zeige, dass $f(A)$ eine Lebesgue-Nullmenge ist.

Aufgabe 13.4.6. (B)

Zeige, dass es für jedes $0 \le a < 1$ eine kompakte Menge $C \subset [0, 1]$ gibt, so dass

(a) $\lambda(C) = a$ und

(b) C enthält kein Intervall positiver Länge.

(Hinweis: Man orientiere sich an der Konstruktion des Cantorschen Diskontinuums. Man entferne nur bei jedem Schritt weniger als ein Drittel.)

Aufgabe 13.4.7. (A)

Sei $(X, \mathcal{A}, \mu)$ ein Maßraum.

Zeige, dass die Vervollständigung $\widehat{\mathcal{A}}$ aus Satz Ana-13.4.21 (siehe auch Definition Ana-13.4.22) in folgendem Sinne minimal ist: Ist $(X, \mathcal{B}, \nu)$ ein vollständiger Maßraum mit $\mathcal{B} \supset \mathcal{A}$, so dass ν das Maß μ fortsetzt, dann ist $\widehat{\mathcal{A}} \subset \mathcal{B}$.

Aufgabe 13.4.8. (C)   (L)

Sei $(X, \mathcal{A}, \mu)$ ein Maßraum mit $\mu(X) < \infty$ und sei $f : X \to [-\infty, \infty]$ eine Funktion.

Zeige, dass es eine Lebesgue-messbare Funktion $f^* : X \to [-\infty, \infty]$ gibt, so dass $f^* \geq f$ und f^* ist minimal mit dieser Eigenschaft, genauer: für jede Lebesgue-messbare Funktion $h : X \to [-\infty, \infty]$ mit $h \geq f$ gilt μ-fast überall $h \geq f^*$. Man nennt f^* die **messbare obere Hülle** zu f.

Kapitel 14

Integration

14.1 Integrierbarkeit und Konvergenzsätze

Aufgabe 14.1.1. (B)   (L)

Sei X eine Menge und sei $\mu : \mathcal{P}(X) \to [0, \infty]$ das Zählmaß.

Zeige, dass für jede Funktion $f : X \to [0, \infty)$ gilt

$$\sup_{\substack{E \subset X \\ E \text{ endlich}}} \sum_{x \in E} f(x) = \int_X f \, d\mu.$$

Man schreibt in diesem Fall auch $\sum_{x \in X} f(x)$ für dieses Integral.

Aufgabe 14.1.2. (A)

Seien $(X, \mathcal{A}, \mu)$ ein Maßraum und $f : X \to [0, \infty]$ messbar.

Zeige:

(a) Bezeichnet $\{f \geq t\}$ für $t > 0$ die Menge aller $x \in X$, für die $f(x) \geq t$ ist, dann gilt

$$\mu\big(\{f \geq t\}\big) \leq \frac{1}{t} \int_X f d\mu.$$

(b) Ist f integrierbar, so gilt $\mu\big(\{f = \infty\}\big) = 0$.

© Der/die Autor(en), exklusiv lizenziert durch
Springer-Verlag GmbH, DE, ein Teil von Springer Nature 2021
A. Deitmar, *Übungsbuch zur Analysis*, https://doi.org/10.1007/978-3-662-62860-7_14

Aufgabe 14.1.3. (E)   (LS)

(a) Seien $I \subset \mathbb{R}$ ein offenes Intervall und $\emptyset \neq K \subset I$ kompakt.

Zeige, dass es eine Folge stetiger Funktionen g_n mit kompakten Trägern in I gibt, die monoton von oben gegen 1_K konvergiert.

(b) Seien A, B Lebesgue-messbare Teilmengen von $\mathbb{R}$ mit endlichem Maß.

Zeige, dass die Funktion

$$f_{A,B} : x \mapsto \lambda(A \cap (x + B))$$

stetig ist, wobei λ das Lebesgue-Maß bezeichnet.

(Hinweis: Stelle $f_{A,B}$ als Integral dar und benutze die Regularität des Lebesgue-Maßes.)

Aufgabe 14.1.4. (A)

Sei $(X, \mathcal{A}, \mu)$ ein Maßraum mit $\mu(X) < \infty$.

Zeige, dass eine messbare Funktion $f : X \to \mathbb{C}$ genau dann integrierbar ist, wenn

$$\sum_{n=1}^{\infty} \mu\left(\{|f| \geq n\}\right) < \infty.$$

Aufgabe 14.1.5. (B)   (LS)

Sei λ das Lebesgue-Maß auf $\mathbb{R}$ und sei $f : \mathbb{R} \to \mathbb{R}$ Lebesgue-integrierbar.

Zeige:

$$\lim_{n \to \infty} f(x + n) = 0 = \lim_{n \to \infty} f(x - n)$$

für λ-fast alle $x \in \mathbb{R}$.

Aufgabe 14.1.6. (B)   (LS)

Sei $(X, \mathcal{A}, \mu)$ ein Maßraum mit $\mu(X) < \infty$ und sei (f_j) eine Folge messbarer Funktionen $f_j : X \to \mathbb{R}$, die punktweise gegen $f : X \to \mathbb{R}$ konvergiert.

Zeige, dass für jedes $\varepsilon > 0$ ein $\Omega_\varepsilon \in \mathcal{A}$ existiert, so dass $\mu(\Omega_\varepsilon^c) < \varepsilon$ und die Folge f_j gleichmäßig auf Ω_ε gegen f konvergiert.

Aufgabe 14.1.7. (B) (LS)

Sei $(X, \mathcal{A}, \mu)$ ein Maßraum und $(X, \widehat{\mathcal{A}}, \widehat{\mu})$ seine Vervollständigung wie in Satz Ana-13.4.21.

Zeige, dass es zu jedem $f \in \mathcal{L}^1(\widehat{\mu})$ ein $g \in \mathcal{L}^1(\mu)$ gibt, so dass $f = g$ außerhalb einer μ-Nullmenge. Für jedes $B \in \mathcal{A}$ gilt:

$$\int_B f \, d\widehat{\mu} = \int_B g \, d\mu.$$

Aufgabe 14.1.8. (C)

Seien $g, f_n : X \to \mathbb{R}$ messbare Funktionen auf einem Maßraum $(X, \mathcal{A}, \mu)$. Schreibe $g_- := \max(0, -g)$. Es gelte $\int_X g_- \, d\mu < \infty$ und $g \le f_n$ für jedes $n \in \mathbb{N}$.

Man beweise, dass

$$\int_X f \, d\mu \le \liminf_{n \to \infty} \int_X f_n \, d\mu,$$

wenn $f = \liminf_n f_n$.

(Hinweis: Die Funktion $f_n - g$ ist positiv.)

Aufgabe 14.1.9. (B) (L)

Sei $(X, \mathcal{A}, \mu)$ ein Maßraum und sei (f_j) eine Folge messbarer Funktionen $X \to \mathbb{R}$, die fast überall gegen $f : X \to \mathbb{R}$ konvergiert. Weiter gebe es Funktionen $h_j, h \in L^1(\mu)$ so dass $|f_j| \le h_j$, sowie $|f| \le h$ und h_j konvergiert in $L^1(\mu)$ gegen h.

Zeige:

$$\lim_j \int_X f_j \, d\mu = \int_X f \, d\mu.$$

Aufgabe 14.1.10. (B) (LS)

Sei $f : X \to [0, \infty)$ eine messbare Funktion.

Zeige:

$$\lim_{n \to \infty} n \int_X \log\left(1 + \frac{f}{n}\right) d\mu = \int_X f \, d\mu.$$

Aufgabe 14.1.11. (B)   (LS)

Es sei $(r_j)_{j\in\mathbb{N}}$ eine Abzählung von $\mathbb{Q}\cap[0,1]$ und für $n\in\mathbb{N}_0$, $x\in[0,1]$ sei

$$f_n(x) = \sum_{k=1}^{\infty} 2^{-k}(x-r_k)^2 \left(1-(x-r_k)^2\right)^n.$$

Ist $g = \sum_{n=0}^{\infty} f_n$ integrierbar über $[0,1]$?

Aufgabe 14.1.12. (A)

Sei $(X,\mathcal{A})$ ein Messraum. Seien $\mu,\mu_1,\mu_2,\dots$ endliche Maße auf X, so dass für jedes messbare $A\subset X$ die Folge $(\mu_j(A))$ gegen $\mu(A)$ konvergiert.

Zeige, dass für jede beschränkte messbare Funktion f gilt

$$\lim_{j\to\infty} \int_X f\,d\mu_j = \int_X f\,d\mu.$$

Aufgabe 14.1.13. (E)   (L)

Die Funktion $f:[1,\infty)\to\mathbb{C}$ sei integrierbar.

Beweise, dass für λ-fast alle $x\in[1,\infty)$ gilt

$$\lim_{n\to\infty} \frac{f(nx)}{1+\log(n)} = 0.$$

14.2   Parameter und Riemann-Integrale

Aufgabe 14.2.1. (B)   (L)

Sei λ das Lebesgue-Maß auf $\mathbb{R}$ und $f\in\mathcal{L}^1(\lambda)$.

Zeige, dass die Funktion $F:[0,\infty)\to\mathbb{C}$

$$F(x) := \int_{[0,x]} f\,d\lambda$$

gleichmäßig stetig ist.

Aufgabe 14.2.2. (B) (LS)

Zeige, dass die Gamma-Funktion (Definition Ana-6.4.9) auf dem Intervall $(0, \infty)$ differenzierbar ist.

Aufgabe 14.2.3. (B) (LS)

(Substitution) Seien I, J offene Intervalle, $f : I \to (0, \infty)$ eine messbare Funktion und $\phi : J \to I$ eine monoton wachsende, surjektive, stetig differenzierbare Funktion.

Man zeige:

$$\int_J f\big(\phi(t)\big) \phi'(t) \, d\lambda(t) = \int_I f(x) \, d\lambda(x).$$

Aufgabe 14.2.4. (E)

Seien $a < b$ reelle Zahlen und sei $f : [a, b] \to \mathbb{R}$ eine beschränkte Funktion.

Zeige, dass die folgenden Punkte (a) und (b) äquivalent sind.

(a) f ist Riemann-integrierbar,

(b) f ist stetig ausserhalb einer Nullmenge.

14.3 Der Rieszsche Darstellungssatz

Aufgabe 14.3.1. (B) (L)

Sei X ein kompakter Hausdorff-Raum.

Zeige, dass jedes positive Funktional $P : C_c(X) \to \mathbb{C}$ in der Supremumsnorm stetig ist, siehe Definition 14.4.1. Das bedeutet, dass es ein $C > 0$ gibt, so dass für jedes $f \in C_c(X)$ die Abschätzung $|P(f)| \le C\|f\|_X$ gilt. Hierbei ist $\|f\|_X = \sup_{x \in X} |f(x)|$ die Supremumsnorm. Zeige ferner, dass dieselbe Aussage für einen lokalkompakten Raum falsch sein kann.

Kapitel 15

Räume integrierbarer Funktionen

15.1 Hilbert-Räume

Aufgabe 15.1.1. (B)   (L)

Gib ein Beispiel eines Hilbert-Raums H und zweier abgeschlossener Unterräume $V, W \subset H$ so dass $V \cap W = 0$ aber $V + W$ nicht abgeschlossen ist.

Aufgabe 15.1.2. (A)   (LS)

Zeige, dass zwei Hilbert-Räume V, W genau dann unitär-isomorph sind, wenn sie Orthonormalbasen gleicher Mächtigkeit haben.

Aufgabe 15.1.3. (A)

Sei $h : \mathbb{R}/\mathbb{Z} \to \mathbb{C}$ stetig und seien $(c_k)_{k \in \mathbb{Z}})$ die Fourier-Koeffizienten. Es gelte $\sum_{k \in \mathbb{Z}} |c_k| < \infty$.

Zeige, dass für jeden Punkt $x \in \mathbb{R}$ gilt $h(x) = \sum_{k \in \mathbb{Z}} c_k e^{2\pi i k x}$.

© Der/die Autor(en), exklusiv lizenziert durch
Springer-Verlag GmbH, DE, ein Teil von Springer Nature 2021
A. Deitmar, *Übungsbuch zur Analysis*, https://doi.org/10.1007/978-3-662-62860-7_15

Aufgabe 15.1.4. (C)   (L)

Sei V ein normierter Raum und sei $(v_i)_{i \in I}$ eine Familie von Vektoren. Für jede endliche Teilmenge $E \subset I$ sei $v_E = \sum_{i \in E} v_i$. Die Menge aller endlichen Teilmengen von I ist durch Inklusion partiell geordnet und $E \mapsto v_E$ ist ein Netz in V. Man schreibt $\sum_{i \in I} v_i = v$ falls dieses Netz gegen v konvergiert. In diesem Fall sagt man auch, die Familie $(v_i)_{i \in I}$ ist **summierbar**, oder die Summe $\sum_{i \in I} v_i$ **existiert** und ist gleich v.

Beweise, dass die folgenden Aussagen äquivalent sind:

(a) $\sum_{i \in I} v_i = v$,

(b) Zu jedem $\varepsilon > 0$ gibt es eine endliche Menge $E_0 \subset I$ gibt, so dass für jede endliche Menge $E_0 \subset E \subset I$ gilt

$$\left\| v - \sum_{i \in E} v_i \right\| < \varepsilon.$$

(c) Nur abzählbar viele der v_i sind ungleich Null und die Summe über diese konvergiert in V in jeder beliebigen Reihenfolge.

Aufgabe 15.1.5. (B)   (LS)

Zeige:

(a) Ist H ein Hilbert-Raum mit Skalarprodukt $\langle .,. \rangle$, dann ist

$$H \times H \to \mathbb{C}, \qquad (v, w) \mapsto \langle v, w \rangle$$

eine stetige Abbildung.
(Hinweis: die aus der Linearen Algebra bekannte Cauchy-Schwarz-Ungleichung kann benutzt werden.)

(b) Sei M eine Teilmenge eines Hilbert-Raums H, dann ist

$$M^\perp = \left\{ v \in H : \langle v, m \rangle = 0 \ \forall_{m \in M} \right\}$$

ein abgeschlossener Untervektorraum von H.

(c) Für einen Untervektorraum $L \subset H$ eines Hilbert-Raums sind äquivalent

(i) L ist abgeschlossen,   (ii) $H = L \oplus L^\perp$.

(d) Sei H ein Hilbert-Raum und $U \subset H$ eine abgeschlossener Unterraum. Für $v \in H$ sei $A = v + U := \{v + u : u \in U\}$ der affine Raum mit Ortsvektor

v und linearem Teil U. Dann existiert genau ein $a_0 \in A$, so dass $\|a_0\| = \inf_{a \in A} \|a\|$.

15.2 Vollständigkeit

Aufgabe 15.2.1. (E)   (L)

Sei $\mathcal{A}$ die Menge aller Funktionen $f : \mathbb{R} \to \mathbb{C}$, für die es $a_k \in \mathbb{C}$, $k \in \mathbb{Z}$ mit $\sum_{k \in \mathbb{Z}} |a_k| < \infty$ gibt, so dass für jedes $x \in \mathbb{R}$ gilt

$$f(x) = \sum_{k \in \mathbb{Z}} a_k e^{2\pi i k x}.$$

Zeige:

(a) Die Vorschrift

$$\|f\|_{\mathcal{A}} = \sum_{k \in \mathbb{Z}} |a_k|, \quad f(x) = \sum_k a_k e^{2\pi i k x},$$

definiert eine Norm auf $\mathcal{A}$, die $\mathcal{A}$ zu einem vollständigen Raum macht.

(b) Sind $f, g \in \mathcal{A}$, dann liegt auch die Funktion $h(x) = f(x)g(x)$ in $\mathcal{A}$ und es gilt $\|h\|_{\mathcal{A}} \leq \|f\|_{\mathcal{A}} \|g\|_{\mathcal{A}}$.

(c) Sei $\delta > 0$ und $f \in \mathcal{A}$ mit $\delta \leq f \leq 1$. Sei $g = 1 - f$. Die Reihe $\sum_{n=0}^{\infty} g^n$ konvergiert absolut in der Norm $\|\cdot\|_{\mathcal{A}}$.

(d) (Wiener Lemma) Sei $f \in \mathcal{A}$ mit der Eigenschaft, dass $f(x) \neq 0$ für jedes $x \in \mathbb{R}$. Dann liegt die Funktion $1/f$ ebenfalls in $\mathcal{A}$.

Aufgabe 15.2.2. (B)

Für einen Maßraum $(X, \mathcal{A}, \mu)$ **zeige man:**

(a) Sei s eine einfache Funktion $s = \sum_{j=1}^{n} c_j \mathbf{1}_{A_j}$ mit $A_1, \ldots, A_n$ paarweise disjunkt und $c_j \neq 0$ für jedes j. Dann gilt

$$s \text{ integrierbar} \quad \Leftrightarrow \quad \mu(A_j) < \infty \text{ für jedes } j.$$

(b) Der Vektorraum S der einfachen integrierbaren Funktionen liegt dicht in $L^p(\mu)$ für jedes gegebene $1 \leq p < \infty$.

Aufgabe 15.2.3. (B)

Sei $(X, \mathcal{A}, \mu)$ ein Maßraum und $f \in L^p(\mu) \cap L^q(\mu)$, wobei $1 \le p \le q < \infty$.

Zeige, dass für jedes $r \in [p, q]$ gilt

$$\|f\|_{L^r(\mu)} \le \|f\|_{L^p(\mu)}^{\lambda} \|f\|_{L^q(\mu)}^{1-\lambda}$$

wobei

$$\frac{1}{r} = \frac{\lambda}{p} + \frac{1-\lambda}{q}.$$

(Hinweis: Verwende die Hölder-Ungleichung.)

15.3   Der Satz von Lebesgue-Radon-Nikodym

Aufgabe 15.3.1. (C)   (LS)

Es sei μ ein endliches Maß auf X und $1 < p, q < \infty$, $\frac{1}{p} + \frac{1}{q} = 1$. Zeige, dass

$$L^p(\mu)' = L^q(\mu)$$

in dem Sinne, dass zu jedem beschränkten linearen Funktional $\Lambda : L^p(\mu) \to \mathbb{C}$ (siehe Definition Ana-15.4.7) ein eindeutig bestimmtes $g \in L^q(\mu)$ existiert, so dass

$$\Lambda(f) = \int_X fg \, d\mu.$$

Aufgabe 15.3.2. (A)

Es seien $(X, \mathcal{A})$ ein Maßraum und ν, ρ signierte Maße auf $\mathcal{A}$.

Man zeige:
   (a) Für $A \in \mathcal{A}$ sind folgende Aussagen äquivalent:

      (i) A ist eine ν-Nullmenge.

      (ii) A ist eine ν^+- und eine ν^--Nullmenge.

      (iii) A ist eine $|\nu|$-Nullmenge.

   (b) Folgende Aussagen sind äquivalent:

      (i) $\nu \perp \rho$,   (ii) $\nu^+ \perp \rho$ und $\nu^- \perp \rho$,
      (iii) $|\nu| \perp \rho$,   (iv) $|\nu| \perp |\rho|$.

Aufgabe 15.3.3. (B)

Es sei λ das Lebesgue-Maß auf der Borel-σ-Algebra $\mathcal{B}$ von $[0,1]$. Sei $C \subset [0,1]$ das Cantor-Diskontinuum und sei $F : C \to [0,1]$ gegeben durch

$$F\left(\sum_{i=1}^{\infty} 2x_i 3^{-i}\right) = \sum_{i=1}^{\infty} x_i 2^{-i}.$$

Zeige, dass die Abbildung F monoton wachsend und bijektiv ist. Zeige ferner, dass sie Borel-messbar ist und dass sie Borel-messbare Mengen auf Borel-messbare Mengen abbildet. Zeige schließlich, dass die Vorschrift

$$\mu(A) := \lambda\left(F(A \cap C)\right)$$

ein Borel-Maß μ auf $[0,1]$ definiert, welches die folgenden Eigenschaften hat:

- $\mu \perp \lambda$,

- $\mu\left(\{x\}\right) = 0$ für jedes $x \in [0,1]$,

- $\mu\left([0,1]\right) = 1$.

Aufgabe 15.3.4. (B)

Es sei X ein lokalkompakter Hausdorff-Raum und μ ein Radon-Maß auf X. Der Träger (engl.: support) von μ ist die Teilmenge

$$\mathrm{supp}(\mu) := \left\{x \in X : \mu(U) > 0 \text{ für jede offene Umgebung } U \text{ von } x\right\}.$$

Zeige, dass ein $x \in X$ genau dann in $\mathrm{supp}(\mu)$ liegt, wenn für jedes $0 \leq f \in C_c(X)$ mit $f(x) > 0$ gilt $\int_X f \, d\mu > 0$.

Kapitel 16

Produktintegral

16.1 Produktmaße

Aufgabe 16.1.1. (B) (L)

Sei $(X, \mathcal{A}, \mu)$ ein Maßraum und sei $f : X \to [0, \infty)$ eine messbare Funktion.

Zeige, dass die Menge

$$V(f) = \left\{ (x, y) \in X \times \mathbb{R} : 0 < y < f(x) \right\}$$

messbar ist und dass gilt

$$\mu \otimes \lambda \left(V(f) \right) = \int_X f \, d\mu.$$

Aufgabe 16.1.2. (B) (LS)

Sei $f : \mathbb{R} \to \mathbb{R}$ Lebesgue-messbar.

Zeige, dass der Graph $G(f)$ von f eine Nullmenge in $\mathbb{R}^2$ ist.

(Hinweis: Beachte das Cavalierische Prinzip, Lemma Ana-16.3.2)

Aufgabe 16.1.3. (E) (L)

Sei X eine überabzählbare Menge und sei $\mathcal{A}$ die σ-Algebra, die von den abzählbaren Teilmengen von X erzeugt wird.
Beweise oder widerlege: Die Diagonale $\Delta = \left\{ (x, x); x \in X \right\}$ liegt in $\mathcal{A} \otimes \mathcal{A}$.

A. Deitmar, *Übungsbuch zur Analysis*, https://doi.org/10.1007/978-3-662-62860-7_16

Aufgabe 16.1.4. (C)   (L)

Sei X ein lokalkompakter Hausdorff-Raum mit abzählbar erzeugter Topologie. (Siehe Ana-12.1.2, Ana-12.3.5 Ana-12.4.2)

Zeige:

(a) X ist σ-kompakt, d.h. es gibt kompakte Mengen $K_1, K_2, \cdots \subset X$ so dass $X = \bigcup_{j=1}^{\infty} K_j$.

(b) Jedes endliche Borel-Maß auf X ist ein ein Radon-Maß.

16.2   Der Satz von Fubini

Aufgabe 16.2.1. (A)   (L)

Sei D das Dreieck mit den Eckpunkten $(0,0)$, $(\pi/2, 0)$ und $(\pi/2, \pi/2)$.

Berechne das Integral der Funktion $f(x, y) = \frac{\sin(x)}{x}$ über D.

Aufgabe 16.2.2. (A)   (LS)

Stelle eine Formel für

$$\int_{[a_1,b_1]\times\cdots\times[a_n,b_n]} x_1^{k_1} \cdots x_n^{k_n} \, d\lambda^n(x)$$

auf und beweise sie mit Hilfe des Satzes von Fubini.

Aufgabe 16.2.3. (B)   (LS)

Sei λ das Lebesgue-Maß auf $\mathbb{R}$ und $f, g \in L^1(\lambda)$.

Zeige, dass das Faltungsintegral $f * g(x) = \int_{\mathbb{R}} f(x - y)g(y) \, d\lambda(y)$ fast überall in x konvergiert. Definiere eine Funktion $x \mapsto f * g(x)$ durch dieses Integral, falls es konvergiert und Null sonst.

Zeige, dass diese Funktion messbar ist und dass $\left\| f * g \right\|_1 \leq \left\| f \right\|_1 \left\| g \right\|_1$ gilt.

Aufgabe 16.2.4. (B)

Sei $f : (0, \infty) \to \mathbb{R}$ stetig mit kompaktem Träger. Es gelte $\int_0^\infty f(t)\, dt = 0$.

Beweise, dass für jedes $a > 0$ die Identität

$$\int_0^a \left(\int_a^\infty f(xy)\, dy \right) dx - \int_a^\infty \left(\int_0^a f(xy)\, dx \right) dy = \int_0^\infty f(t) \log(t)\, dt$$

gilt.

(Dies zeigt, dass der Satz von Fubini für uneigentliche Integrale nicht gilt.)

Aufgabe 16.2.5. (A)   (LS)

Berechne die Integrale

$$\int_0^1 \int_0^1 \frac{x - y}{(x + y)^3}\, dx\, dy$$

und

$$\int_0^1 \int_0^1 \frac{x - y}{(x + y)^3}\, dy\, dx.$$

Was folgt?

Aufgabe 16.2.6. (B)   (LS)

Sei $U \subset \mathbb{R}^2$ offen und $f : U \to \mathbb{R}$ zweimal stetig partiell differenzierbar.

Man benutze den Satz von Fubini, um zu beweisen, dass

$$\frac{\partial}{\partial x} \frac{\partial}{\partial y} f(x, y) = \frac{\partial}{\partial y} \frac{\partial}{\partial x} f(x, y).$$

Aufgabe 16.2.7. (E)

Sei $g : (0, \infty) \to [0, \infty)$ stetig so dass

$$\int_{(0,1)\times(1,\infty)} g(xy)\, d\lambda^2(x, y) < \infty.$$

Zeige, dass g konstant gleich Null ist.

Aufgabe 16.2.8. (C)

Zeige, dass die n-dimensionale Einheitskugel $B_1^n(0) \subset \mathbb{R}^n$ das Volumen

$$\lambda_n\left(B_1^n(0)\right) = \frac{\pi^{\frac{n}{2}}}{\Gamma\left(\frac{n}{2} + 1\right)}$$

besitzt. Folgere, dass dieses Volumen gegen Null geht für $n \to \infty$.

(Hinweis: Benutze Induktion nach n und den Satz von Fubini.)

Kapitel 17

Differentialformen

17.1   Mannigfaltigkeiten

Aufgabe 17.1.1. (B)   (L)

Sei $\alpha \in \mathbb{R}$ und sei M_α die Menge aller (x, y, z) in $\mathbb{R}^3$ mit $x^2 + y^2 = z^2 + \alpha$ mit der Teilraumtopologie des $\mathbb{R}^3$ ausgestattet.

Für welche $\alpha \in \mathbb{R}$ ist M_α eine Mannigfaltigkeit?

Aufgabe 17.1.2. (A)

Sei $\varepsilon > 0$ und sei $B \subset \mathbb{R}^n$ eine offene Kugel. Ferner sei $K \subset B$ kompakt.

Zeige, dass es einen Homöomorphismus $f : \mathbb{R}^n \to \mathbb{R}^n$ gibt, so dass $f(x) = x$ für $x \notin B$ gilt und dass $f(K)$ einen Durchmesser $< \varepsilon$ hat.

Aufgabe 17.1.3. (B)   (LS)

Ist die Menge

$$M = \left\{ (\sin(2t), \cos(t)) : 0 \le t \le 2\pi \right\}$$

eine Mannigfaltigkeit im $\mathbb{R}^2$?

© Der/die Autor(en), exklusiv lizenziert durch
Springer-Verlag GmbH, DE, ein Teil von Springer Nature 2021
A. Deitmar, *Übungsbuch zur Analysis*, https://doi.org/10.1007/978-3-662-62860-7_17

17.2   Derivationen

Aufgabe 17.2.1. (A)

Sei M eine Mannigfaltigkeit.

Zeige, dass die Algebra

$$C(M) = \{f : M \to \mathbb{R} : f \text{ stetig}\}$$

keine nicht-trivialen Derivationen hat. Mit anderen Worten: Für jede lineare Abbildung $D : C(M) \to C(M)$ die der Produktregel genügt, gilt bereits $D = 0$.

(Hinweis: Zeige, dass $D(f_0) = 0$ für eine konstante Funktion f_0. Zeige, dann, dass $f(x_0) = 0 \Rightarrow D(f^2)(x_0) = 0$ und folgere hieraus, dass $f(x_0) = 0 \Rightarrow D(f)(x_0) = 0$ für $f \geq 0$.)

17.3   Vektorfelder

Aufgabe 17.3.1. (A)

(a) Sei M eine glatte Mannigfaltigkeit und seien seien $X, Y : C^\infty(M) \to C^\infty(M)$ Derivationen (Definition Ana-17.2.7), also glatte Vektorfelder.

   Man zeige, dass

$$[X, Y] := X \circ Y - Y \circ X$$

   ebenfalls eine Derivation ist. Man nennt $[X, Y]$ die **Kommutatorklammer** oder **Lie-Klammer** von X und Y.

(b) Auf der Mannigfaltigkeit $M = \mathbb{R}^n$ definieren die Koordinaten-Ableitungen $X_j = \frac{\partial}{\partial x_j}$ Vektorfelder. Nach dem Satz von Schwarz (Ana-9.1.3) vertauschen diese Vektorfelder miteinander, also gilt $[X_j, X_k] = 0$ für alle $1 \leq j, k \leq n$.

   Zeige: Ist X ein glattes Vektorfeld auf $\mathbb{R}^n$ mit

$$[X, X_j] = 0$$

   für jedes $1 \leq j \leq n$, so ist X eine Linearkombination der $X_1, \ldots, X_n$.

Aufgabe 17.3.2. (B)   (L)

Sei M eine n-dimensionale glatte Mannigfaltigkeit. Ein **Differentialoperator** D ist eine lineare Abbildung $D : C^\infty(M) \to C^\infty(M)$ so dass es für jedes lokale Koordinatensystem $(x_1, \ldots, x_n)$ glatte Funktionen $a_I(x)$ gibt so dass für jedes $f \in C^\infty(M)$ gilt

$$Df(x) = \sum_{k \in \mathbb{N}_0^n} a_k(x) \partial_k f(x),$$

wobei die Summe über alle $k = (k_1, \ldots, k_n) \in \mathbb{N}_0^n$ läuft und

$$\partial_k f(x) = \frac{\partial^{k_1}}{\partial x_1^{k_1}} \cdots \frac{\partial^{k_n}}{\partial x_n^{k_n}} f(x).$$

Für $M = \mathbb{R}^2$ ist ein Beispiel gegeben durch $Df(x,y) = x^2 \frac{\partial f}{\partial x}(x,y) + y \frac{\partial^2 f}{\partial x \partial y}(x,y)$.

Man macht sich leicht klar, dass die Koordinatenfunktionen a_k durch den Differentialoperator D eindeutig festgelegt sind. Die **Ordnung** des Differentialoperators ∂_k ist die ganze Zahl

$$\mathrm{ord}(\partial_k) = k_1 + \cdots + k_n.$$

Die Ordnung von D ist das Supremum aller Ordnungen der ∂_k, die $a_k \neq 0$ erfüllen. Die Ordnung kann $+\infty$ sein.

Man zeige:

(a) Jedes glatte Vektorfeld $X : C^\infty(M) \to C^\infty(M)$ ist ein Differentialoperator der Ordnung 1.

(b) Ein Differentialoperator D auf M ist genau dann ein Vektorfeld, wenn er Ordnung 1 hat und wenn $D(f) = 0$ für jede konstante Funktion f gilt.

17.4   Multilineare Algebra und Differentialformen

Aufgabe 17.4.1. (B)

Sei V ein reeller Vektorraum und seien $\alpha \in \mathrm{Alt}^k V$, $\beta \in \mathrm{Alt}^l V$.

Zeige, dass

$$\alpha \wedge \beta = (-1)^{kl} \beta \wedge \alpha.$$

Aufgabe 17.4.2. (B)

Für einen endlich-dimensionalen reellen Vektorraum V **zeige man:**

(a) Die Abbildung $\phi : V \to V^{**}$, gegeben durch

$$\phi(v)(\alpha) = \alpha(v)$$

ist ein Isomorphismus reeller Vektorräume.

(b) Seien $\alpha_1, \ldots, \alpha_k$ Elemente des Dualraums V^*. Dann gilt

$$\alpha_1, \ldots, \alpha_k \text{ sind linear abhängig} \quad \Leftrightarrow \quad \alpha_1 \wedge \cdots \wedge \alpha_k = 0.$$

Aufgabe 17.4.3. (A)

Eine **Lie-Algebra** über $\mathbb{R}$ ist ein reeller Vektorraum L mit einer Abbildung

$$[.,.] : L \times L \to L$$

so dass

(a) $[.,.]$ bilinear ist,

(b) $[X, X] = 0$ für jedes $X \in L$ gilt und

(c) die **Jacobi-Identität:**

$$[X, [Y, Z]] + [Y, [Z, X]] + [Z, [X, Y]] = 0$$

erfüllt ist.

Zeige, dass der Vektorraum $L = M_n(\mathbb{R})$ der reellen $n \times n$ Matrizen durch die **Kommutatorklammer**

$$[A, B] = AB - BA$$

zu einer Lie-Algebra wird.

Aufgabe 17.4.4. (B)   (L)

Sei $M = S^1$. Sei $p : \mathbb{R} \to M, t \mapsto e^{2\pi i t}$. Sei $\eta(t) = dt$ in $\Omega^1(\mathbb{R})$.

Zeige, dass eine 1-Form $\omega \in \Omega^1(M)$ existiert, so dass $\eta = p^*\omega$. Zeige, weiter dass $d\omega = 0$ aber $\omega \neq df$ für alle $f \in C^\infty(M)$.

Aufgabe 17.4.5. (A)   (LS)

Seien $\omega(x, y) = y\,dx$ und $\eta(x, y) = y\,dy$ in $\Omega^1(\mathbb{R}^2)$.

Berechne $\omega \wedge \eta, d\omega$ und $d\eta$.

Aufgabe 17.4.6. (B)   (L)

Sei $U \subset \mathbb{R}^n$ offen und $\phi : U \to \mathbb{R}^m$ eine glatte Funktion, so dass $\phi(U)$ Teilmenge einer glatten Mannigfaltigkeit der Dimension $< n$ ist.

Zeige, dass $\phi^*\omega = 0$ für jedes $\omega \in \Omega^n(\mathbb{R}^m)$.

Aufgabe 17.4.7. (A)

Sei $\omega(x) = f(x)dx$ eine 1-Form auf $\mathbb{R}$. Sei $\phi : \mathbb{R} \to \mathbb{R}$ eine glatte Abbildung.

Zeige, dass $\phi^*\omega(x) = f\big(\phi(x)\big)\phi'(x)dx$.

Aufgabe 17.4.8. (A)

Sei $0 \leq k \leq n$. Der **$*$-Operator** ist die lineare Abbildung die jedem $\omega \in \Omega^k(\mathbb{R}^n)$ eine $(n-k)$-Form $*\omega \in \Omega^{n-k}(\mathbb{R}^n)$ zuordnet und durch die Eigenschaft

$$*(g(x)\,dx_{i_1} \wedge \cdots \wedge dx_{i_k}) = g(x)\,dx_{i_{k+1}} \wedge \cdots \wedge dx_{i_n},$$

falls $\{i_1, \ldots, i_k, i_{k+1}, \ldots, i_n\}$ eine gerade Permutation von $\{1, 2, \ldots, n\}$ ist und $g \in C^\infty(\mathbb{R}^n)$, eindeutig festgelegt ist.

Zeige: Ist $f : \mathbb{R}^n \to \mathbb{R}$ eine C^2-Funktion, so gilt

$$d * d(f) = \big(\Delta f\big)\,dx_1 \wedge \cdots \wedge dx_n,$$

wobei Δ der **Laplace-Operator** ist:

$$\Delta f = \frac{\partial^2 f}{\partial x_1^2} + \cdots + \frac{\partial^2 f}{\partial x_n^2}.$$

Kapitel 18

Der Satz von Stokes

18.1 Orientierung

Aufgabe 18.1.1. (C) (L)

Sei $M \subset \mathbb{R}^N$ eine glatte Mannigfaltigkeit der Dimension n.

Zeige, dass die folgenden Aussagen äquivalent sind:

(a) M ist orientierbar.

(b) Es existiert ein glatter Atlas $(U_i, \phi_i)_{i \in I}$, so dass

$$\det\left(\frac{\partial x_i}{\partial y_j}\right) > 0 \quad \text{auf} \quad U \cap V$$

für alle Koordinatensysteme $(U, x_1, \ldots, x_n)$ und $(V, y_1, \ldots, y_n)$ des Atlas.

(c) Es existiert eine glatte n-Form $\omega \in \Omega^n(M)$ mit $\omega_p \neq 0$ für alle $p \in M$.

Aufgabe 18.1.2. (B) (L)

Sei $n = 2$. Sei D die Menge aller $(x, y) \in \mathbb{R}^2$ mit $y > \sin\left(\frac{1}{x}\right)$, falls $x \neq 0$ und $y > 1$, falls $x = 0$. Dann ist $D \subset \mathbb{R}^2$ offen und der Rand ist der Graph der Funktion $0 \neq x \mapsto \sin\left(\frac{1}{x}\right)$ vereinigt mit $\{0\} \times [-1, 1]$.

Zeige: Liegt ein Punkt auf dem Graph, so ist er ein glatter Randpunkt, aber alle verbleibenden Randpunkte sind nicht glatt. (Siehe Definition Ana-18.4.1.)

© Der/die Autor(en), exklusiv lizenziert durch
Springer-Verlag GmbH, DE, ein Teil von Springer Nature 2021
A. Deitmar, *Übungsbuch zur Analysis*, https://doi.org/10.1007/978-3-662-62860-7_18

18.2   Integration

Aufgabe 18.2.1. (B)   (LS)

Sei $A \subset \mathbb{R}^n$ eine offene Menge mit glattem Rand und kompaktem Abschluss $\overline{A} \subset \mathbb{R}^n$. Sei $\omega \in \Omega^k(\mathbb{R}^n)$ eine Differentialform und es gelte

$$\int_A \omega \wedge *\omega = 0,$$

wobei $*$ den Operator aus Aufgabe 17.4.8 bezeichnet.

Beweise, dass die Form ω auf A identisch verschwindet.

Aufgabe 18.2.2. (A)

Sei $M = S^1 \subset \mathbb{R}^2$ die 1-Sphäre, orientiert durch das äußere Normalenfeld. Sei η die 1-Form auf $\mathbb{R}^2$, gegeben durch $\eta(x,y) = x\,dx$. Sei $i : M \hookrightarrow \mathbb{R}^2$ die Inklusion und sei $\omega = i^*\eta$.

Zeige, dass $\int_M \omega = 0$.

Aufgabe 18.2.3. (A)

Auf dem $\mathbb{R}^3$ sei die 2-Differentialform ω durch

$$\omega = -(z^2 + e^x)\,dx \wedge dy + 2xz\,dy \wedge dz + dz \wedge dx$$

gegeben.

Zeige, dass ω exakt ist.

18.3   Der Fixpunktsatz von Brouwer

Aufgabe 18.3.1. (E)   (L)

Sei $K \subset \mathbb{R}^n$ kompakt und konvex (Aufgabe 10.3.1) und K habe innere Punkte, siehe Definition Ana-8.2.18.

Zeige, dass die Menge K zum abgeschlossenen Einheitsball $\overline{B} = \overline{B_1(0)} \subset \mathbb{R}^n$ homöomorph ist

Aufgabe 18.3.2. (C) (LS)

Sei $A \in M_n(\mathbb{R})$ eine reelle Matrix, deren Einträge alle ≥ 0 sind.

Zeige, dass A einen Eigenwert ≥ 0 hat mit einem Eigenvektor, dessen Einträge alle ≥ 0 sind.

Aufgabe 18.3.3. (A) (L)

Sei $\omega \in \Omega^1(\mathbb{R}^2)$ definiert durch

$$\omega = \frac{23y}{2y^2 + 2}dx + \frac{x^7}{x^2 + 1}dy.$$

Berechne $d\omega$ und $\int_Q d\omega$, wobei Q das Innere des Quadrats mit den Ecken $(0,0), (0,2), (2,0), (2,2)$ bezeichnet.

Kapitel 19

Holomorphe Funktionen

19.1 Komplexe Differenzierbarkeit

Aufgabe 19.1.1. (B) (L)

Sei $D \subset \mathbb{C}$ offen und $f : D \to \mathbb{C}$ eine Funktion.

Zeige, dass die folgenden Aussagen äquivalent sind.

(a) f ist in $z \in D$ komplex differenzierbar,

(b) f ist in $z \in D$ reell total differenzierbar und die Cauchy-Riemannschen Differentialgleichungen sind erfüllt,

(c) f ist in $z \in D$ reell total differenzierbar und die Jacobimatrix $Df(z)$ beschreibt eine $\mathbb{C}$-lineare Abbildung.

Aufgabe 19.1.2. (B) (LS)

(Cauchy-Riemann in Polarkoordinaten) Sei $f : \mathbb{C}^\times \to \mathbb{C}$ reell total differenzierbar.

Zeige, dass f genau dann komplex differenzierbar ist, wenn für alle $(t, \theta) \in \mathbb{R}^2$ gilt

$$\partial_\theta f(e^{t+i\theta}) = i\partial_t f(e^{t+i\theta}).$$

© Der/die Autor(en), exklusiv lizenziert durch
Springer-Verlag GmbH, DE, ein Teil von Springer Nature 2021
A. Deitmar, *Übungsbuch zur Analysis*, https://doi.org/10.1007/978-3-662-62860-7_19

Aufgabe 19.1.3. (A)

Sei $f : \mathbb{C} \to \mathbb{C}$ definiert durch

$$f(z) = f(x, y) = \begin{cases} \frac{xy(x+iy)}{x^2+y^2} & \text{falls } z \neq 0, \\ 0 & \text{falls } z = 0. \end{cases}$$

Zeige, dass die Funktion f in $z = 0$ partiell differenzierbar ist und in diesem Punkt die partiellen Ableitungen die Cauchy-Riemannschen Differential-gleichungen erfüllt aber dass f in $z = 0$ nicht komplex differenzierbar ist.

Aufgabe 19.1.4. (A)   (LS)

Seien $\mathbb{H} = \{z \in \mathbb{C} : \text{Im}(z) > 0\}$ die obere Halbebene und $\mathbb{E} = \{z \in \mathbb{C} : |z| < 1\}$ die Einheitskreisscheibe.

Zeige, dass die Vorschrift $\tau(z) = \frac{z-i}{z+i}$ eine holomorphe Bijektion $\tau : \mathbb{H} \to \mathbb{E}$ mit holomorpher Inversen definiert.

19.2   Potenzreihen

Aufgabe 19.2.1. (A)   (L)

Schreibe die folgenden komplexen Funktionen als Potenzreihen um $z = 0$:

$$\frac{1}{1+z}, \quad \frac{1}{1+z^2}, \quad \frac{1}{z^2 - 3z + 2}.$$

Aufgabe 19.2.2. (A)   (L)

(a) Sei $R > 0$ eine reelle Zahl. Gib ein Beispiel für eine Potenzreihe mit Konvergenzradius R.

(b) Gib Beispiele für Potenzreihen mit Konvergenzradius 1, so dass die Reihe auf dem Rand des Konvergenzkreises in jedem/keinem Punkt konvergiert. Gib ferner ein Beispiel, in dem die Reihe in manchen Punkten konvergiert, in anderen nicht.

19.3 Wegintegrale

Aufgabe 19.3.1. (A) (L)

Sei $\gamma : [0, 1] \to \mathbb{C}, \gamma(t) = \pi e^{\pi i t}$. Berechne $\int_\gamma \sin(z)\,dz$ und $\int_\gamma \cos(z)\,dz$.

Aufgabe 19.3.2. (A)

Sei γ ein stückweise stetig differenzierbarer geschlossener Weg mit $\gamma(t) = x(t) + iy(t)$, wobei x, y reellwertig sind.

Zeige:

$$\int_\gamma \bar{z}\,dz = 2i \int_0^1 x(t)\,y'(t)\,dt.$$

19.4 Der Satz von Cauchy

Aufgabe 19.4.1. (C)

Sei $A \in M_n(\mathbb{C})$ eine komplexwertige $n \times n$ Matrix. Das charakteristische Polynom sei mit $\chi_A(x) = \det(xE_n - A)$ bezeichnet.

Zeige mit Hilfe des Cauchyschen Integralsatzes, dass $\chi_A(A) = 0$. (Satz von Cayley-Hamilton)

Anleitung:

(a) Zeige, dass die euklidische Norm auf $M_n(\mathbb{C})$ **submultiplikativ** ist, also die Ungleichung $\|AB\| \leq \|A\|\,\|B\|$ erfüllt. Folgere, dass für eine Matrix A mit $\|A\| < 1$ gilt $\sum_{n=0}^\infty A^n = (1 - A)^{-1}$.

(b) Für ein Polynom $P \in \mathbb{C}[X]$ und eine Matrix $B \in M_n(\mathbb{C})$ definiere

$$Q(B) = \frac{1}{2\pi i} \int_{\partial B_r(0)} P(z)(zE_n - B)^{-1}\,dz,$$

wobei $r > 0$ so groß gewählt ist, dass $r > \|B\|$ und alle Eigenwerte von B in der Kreisscheibe $B_r(0)$ liegen. Zeige dann , dass $Q(B) = P(B)$.

(c) Für $B \in M_n(\mathbb{C})$ sei $B^\#$ die Komplementärmatrix zu B. Benutze die Identität $\chi_A(z)E_n = (zE_n - A)(zE_n - A)^\#$ um zu zeigen, dass die matrixwertige Funktion $f(z) := \chi_A(z)(zE_n - A)^{-1}$ auf ganz $\mathbb{C}$ holomorph fortsetzbar ist.

(d) Schließe mit dem Cauchyschen Integralsatz, dass $\chi_A(A) = 0$.

Aufgabe 19.4.2. (C)   (LS)

Sei $B = B_1(0)$ die Einheitskreisscheibe und sei $f : \overline{B} \to \mathbb{C}$ stetig und im Inneren holomorph. Sei $\gamma : [0, 1] \to \overline{B}$ ein stückweise stetig differenzierbarer, geschlossener Weg.

Zeige, dass $\int_\gamma f(z)\,dz = 0$.

19.5   Homotopie

Aufgabe 19.5.1. (A)

Integriere die Funktion $\frac{1}{z}$ über den im Bild angegebenen Weg γ von 1 nach $-i$.

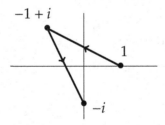

(Hinweis: Benutze Homotopie mit festen Enden, um γ durch einen angenehmeren Weg zu ersetzen.)

Aufgabe 19.5.2. (E)   (L)

Seien D, E Gebiete, $f : D \to E$ ein Homöomorphismus und $p \in D$ ein Punkt.

Zeige:

(a) Die Gruppe $\pi_1(D, p)$ ist isomorph zu $\pi_1(E, f(p))$.

(b) Für jeden Punkt $w \in D$ ist die Gruppe $\pi_1(D, w)$ isomorph zu $\pi_1(D, p)$.

(c) Das Gebiet D ist genau dann einfach zusammenhängend, wenn $\pi_1(D, p)$ trivial ist.

Aufgabe 19.5.3. (B) (L)

Welche der folgenden Gebiete sind einfach zusammenhängend? Antwort mit Begründung.

(a) $\mathbb{H} = \{z \in \mathbb{C} : \text{Im}(z) > 0\}$,

(b) $A = \left\{z \in \mathbb{C} : \frac{1}{2} < |z| < 2\right\}$,

(c) $B = \{z = x + iy \in \mathbb{C} : \sin(x) < y < \sin(x) + 1\}$.

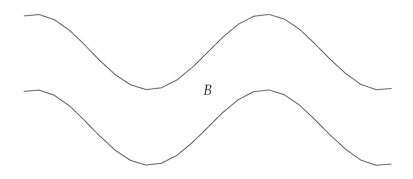

19.6 Cauchys Integralformel

Aufgabe 19.6.1. (A) (L)

Berechne die folgenden Integrale mit Hilfe der Cauchyschen Integralformel:

$$\int_{\partial B_1(0)} \frac{\sin(z)}{z}\,dz, \qquad \int_{\partial B_1(0)} \frac{\cos(z)}{z}\,dz, \qquad \int_{\partial B_2(0)} \frac{1}{z^2 + 1}\,dz.$$

Aufgabe 19.6.2. (A) (LS)

Sei f eine ganze, nichtkonstante Funktion.

Zeige, dass die Bildmenge $f(\mathbb{C})$ dicht in $\mathbb{C}$ liegt.

Aufgabe 19.6.3. (A)

Zeige, dass es reelle Zahlen $a_0, a_1, \dots$ gibt, so dass für jedes $z \in \mathbb{C}$ mit $|z| < 1$ die Potenzreihe $\sum_{n=0}^{\infty} a_n z^n$ konvergiert und es gilt

$$\left(\sum_{n=0}^{\infty} a_n z^n \right) \left(\sum_{n=0}^{\infty} \frac{z^n}{n+1} \right) = 1.$$

Aufgabe 19.6.4. (C)   (LS)

Sei f eine ganze Funktion, die kein Polynom ist.

Zeige, dass für jedes $R > 0$ die Menge

$$f\left(\{ z \in \mathbb{C} : |z| > R \} \right)$$

dicht in $\mathbb{C}$ liegt.

19.7   Potenzreihen-Entwicklung

Aufgabe 19.7.1. (B)   (LS)

Sei f holomorph in einem Gebiet D und sei B eine Kreisscheibe von einem Radius $0 < r < \infty$, so dass $\overline{B} \subset D$. Die Funktion $|f|$ sei auf dem Rand ∂B konstant.

Zeige: Ist f nicht-konstant, dann hat f in B eine Nullstelle.

Aufgabe 19.7.2. (E)   (LS)

Sei B die offene Einheitskreisscheibe und sei $f : \overline{B} \to \mathbb{C}$ stetig und im Inneren holomorph. Es gebe eine offene Teilmenge U des Randes ∂B so dass $f|_U \equiv 0$.

Zeige, dass f konstant Null ist.

(Hinweis: Für $n \in \mathbb{N}$ sei $\zeta = e^{\frac{2\pi i}{n}}$. Betrachte die Funktion

$$F(z) = f(z) f(\zeta z) f(\zeta^2 z) \cdots f(\zeta^{n-1} z).)$$

19.8 Lokal-gleichmäßige Konvergenz

Aufgabe 19.8.1. (B) (LS)

(Die Riemannsche Zeta-Funktion)

Zeige, dass für $\delta > 0$, die Reihe $\sum_{n=1}^{\infty} n^{-z}$ auf der Mange $\{z : \mathrm{Re}(z) > 1 + \delta\}$ gleichmäßig konvergiert, wobei $n^{-z} = \exp(-z\log(n))$. Folgere, dass die Reihe eine auf $\{z : \mathrm{Re}(z) > 1\}$ holomorphe Funktion $\zeta(z)$ definiert.

Aufgabe 19.8.2. (C) (LS)

(Flächenintegral) Sei $D \subset \mathbb{C}$ eine offene Menge und h eine stetige Funktion auf D. Wir setzen h nach $\mathbb{C}$ fort, indem wir die Funktion ausserhalb von D gleich Null setzen. Dann definieren wir

$$\int_D h(z)\, d\lambda(z) := \int_{\mathbb{C}} h(x + iy)\, dx\, dy,$$

falls das Integral existiert.

Sei D ein Gebiet und sei $L^2_{\mathrm{hol}}(D)$ die Menge aller holomorphen Funktionen f auf D mit der Eigenschaft

$$\int_D |f(z)|^2\, d\lambda(z) < \infty.$$

Dann definiert $\langle f, g \rangle = \int_D f(z)\overline{g(z)}\, d\lambda(z)$ ein Skalarprodukt auf $L^2_{\mathrm{hol}}(D)$, macht diesen also zu einem Prä-Hilbert-Raum mit der Norm

$$\|f\| = \left(\int_D |f(z)|^2\, d\lambda(z) \right)^{\frac{1}{2}}.$$

Zeige, dass für jedes $p \in D$ die Punktauswertung

$$\delta_p : L^2_{\mathrm{hol}}(D) \to \mathbb{C},$$
$$f \mapsto f(p)$$

eine **beschränkte** lineare Abbildung ist, dass es also eine Konstante $C_p > 0$ gibt, so dass für jedes $f \in L^2_{\mathrm{hol}}(D)$ gilt $|\delta_p(f)| \le C_p \|f\|$. Zeige ferner, dass die Abbildung $p \mapsto C_p$ stetig gewählt werden kann.

Aufgabe 19.8.3. (E)   (LS)

Sei D ein Gebiet und sei $L^2_{\mathrm{hol}}(D)$ wie in der letzten Aufgabe. Zeige, dass $L^2_{\mathrm{hol}}(D)$ vollständig, also ein Hilbert-Raum ist.

Aufgabe 19.8.4. (B)   (L)

Sei D ein Gebiet in $\mathbb{C}$ und sei $L^2_{\mathrm{hol}}(D)$ wie in Aufgabe 19.8.2 definiert.

(a) Zeige, dass es eine eindeutig bestimmte Funktion

$$K = K_D : D \times D \to \mathbb{C}$$

gibt, so dass für jedes $z \in D$ die Funktion $w \mapsto K(z, w)$ in $L^2_{\mathrm{hol}}(D)$ liegt und dass für jedes $f \in L^2_{\mathrm{hol}}(D)$ und jedes $z \in D$ gilt

$$\langle f, K(z, \cdot) \rangle = f(z).$$

Die Funktion K heisst der **Bergman-Kern** oder auch **reproduzierender Kern** von D.
(Der Satz von Riesz darf benutzt werden: Jede beschränkte lineare Abbildung $\Lambda : H \to \mathbb{C}$ auf einem Hilbert-Raum H ist von der Form $\Lambda(v) = \langle v, w \rangle$ für ein eindeutig bestimmtes $w \in H$.)

(b) **Zeige,** dass der Bergman-Kern K eines Gebietes D für alle $z, w \in D$ die Gleichung

$$K(w, z) = \overline{K(z, w)}$$

erfüllt.

Aufgabe 19.8.5. (B)   (LS)

Zeige, dass der Bergman-Kern (siehe letzte Aufgabe) der Einheitskreisscheibe gleich

$$K(z, w) = \frac{1}{\pi} \left(\frac{1}{1 - \bar{z}w} \right)^2$$

ist.
(Schreibe $K(z, w)$ als Potenzreihe in w mit unbekannten Koeffizienten $c_n(z)$. Berechne dann $\langle f, K(z, \cdot) \rangle$ für $f(w) = w^k$, $k \in \mathbb{N}_0$.)

Aufgabe 19.8.6. (A) (L)

Zeige, dass es zu je zwei Radien $0 < r < s < \infty$ eine Laurent-Reihe gibt, die

(a) genau in dem Kreisring $A_{r,s}(0)$ konvergiert,

(b) in dem Kreisring und auf dem Rand des Kreisrings konvergiert und sonst divergiert,

(c) in dem Kreisring und jeweils auf einer Zusammenhangskomponente des Randes konvergiert und ansonsten divergiert.

19.9 Der Residuensatz

Aufgabe 19.9.1. (A) (L)

Bestimme die Laurent-Reihe der jeweils gegebenen Funktion in dem jeweiligen Kreisring $A_{r,s}(p) = \{z \in \mathbb{C} : r < |z - p| < s\}$.

$$
\begin{array}{lll}
\text{(a)} & f(z) = \dfrac{1}{z^2 - 1} & A_{0,2}(1), \\[3mm]
\text{(b)} & g(z) = \dfrac{z}{(z-1)^2} & A_{0,\infty}(1), \\[3mm]
\text{(c)} & h(z) = \dfrac{1}{(z-1)(z-2)} & A_{1,2}(0).
\end{array}
$$

Aufgabe 19.9.2. (A) (L)

Bestimme die Singularitäten und Residuen der folgenden Funktionen:

$$
\begin{array}{llll}
\text{(a)} & f(z) = \dfrac{z^2}{(z+1)^3} & \text{(b)} & g(z) = \dfrac{1}{z^2+1} \\[4mm]
\text{(c)} & h(z) = \dfrac{e^z}{(z-1)^2} & \text{(d)} & j(z) = z \cdot e^{\frac{1}{z-1}}
\end{array}
$$

Aufgabe 19.9.3. (B)   (L)

(a) Berechne

$$\int_{\partial B_2(0)} \frac{1}{(z-1)^2(z^2+1)} dz.$$

(b) **Zeige,** dass

$$\int_0^1 \frac{1}{1+8\cos^2(2\pi\theta)} d\theta = \frac{1}{3}.$$

(Hinweis: Benutze den Residuensatz, um das Integral $\int_{\partial B_1(0)} \frac{z}{2z^4+5z^2+2} dz$ zu berechnen. Verwende die Parametrisierung $t \mapsto e^{2\pi i t}, \theta \in [0,1]$ des Einheitskreises um dies mit dem Integral in (b) zu vergleichen.)

Aufgabe 19.9.4. (B)

Sei f holomorph auf $\mathbb{C}$ bis auf Pole in 1 und -1 mit Residuen a bzw. b. Außerdem existiere eine Konstante $M > 1$, so dass $|z^2 f(z)| \leq M$ für $|z| > M$.

Zeige, dass $a + b = 0$ und finde ein solches f im Fall $a = 1$.

Aufgabe 19.9.5. (A)

Zeige mit Hilfe des Residuensatzes, dass $\int_{-\infty}^{\infty} \frac{\cos(x)}{x^2+1} dx = \frac{\pi}{e}$.

Aufgabe 19.9.6. (B)

Seien f, g ganze Funktionen mit $|f| \leq |g|$.

Zeige, dass es eine Konstante $c \in \mathbb{C}$ gibt, so dass $f = cg$.

(Hinweis: Betrachte den Quotienten f/g und benutze Riemanns Hebbarkeitssatz, Ana-19.10.9.)

Aufgabe 19.9.7. (A)   (L)

Berechne die Anzahl der Nullstellen des Polynoms $p(z) = z^8 - 5z^3 + z - 2$ im Einheitskreis $\mathbb{E}$, wobei die Nullstellen mit Vielfachheiten gezählt werden.

Kapitel 20

Abbildungssätze

20.1 Produkte und Reihen

Aufgabe 20.1.1. (C) (LS)

Sei D ein Gebiet, seien $-\infty \le a < b \le \infty$ und sei $f : (a,b) \times D \to \mathbb{C}$ eine stetige Funktion, so dass für jedes $x \in (a,b)$ die Funktion $f(x,.)$ holomorph ist. Es gebe eine stetige Funktion g auf $(0,1)$, so dass $|f(x,s)| \le g(x)$ für jedes $x \in (a,b)$ gilt und das uneigentliche Integral $\int_a^b g(x)\,dx$ existiert. Zeige, dass das Integral $F(s) = \int_a^b f(x,s)\,dx$ stets existiert und die so definierte Funktion $f(s)$ in D holomorph ist.
(Nimm zunächst an, dass $a, b \in \mathbb{R}$ und dass f stetig nach $[a,b] \times D$ fortsetzt. Benutze Riemann-Summen und gleichmäßige Stetigkeit.)

Aufgabe 20.1.2. (E) (LS)

Zeige, dass für $\mathrm{Re}(s) > 0$ das Integral

$$\Gamma(s) = \int_0^\infty e^{-t} t^{s-1} dt$$

absolut konvergiert und eine holomorphe Funktion definiert, die die Funktionalgleichung

$$\Gamma(s+1) = s\Gamma(s)$$

erfüllt. Folgere, dass $\Gamma(s)$ eine holomorphe Fortsetzung auf das Gebiet $\mathbb{C} \setminus \{0, -1, -2, \dots\}$ besitzt.

© Der/die Autor(en), exklusiv lizenziert durch
Springer-Verlag GmbH, DE, ein Teil von Springer Nature 2021
A. Deitmar, *Übungsbuch zur Analysis*, https://doi.org/10.1007/978-3-662-62860-7_20

Aufgabe 20.1.3. (C)

Sei f eine auf der oberen Halbebene $\mathbb{H} := \{z : \operatorname{Im}(z) > 0\}$ holomorphe Funktion mit $f(z+1) = f(z)$ für alle $z \in \mathbb{H}$.

Zeige, dass eine Funktion g existiert, die auf der punktierten Einheitskreisscheibe holomorph ist und $g(e^{2\pi i z}) = f(z)$ erfüllt. Folgere aus der Laurent-Entwicklung von g, dass f sich wie folgt als absolut konvergente Reihe darstellen lässt:

$$f(z) = \sum_{-\infty}^{\infty} c_n e^{2\pi i n z}, \quad z \in \mathbb{H}, \quad c_n = \int_0^1 f(x+iy) e^{-2\pi i n(x+iy)} dx.$$

Aufgabe 20.1.4. (C)   (LS)

Sei (f_n) eine Folge von holomorphen Funktionen auf einem Gebiet $D \subset \mathbb{C}$, so dass das Produkt $f(z) = \prod_{n=1}^{\infty} f_n(z)$ lokal-gleichmäßig auf D gegen eine nullstellenfreie Funktion f konvergiert.

Zeige, dass

$$\frac{f'}{f}(z) = \sum_{n=1}^{\infty} \frac{f_n'}{f_n}(z),$$

wobei die Reihe lokal-gleichmäßig konvergiert.

Aufgabe 20.1.5. (B)

Benutze die Partialbruchzerlegung des Cotangens um zu **beweisen:**

(a) Für $z \in \mathbb{C} \setminus \mathbb{Z}$ gilt

$$\frac{\pi^2}{\sin^2(\pi z)} = \sum_{k \in \mathbb{Z}} \frac{1}{(z-k)^2}, \quad z \in \mathbb{C} \setminus \mathbb{Z}.$$

(b) Bezeichnet $\zeta(s)$ die Riemannsche Zetafunktion, so gilt $\zeta(2) = \pi^2/6$.

(c) Für jedes $z \in \mathbb{C}$ ist $\sin(\pi z) = \pi z \prod_{n=1}^{\infty} \left(1 - \frac{z^2}{n^2}\right)$.

(Hinweis: Sei f die rechte Seite der Gleichung. Zeige, dass $\frac{f'}{f}(z) = \pi \cot(\pi z) = (\sin(\pi z))'/\sin(\pi z)$. Somit ist $f(z) = c \sin(\pi z)$ mit einer Konstanten $c \in \mathbb{C}$. Zeige nun, dass $c = 1$.)

Aufgabe 20.1.6. (B) (LS)

Ein **Gitter** in $\mathbb{C}$ ist eine Untergruppe Λ von $(\mathbb{C}, +)$ von der Form

$$\Lambda = \Lambda(a, b) = \mathbb{Z}a + \mathbb{Z}b = \{ka + lb : k, l \in \mathbb{Z}\}$$

für zwei $a, b \in \mathbb{C}$, die über $\mathbb{R}$ linear unabhängig sind. Beispiel: $\mathbb{Z} + \mathbb{Z}i = \{x + iy : x, y \in \mathbb{Z}\}$. Eine meromorphe Funktion f auf $\mathbb{C}$ heisst Λ-**periodisch**, wenn

$$f(z + \lambda) = f(z)$$

für alle $\lambda \in \Lambda$ gilt.

(a) Für das Gitter $\Lambda = \Lambda(a, b)$ sei

$$\mathcal{F} = \mathcal{F}(a, b) = \{ta + sb : 0 \le s, t < 1\}.$$

Dann heisst $\mathcal{F}$ eine **Fundamentalmasche** zu Λ.

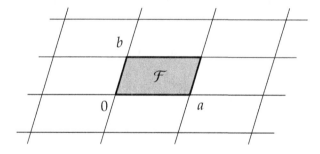

Zeige, dass es zu jedem $z \in \mathbb{C}$ genau ein $\lambda \in \Lambda$ gibt, so dass $z + \lambda \in \mathcal{F}$ gilt.

(b) **Zeige,** dass eine holomorphe, Λ-periodische Funktion konstant ist.

Aufgabe 20.1.7. (E) (LS)

(Die Weierstraßsche $\wp$-Funktion). Sei $\Lambda \subset \mathbb{C}$ ein Gitter.

Zeige:

(a) $\sum_{\lambda \in \Lambda \setminus \{0\}} \frac{1}{|\lambda|^3} < \infty$

(b) Die Reihe

$$\wp(z) := \frac{1}{z^2} + \sum_{\lambda \in \Lambda \setminus \{0\}} \frac{1}{(z - \lambda)^2} - \frac{1}{\lambda^2}$$

konvergiert lokal-gleichmäßig absolut in $\mathbb{C} \setminus \Lambda$. Die so definierte meromorphe Funktion $\wp(z)$ ist eine gerade, Λ-periodische Funktion. (Betrachte die Ableitung $\wp'$.)

Aufgabe 20.1.8. (E)   (LS)

Seien Λ ein Gitter in $\mathbb{C}$ und $r = \min\{|\lambda| : \lambda \in \Lambda \setminus \{0\}\}$.

Zeige:

(a) Für $0 < |z| < r$ gilt

$$\wp(z) = \frac{1}{z^2} + \sum_{n=1}^{\infty} (2n+1)G_{2n+2}z^{2n},$$

wobei die Summe $G_k = G_k(\Lambda) = \sum_{\lambda \in \Lambda \setminus \{0\}} \frac{1}{\lambda^k}$ für $k \geq 4$ absolut konvergiert.

(b) Die $\wp$-Funktion erfüllt die Differentialgleichung

$$(\wp'(z))^2 = 4\wp^3(z) - 60G_4\wp(z) - 140G_6.$$

20.2 Riemanns Abbildungssatz

Aufgabe 20.2.1. (E)   (L)

Sei D ein einfach-zusammenhängendes Gebiet.

Zeige, dass es zu je zwei verschiedenen Punkten $p, q \in D$ genau eine biholomorphe Abbildung $f : D \to D$ gibt, so dass $f(p) = q$ und $f(q) = p$. Folgere, dass $f \circ f = \mathrm{Id}_D$ gilt.

Aufgabe 20.2.2. (E)

Sei $\mathbb{H} = \{z \in \mathbb{C} : \mathrm{Im}(z) > 0\}$ die obere Halbebene und sei $\mathcal{B}(\mathbb{H})$ die Gruppe aller biholomorphen Abbildungen $\mathbb{H} \to \mathbb{H}$ mit der Komposition als Verknüpfung.

Zeige, dass die Abbildung

$$\phi : SL_2(\mathbb{R}) \to \mathcal{B}(\mathbb{H})$$
$$\begin{pmatrix} a & b \\ c & d \end{pmatrix} \mapsto \left[z \mapsto \frac{az + b}{cz + d} \right]$$

wohldefiniert und ein surjektiver Gruppenhomomorphismus mit Kern $\{\pm 1\}$ ist, wobei 1 hier für die 2×2 Einheitsmatrix steht.

Aufgabe 20.2.3. (B)

Sei $g = \begin{pmatrix} a & b \\ c & d \end{pmatrix} \in SL_2(\mathbb{R})$ und $z \in \mathbb{H}$. Die Vorschrift $g.z = \frac{az+b}{cz+d}$ definiert eine Operation der Gruppe $G = SL_2(\mathbb{R})$ auf der oberen Halbebene $\mathbb{H}$.

Zeige:

(a) Die Operation ist **transitiv**, d.h., zu je zwei $z, w \in \mathbb{H}$ gibt es ein $g \in G$, so dass $g.z = w$ ist.

(b) Es gilt $g.i = i$ genau dann, wenn $g \in SO(2)$, wenn also $g = \begin{pmatrix} a & b \\ -b & a \end{pmatrix}$ mit $a, b \in \mathbb{R}$ so dass $a^2 + b^2 = 1$.

(c) Für $g \in G, g \neq \pm I$, hat die Abbildung $z \mapsto g.z$ genau dann einen Fixpunkt in $\mathbb{H}$, wenn für die Spur gilt $|\operatorname{Spur}(g)| < 2$.

Aufgabe 20.2.4. (C)   (LS)

(Das Spiegelungsprinzip von Schwarz)

(a) Sei $D \subset \mathbb{C}$ ein Gebiet und $f : D \to \mathbb{C}$ eine stetige Abbildung.

   Zeige: Ist $f : D \setminus \mathbb{R} \to \mathbb{C}$ holomorph, dann ist f holomorph.

(b) Sei $\mathbb{H} = \{z \in \mathbb{C} : \operatorname{Im}(z) > 0\}$ die obere Halbebene und seien $f, g : \overline{\mathbb{H}} \to \mathbb{C}$ stetige Funktionen, die in $\mathbb{H}$ holomorph sind. Nimm an, dass $f(z) = g(z)$ für jedes $z \in \mathbb{R}$.

   Zeige, dass $f = g$ gilt.

Aufgabe 20.2.5. (B)   (L)

Ein geschlossener, stückweise stetig differenzierbarer Weg γ in einem Gebiet D heißt **nullhomolog** in D, wenn die Windungszahl ausserhalb von
D verschwindet, wenn also $\mathcal{W}(\gamma, z) = 0$ für jedes $z \in \mathbb{C} \setminus D$ gilt.

Zeige:

(a) Jeder in D nullhomotope Weg ist in D nullhomolog.

(b) (Cauchys Integralsatz für nullhomologe Wege):
    Ist γ nullhomolog in D, so gilt für jede in D holomorphe Funktion f,
    dass $\int_\gamma f(z)\, dz = 0$.

(c) (Residuensatz für nullhomologe Wege):
    In der Formulierung des Residuensatzes für Wege kann auf die Bedin-
    gung, dass D einfach zusammenhängend ist, verzichtet werden, wenn
    man stattdessen annimmt, dass γ nullhomolog in D ist.

Als Ergänzung noch ein Beispiel eines Weges, der nullhomolog, aber nicht
nullhomotop ist (ohne Beweis). Sei $D = \mathbb{C} \setminus \{0, 1\}$ und γ der durch das
folgende Bild definierte Weg.

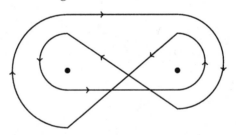

20.3   Einfacher Zusammenhang

Aufgabe 20.3.1. (E)   (LS)

Ein wegzusammenhängender topologischer Raum X heißt **einfach zusammenhängend**, wenn jeder geschlossene Weg $\gamma : [0, 1] \to X$, $x_0 = \gamma(0) = \gamma(1)$
mit festen Enden homotop ist zu dem konstanten Weg $\hat{x}_0 : [0, 1] \to X$,
$\hat{x}_0(t) = x_0$.

Zeige:

(a) Der Raum $\mathbb{R}^k$, $k \in \mathbb{N}$ ist einfach zusammenhängend.

(b) Die Menge

$$S^n = \left\{ x \in \mathbb{R}^{n+1} : \|x\| = 1 \right\}, \quad n \geq 2$$

ist, mit der Teilraumtopologie des $\mathbb{R}^{n+1}$, einfach zusammenhängend.

(Hinweis: Zeige, dass ein gegebener Weg γ in S^n zu einem Weg τ homotop ist, der nicht jeden Punkt von S^n trifft. Dann benutze stereographische Projektion, Beispiel Ana-12.2.4).

Teil II

Lösungsvorschläge

Kapitel 21

Lösungen zu Kapitel 1

Lösung zu Aufgabe 1.1.1.

Mit Hilfe von Wahrheitstafeln prüft man alle möglichen Verteilungen der Wahrheitswerte.

(a) Es ist zu zeigen $\mathcal{A} \Rightarrow (\mathcal{B} \Rightarrow \mathcal{A})$.
Die Wahrheitstafel

$\mathcal{A}$	$\mathcal{B}$	$\mathcal{B} \Rightarrow \mathcal{A}$	$\mathcal{A} \Rightarrow (\mathcal{B} \Rightarrow \mathcal{A})$
w	w	w	w
w	f	w	w
f	w	f	w
f	f	w	w

zeigt, dass für alle Wahrheitswerte von $\mathcal{A}$ und $\mathcal{B}$ die Aussage $\mathcal{A} \Rightarrow (\mathcal{B} \Rightarrow \mathcal{A})$ in der Tat immer wahr ist.

(b) Die Behauptung ist $(\mathcal{A} \wedge \neg\mathcal{B}) \vee (\mathcal{B} \wedge \neg\mathcal{A}) \quad \Leftrightarrow \quad (\mathcal{A} \vee \mathcal{B}) \wedge \neg(\mathcal{A} \wedge \mathcal{B})$.
Ein Vergleich der Tafeln

$\mathcal{A}$	$\mathcal{B}$	$\neg\mathcal{A}$	$\neg\mathcal{B}$	$\mathcal{A} \wedge \neg\mathcal{B}$	$\mathcal{B} \wedge \neg\mathcal{A}$	$(\mathcal{A} \wedge \neg\mathcal{B}) \vee (\mathcal{B} \wedge \neg\mathcal{A})$
w	w	f	f	f	f	f
w	f	f	w	w	f	w
f	w	w	f	f	w	w
f	f	w	w	f	f	f

© Der/die Autor(en), exklusiv lizenziert durch
Springer-Verlag GmbH, DE, ein Teil von Springer Nature 2021
A. Deitmar, *Übungsbuch zur Analysis*, https://doi.org/10.1007/978-3-662-62860-7_21

und

$\mathcal{A}$	$\mathcal{B}$	$\mathcal{A} \vee \mathcal{B}$	$\mathcal{A} \wedge \mathcal{B}$	$\neg(\mathcal{A} \wedge \mathcal{B})$	$(\mathcal{A} \vee \mathcal{B}) \wedge \neg(\mathcal{A} \wedge \mathcal{B})$
w	w	w	w	f	f
w	f	w	f	w	w
f	w	w	f	w	w
f	f	f	f	w	f

zeigt die Äquivalenz der jeweils letzten Aussagen und damit die Behauptung (b).   □

Lösung zu Aufgabe 1.2.1.

Die Menge A ist die disjunkte Vereinigung von $A \cap C$ und $A \smallsetminus C$. Hieraus folgt

$$x \in A \text{ und } x \notin (A \smallsetminus C) \Leftrightarrow x \in A \cap C.$$

Es ergibt sich

$$\begin{aligned} x \in (A \smallsetminus B) \smallsetminus (A \smallsetminus C) &\Leftrightarrow x \in (A \smallsetminus B) \text{ und } x \notin (A \smallsetminus C) \\ &\Leftrightarrow x \notin B \text{ und } x \in A \text{ und } x \notin (A \smallsetminus C) \\ &\Leftrightarrow x \notin B \text{ und } x \in A \cap C \\ &\Leftrightarrow x \in (A \cap B) \smallsetminus B. \end{aligned}$$

Für die zweite Identität

$$\begin{aligned} &x \in (A \smallsetminus B) \smallsetminus (C \smallsetminus B) \\ &\Leftrightarrow x \in (A \smallsetminus B) \text{ und } x \notin (C \smallsetminus B) \\ &\Leftrightarrow x \in (A \smallsetminus B) \text{ und } \big(x \in B \text{ oder } x \notin C\big) \\ &\Leftrightarrow \big(x \in (A \smallsetminus B) \text{ und } x \in B\big) \text{ oder } \big(x \in (A \smallsetminus B) \text{ und } c \notin C\big). \end{aligned}$$

Die erste der beiden geklammerten Aussagen in der letzten Zeile ist niemals erfüllt. Daher folgt

$$\begin{aligned} x \in (A \smallsetminus B) \smallsetminus (C \smallsetminus B) &\Leftrightarrow x \in (A \smallsetminus B) \text{ und } c \notin C \\ &\Leftrightarrow x \in A \text{ und } x \notin B \text{ und } c \notin C \\ &\Leftrightarrow x \in A \smallsetminus (B \cup C). \end{aligned}$$

□

Lösung zu Aufgabe 1.2.2.

Teil (a) und Teil (b) sind wahr, Teil (c) ist falsch.

(a) Sei $x \in X$. Dann gilt

$$x \in \left(\bigcup_{i \in I} A_i \right)^c \Leftrightarrow x \notin \bigcup_{i \in I} A_i \Leftrightarrow x \notin A_i \text{ für jedes } i \in I$$

$$\Leftrightarrow x \in A_i^c \text{ für jedes } i \in I \Leftrightarrow x \in \bigcap_{i \in I} A_i^c.$$

Damit ist (a) gezeigt. Die Aussage (b) folgt dann durch Komplementbildung.

(c) Um zu sehen, dass (c) im Allgemeinen falsch ist, nehmen wir an, dass $A \cap B \cap C \neq \emptyset$. Sei also $a \in A \cap B \cap C$. Dann ist a in der linken Menge, nicht aber in der rechten, denn $a \notin (A \setminus B)$ und daher $a \notin (A \setminus B) \cap C$, so dass a in Komplement dieser letzten Menge, also der linken Menge liegt.

Andererseits ist $a \in A$ und also $a \notin B \cap A^c$ und da a auch in C liegt, liegt es nicht in C^c, insgesamt also nicht in der rechten Menge. □

Lösung zu Aufgabe 1.3.1.

Es sei $f : X \to Y$ eine beliebige Abbildung. Diese wird im Allgemeinen weder injektiv noch surjektiv sein.

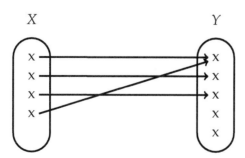

Man sieht nun zweierlei: die Abbildung wird surjektiv, wenn man Y verkleinert, es also durch das Bild $Z = f(X)$ ersetzt.

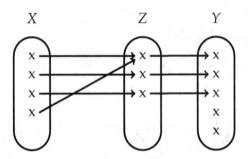

Im zweiten Schritt bildet man dann jedes $z \in Z = f(X)$ auf sich selbst ab, aber nun als Element von Y aufgefasst.

Um das formal zu machen, definiert man also $h : X \to f(X) = Z$ durch $h(x) = f(x)$. Dies ist nicht dieselbe Abbildung wie f, da sie eine andere Zielmenge hat, nämlich $Z = f(X)$, die im Allgemeinen nicht mit Y übereinstimmt. Sei dann $g : Z \to Y$ die Inklusionsabbildung, also $g(z) = z$. Diese Abbildung ist nicht gleich der Identität auf Y, weil sie einen anderen Definitionsbereich hat. Die Situation ist nun

$$X \overset{h}{\longrightarrow} Z \overset{g}{\longrightarrow} Y,$$

also $f = g \circ h$, denn für $x \in X$ ist $g \circ h(x) = g(h(x)) = h(x) = f(x)$ nach der Definition von g und h. Ferner ist g injektiv nach Definition und h ist surjektiv, denn für jedes $z \in Z = f(X)$ gibt es ein $x \in X$ mit $z = f(x) = h(x)$. $\square$

Lösung zu Aufgabe 1.3.3.

Sei M abzählbar und unendlich. Dann gibt es eine surjektive Abbildung $\phi : \mathbb{N} \to M$.

Für jedes $m \in M$ sei dann $f(m) \in \mathbb{N}$ das kleinste Element der Menge $\phi^{-1}(m) \subset \mathbb{N}$, also die kleinste natürliche Zahl, mit der Eigenschaft $\phi(f(m)) =$

m. Dann ist $f : M \to \mathbb{N}$ injektiv. Da M nicht endlich ist, ist das Bild $f(M)$ eine unendliche Teilmenge von $\mathbb{N}$. Als Teilmenge von $\mathbb{N}$ kann diese Menge geschrieben werden in der Form $f(M) = \{n_1, n_2, n_3, \dots\}$, wobei stets $n_j < n_{j+1}$ gilt. Sei nun $\alpha : \mathbb{N} \to M$, $\alpha(j) = \phi(n_j)$. Dann ist nach Konstruktion $f(\alpha(j)) = n_j$ und damit ist α injektiv. Für $m \in M$ sei $f(m) = n_j$, dann ist $m = \alpha(j)$ und damit ist α auch surjektiv, also eine Bijektion $\mathbb{N} \to M$. $\square$

Lösung zu Aufgabe 1.4.1.

Induktionsanfang: Für $n = 1$ ist die linke Seite gleich Null (leere Summe) und dies entspricht auch der rechen Seite.

Induktionsschritt: $n \to n + 1$. Die Behauptung sei für $n \in \mathbb{N}$ bekannt, dann gilt

$$\sum_{k=2}^{n+1} \frac{1}{k(k-1)} = \sum_{k=2}^{n} \frac{1}{k(k-1)} + \frac{1}{(n+1)n}$$

$$= 1 - \frac{1}{n} + \frac{1}{(n+1)n} = 1 - \frac{n+1}{(n+1)n} + \frac{1}{(n+1)n}$$

$$= 1 - \frac{n}{(n+1)n} = 1 - \frac{1}{n+1}.$$

Damit folgt die Behauptung für $n+1$ und der Induktionsbeweis ist beendet.

$\square$

Skizze zu Aufgabe 1.4.4.

(a) Für $f(x) = x^{d+1}$ ist $\Delta f(n) = (n+1)^{d+1} - n^{d+1}$ eine Polynomfunktion vom Grad d.

(b) Sei $\Delta f = 0$. Mit einer Induktion zeigt man, dass $f(n) = f(1)$ gilt.

(c) Für ein Polynom g vom Grad n zeigt man durch Induktion nach n, dass es ein f gibt mit $\Delta f = g$.

(d) Sei f eine Funktion auf $\mathbb{N}$ so dass Δf eine Polynomfunktion ist. Nach Teil (c) gibt es eine Polynomfunktion h mit $\Delta h = \Delta f$, also $\Delta(f - h) = 0$. $\square$

Lösung zu Aufgabe 1.4.5.

Es gilt

$$\binom{n}{k} = \frac{n!}{k!(n-k)!} = \frac{n(n-1)\cdots(n-k+1)}{k!}.$$

Nun ist $n-1 \leq n$, $n-2 \leq n$ und so weiter bis $(n-k+1) \leq n$. Daher folgt

$$\binom{n}{k} = \frac{n \overbrace{(n-1)}^{\leq n} \cdots \overbrace{(n-k+1)}^{\leq n}}{k!} \leq \frac{n^k}{k!}. \qquad \square$$

Skizze zu Aufgabe 1.4.6.

Sei $\alpha = \frac{1+\sqrt{5}}{2}$. Dann folgt $\alpha^2 = \alpha+1$. Diese Eigenschaft kann man benutzen, um durch eine Induktion zu zeigen, dass die Folge $g_n = \frac{1}{\sqrt{5}}(\alpha^n - (1-\alpha)^n)$ ebenfalls die Gleichung $g_{n+2} = g_n + g_{n+1}$ erfüllt. $\qquad \square$

Lösung zu Aufgabe 1.4.7.

Im Beweis werden l und m fest gewählt und die Behauptung durch Induktion für alle $n \geq m$ gezeigt.

Induktionsanfang: $n = m$
Nach dem Pascalschen Gesetz (Proposition Ana-1.5.11) gilt für $l, m \geq 0$, dass

$$\binom{m+1}{l+1} = \binom{m}{l} + \binom{m}{l+1}.$$

Hiermit rechnen wir

$$\sum_{k=m}^{n} \binom{k}{l} = \binom{m}{l} = \binom{m+1}{l+1} - \binom{m}{l+1} = \binom{n+1}{l+1} - \binom{m}{l+1}.$$

Induktionsschritt: $n \to n+1$, wobei $n \geq m$ vorausgesetzt wird:

$$\sum_{k=m}^{n+1} \binom{k}{l} = \sum_{k=m}^{n} \binom{k}{l} + \binom{n+1}{l}$$

$$= \binom{n+1}{l+1} - \binom{m}{l+1} + \binom{n+1}{l} = \binom{n+2}{l+1} - \binom{m}{l+1},$$

wobei im letzten Schritt wieder das Pascalsche Gesetz (Ana-1.5.11) benutzt wurde. □

Lösung zu Aufgabe 1.4.8.

(a) *Induktionsanfang* $n = 1$: In diesem Fall ist $n + n^2 = 1 + 1 = 2$ gerade.

Induktionsschluss $n \rightarrow n + 1$: Es gilt

$$(n + 1) + (n + 1)^2 = n + 1 + n^2 + 2n + 1 = n + n^2 + 2n + 2,$$

und da $n + n^2$ gerade ist, ist auch diese Zahl gerade.

(b) *Induktionsanfang* $n = 1$: In diesem Fall ist

$$f(n) = f(1) = 7^2 - 2 = 49 - 2 = 47.$$

Induktionsschritt $1, n \rightarrow n + 1$: Wir rechnen

$$\begin{aligned} f(n + 1) = 7^{2(n+1)} - 2^{n+1} &= 7^{2(n+1)} - 2^n 7^2 + 2^n 7^2 - 2^{n+1} \\ &= (7^{2n} - 2^n) 7^2 + (7^2 - 2) 2^n \\ &= f(n) 7^2 + f(1) 2^n. \end{aligned}$$

Da nach Induktionsvoraussetzung sowohl $f(n)$ als auch $f(1)$ von 47 geteilt werden, wird auch $f(n + 1)$ von 47 geteilt. □

Lösung zu Aufgabe 1.4.11.

(a) Diese Funktion ist sowohl injektiv als auch surjektiv.
Für $k \in \mathbb{N}$ gilt

$$f(2k - 1) = 2k, \qquad f(2k) = 2k - 1.$$

Hieraus folgt insbesondere $f \circ f = \mathrm{Id}|_{\mathbb{N}}$. Hieraus folgt die Bijektivität, da f ihre eigene Umkehrfunktion ist.

(b) Diese Abbildung ist injektiv, aber nicht surjektiv.

Injektivität: Es gelte $f(m) = f(n)$, also $1 + 1/m = 1 + 1/n$. Indem man 1 abzieht und invertiert folgt $m = n$ und damit ist f injektiv..

Schließlich ist $f(n) > 1$ für jedes $n \in \mathbb{N}$, es gibt also kein $n \in \mathbb{N}$ mit $f(n) = 1$, damit ist f nicht surjektiv.

(c) Diese Abbildung ist surjektiv, aber nicht injektiv.

Sie ist surjektiv, da $f(4n) = n$ für jedes $n \in \mathbb{N}$. Sie ist nicht injektiv, da etwa $f(1) = 4 = f(16)$. □

Lösung zu Aufgabe 1.4.13.

Sei $m \in \mathbb{N}$ fest gewählt. Wir beweisen zunächst die Existenz einer solchen Darstellung durch Induktion nach $k \in \mathbb{N}$.

Induktionsanfang: $k = 1$: Ist $m = 1$, so kann man $r = 0$ und $q = 1$ wählen. Andernfalls wählt man $q = 0$ und $r = 1$.

Induktionsschluss: $k \to k + 1$: Es gelte $k = mq + r$. Ist $r < m - 1$, dann ist $k + 1 = mq + (r + 1)$ die angestrebte Darstellung. Ist hingegen $r = m - 1$, dann folgt $k = mq + m - 1$, also $k + 1 = m(q + 1)$, womit die Existenz bewiesen ist.

Nun zur Eindeutigkeit. Seien

$$k = mq + r = mq' + r'$$

zwei solche Darstellungen, also $q, q', r, r' \in \mathbb{N}_0$ mit $r, r' < m$. Dann folgt $m(q - q') = r' - r$. Daher ist $r' - r$ ein Vielfaches von m. Indem man von der Ungleichungskette $0 \leq r' < m$ die Zahl r abzieht und $0 \leq r < m$ berücksichtigt, erhält man $-m < r' - r < m$. Die einzige Vielfache von m, die echt zwischen $-m$ und m liegt, ist 0, also folgt $r' - r = 0$ oder $r' = r$. Damit folgt auch $mq = mq'$ und nach Division durch m schliesslich $q' = q$.   □

Kapitel 22

Lösungen zu Kapitel 2

Lösung zu Aufgabe 2.1.1.

(a) Zunächst beobachten wir: $(d^{-1}b^{-1})(bd) = d^{-1}(b^{-1}b)d = d^{-1}d = 1$, woraus folgt, dass $(bd)^{-1} = d^{-1}b^{-1}$ gilt. Wir rechnen

$$
\begin{aligned}
\frac{a}{b}\frac{c}{d} &= (ab^{-1})(cd^{-1}) = a((b^{-1}c)d^{-1}) && \text{Assoziativgesetz, mehrfach} \\
&= a((cb^{-1})d^{-1}) && \text{Kommutativgesetz} \\
&= (ac)(b^{-1}d^{-1}) && \text{Assoziativgesetz, mehrfach} \\
&= (ac)(d^{-1}b^{-1}) && \text{Kommutativgesetz} \\
&= (ac)(bd)^{-1} && \text{siehe oben} \\
&= \frac{ac}{bd}.
\end{aligned}
$$

(b) Wir lassen ab jetzt überflüssige Klammern weg. Außerdem begründen wir nicht mehr jeden einzelnen Schritt und benutzen Rechenregeln wie das Kommutativgesetz auch mehrfach in einem Schritt. Es gilt

$$
\begin{aligned}
\frac{a}{b} + \frac{c}{d} &= ab^{-1} + cd^{-1} = ab^{-1} + cd^{-1}bb^{-1} \\
&= (a + cd^{-1}b)b^{-1} \\
&= (add^{-1} + bcd^{-1})b^{-1} \\
&= (ad + bc)d^{-1}b^{-1} \\
&= (ad + bc)(bd)^{-1} = \frac{ad + bc}{bd}. \qquad \square
\end{aligned}
$$

© Der/die Autor(en), exklusiv lizenziert durch
Springer-Verlag GmbH, DE, ein Teil von Springer Nature 2021
A. Deitmar, *Übungsbuch zur Analysis*, https://doi.org/10.1007/978-3-662-62860-7_22

Skizze zu Aufgabe 2.1.2.

Man beweist jede Aussage jeweils durch eine Induktion nach n, wobei die Körperaxiome eingesetzt werden. Als Illustration sei der Induktionsschritt der ersten Aussage $(xy)^n = x^n y^n$ gegeben. Hierbei werden Klammern nach Belieben weggelassen, was wegen des Assoziativgesetzes möglich ist. Der Induktionsschritt $n \to n+1$ lautet:

$$(xy)^{n+1} = (xy)^n (xy) = x^n y^n xy = (x^n x)(y^n y) = x^{n+1} y^{n+1}. \qquad \square$$

Lösung zu Aufgabe 2.1.3.

Sei $\mathcal{K} \subset \mathbb{R}$ irgendeine Teilmenge. Um zu zeigen, dass $\mathcal{K}$ mit den Operationen von $\mathbb{R}$ ein Körper ist, reicht es, folgendes zu zeigen:

(a) $0 \in \mathcal{K}$,

(b) $x, y \in \mathcal{K} \Rightarrow x + y \in \mathcal{K}$,

(c) $x \in \mathcal{K} \Rightarrow -x \in \mathcal{K}$,

(d) $1 \in \mathcal{K}$,

(e) $x, y \in \mathcal{K} \Rightarrow xy \in \mathcal{K}$,

(f) $x \in \mathcal{K} \setminus \{0\} \Rightarrow x^{-1} \in \mathcal{K}$.

Begründung hierzu: (b) und (e) bedeuten, dass Addition und Multiplikation auf $\mathcal{K}$ wohldefiniert sind. (a) bedeutet, dass es ein neutrales Element der Addition gibt und (c) zeigt, dass es inverse Elemente bezüglich der Addition gibt, also besagen (a), (b) und (c), dass $(\mathcal{K}, +)$ eine Gruppe ist. Diese Gruppe ist abelsch, weil die Addition in $\mathbb{R}$ abelsch ist. Ebenso besagen dann (d) und (e), dass $\mathcal{K} \setminus \{0\}$ eine (abelsche) Gruppe mit der Multiplikation ist, insgesamt ist $\mathcal{K}$ also ein Körper.

Um die Aufgabe zu lösen, weist man nun die Punkte (a) bis (f) für die Menge

$$\mathcal{K} = \mathbb{Q} + \mathbb{Q}\sqrt{2}$$

nach. Die Punkte (a) bis (d) sind allesamt trivial. Für (e) seien $x, y \in \mathcal{K}$ also etwa $x = s + t\sqrt{2}$ und $y = \alpha + \beta\sqrt{2}$ mit $s, t, \alpha, \beta \in \mathbb{Q}$. Dann ist

$$xy = (s + t\sqrt{2})(\alpha + \beta\sqrt{2}) = \underbrace{2\alpha + t\beta 2}_{\in \mathbb{Q}} + \underbrace{(s\beta + t\alpha)}_{\in \mathbb{Q}} \sqrt{2} \in \mathcal{K}$$

Schließlich zu (f). Zunächst ist zu zeigen, dass in dem Ausdruck $x = s + t\sqrt{2}$ die Elemente $s, t \in \mathbb{Q}$ eindeutig bestimmt sind. Um dies einzusehen, sei $x = s + t\sqrt{2} = \alpha + \beta\sqrt{2}$ mit $s, t, \alpha, \beta \in \mathbb{Q}$. Dann ist $0 = (s - \alpha) + (t - \beta)\sqrt{2}$. **Angenommen,** $t - \beta \neq 0$, dann ist $\sqrt{2} = \frac{\alpha - s}{t - \beta} \in \mathbb{Q}$, **Widerspruch!** Es folgt also $t - \beta = 0$ und damit ist $s - \alpha = 0$ also $s = \alpha$ und $t = \beta$.

Für gegebenes $x = s + t\sqrt{2} \in \mathcal{K}$ sei dann das Element $x' \in \mathcal{K}$ definiert als $x' = s - t\sqrt{2}$. Dann gilt

$$xx' = (s + t\sqrt{2})(s - t\sqrt{2}) = s^2 - t^2 2 \in \mathbb{Q}.$$

Zwischenbehauptung: Ist $x \neq 0$, dann ist $xx' \neq 0$.
Beweis hierzu: Sei $xx' = 0$. Ist $t \neq 0$, dann folgt $2 = (s/t)^2$, also ist $\sqrt{2} = \pm s/t \in \mathbb{Q}$, was im Widerspruch zur Annahme steht. Damit folgt $t = 0$ und daher $s^2 = 0$ und damit auch $s = 0$. Die Zwischenbehauptung ist bewiesen.

Sei also $x \in \mathcal{K} \setminus \{0\}$ und $N = xx' \in \mathbb{Q}$, dann ist $N \neq 0$ und daher ist $x(x'/N) = 1$ und daher ist $x^{-1} = x'/N \in \mathcal{K}$ und die Bedingung (f) ist erfüllt. □

Skizze zu Aufgabe 2.2.5.

Für eine ganze Zahl $k < 0$ setzt man $\eta(k) = -\eta(-k)$ und erhält eine Fortsetzung $\eta : \mathbb{Z} \to K$. Man zeigt dann, dass die Gleichung $\eta(k + m) = \eta(k) + \eta(m)$ für alle $k, m \in \mathbb{Z}$ erfüllt ist. Eine Induktion nach m zeigt dies für $k, m \geq 0$, woraus man es für alle $k, m \in \mathbb{Z}$ schliesst. Durch eine Induktion nach $n \in \mathbb{N}$ zeigt man $\eta(k) < \eta(k + n)$, so dass η injektiv ist, insbesondere also $\eta(m) \in K^{\times}$ für $m \in \mathbb{N}$. Ist $n \in \mathbb{N}$ so setzt man $\eta(k/n) = \eta(k)/\eta(n)$ und erhält schließlich eine Abbildung mit den verlangten Eigenschaften.

Zur Eindeutigkeit: Sei ϕ eine zweite solche Fortsetzung. Dann stimmen η und ϕ auf $\mathbb{N}_0$ überein. Wegen der Additivität stimmen sie auch auf $\mathbb{Z}$ und wegen der Multiplikativität auch auf $\mathbb{Q}$ überein. □

Lösung zu Aufgabe 2.3.2.

Sei $T > 0$ so dass $A \subset [-T, T]$. Die Länge dieses Intervalls ist $2T$, also kann es maximal $[2T/\varepsilon] + 1$ viele Punkte $a_1, \ldots, a_k$ in A geben die paarweise einen Abstand $\geq \varepsilon$ haben. Sei $E = \{a_1, \ldots, a_k\}$ eine maximale Menge mit dieser Eigenschaft. Dann hat jedes $a \in A$ zu E einen Abstand $< \varepsilon$ hat, denn wäre $|a - a_j| \geq \varepsilon$ für jedes a_j, dann wäre E nicht maximal, da die Elemente der Menge $\{a\} \cup E$ ebenfalls jeweils Abstand $\geq \varepsilon$ haben. Dann folgt, dass $A \subset U_\varepsilon(E)$ gilt. □

Lösung zu Aufgabe 2.4.1.

Zunächst zur Eindeutigkeit. Seien $\eta, \mu > 0$ Lösungen der Gleichung $x^2 = a$, dann folgt $(\mu - \eta)(\mu + \eta) = \mu^2 - \eta^2 = a - a = 0$. Aus der Nullteilerfreiheit des Körpers $\mathbb{R}$ folgt dann $\mu = \pm\eta$ und da η und μ beide > 0 sind, ist $\mu = \eta$.

Nun zur Existenz. Sei $S \subset \mathbb{R}$ die Menge aller $x \in \mathbb{R}$ mit $x^2 < a$. Dann ist $S \neq \emptyset$, da $0 \in S$. Ferner ist S nach oben beschränkt, denn ist $x > a + 1$, dann folgt $x^2 > (a + 1)^2 = a^2 + 2a + 1 > a$. Daher hat S ein Supremum $\eta \geq 0$. Es ist zu zeigen, dass $\eta^2 = a$ ist. **Angenommen**, $\eta^2 < a$, also $0 < a - \eta^2$. Sei dann $0 < \varepsilon < 1$ mit $\varepsilon < \frac{a - \eta^2}{2\eta + 1}$. Es folgt

$$(\eta + \varepsilon)^2 = \eta^2 + (2\eta + \varepsilon)\varepsilon < \eta^2 + (2\eta + 1)\varepsilon < \eta^2 + (2\eta + 1)\frac{a - \eta^2}{2\eta + 1} = a.$$

Damit liegt $\eta + \varepsilon$ in S im **Widerspruch** zu der Tatsache, dass η eine obere Schranke ist. Auf der anderen Seite sei **angenommen**, dass $\eta^2 > a$, also $\eta^2 - a > 0$. Sei dann $0 < \varepsilon < \frac{\eta^2 - a}{2\eta}$. Für jedes $x \in \mathbb{R}$ mit $\eta - \varepsilon < x < \eta$ gilt dann

$$x^2 > (\eta - \varepsilon)^2 = \eta^2 + -2\eta\varepsilon + \varepsilon^2 > \eta^2 - 2\eta\frac{\eta^2 - a}{2\eta} + \varepsilon^2 = a + \varepsilon^2 > a.$$

Das bedeutet also $x \notin S$, also folgt, dass $\eta - \varepsilon$ auch eine obere Schranke zu S ist, was im **Widerspruch** zu Tatsache steht, dass η das Supremum von S ist. Insgesamt folgt $\eta^2 = a$. $\square$

Skizze zu Aufgabe 2.4.6.

Die Abbildung hat beide Eigenschaften, wenn $|\alpha| > 1$ und keine der beiden, wenn $|\alpha| \leq 1$.

Da $|x| = x$ falls $x \geq 0$ und $|x| = -x$ falls $x < 0$, folgt $f(x) = \begin{cases} (\alpha + 1)x & x \geq 0, \\ (\alpha - 1)x & x < 0. \end{cases}$

$\alpha = 2 \quad \alpha = 0$

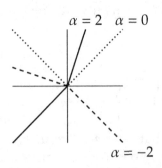

$\alpha = -2$

Hieraus erhält man die Behauptung durch eine Fallunterscheidung. $\square$

Kapitel 23

Lösungen zu Kapitel 3

Lösung zu Aufgabe 3.1.1.

(a) Sei (a_n) eine konvergente Folge in $\mathbb{R}$ mit Limes $a \in \mathbb{R}$. Dann ist auch die Folge (a_{n+1}) konvergent mit demselben Limes. Daher ist die Linearkombination $a_n - a_{n+1}$ konvergent mit Limes

$$\lim_n(a_n - a_{n+1}) = \lim_n a_n - \lim_n a_{n+1} = a - a = 0.$$

Daher ist also $(a_n - a_{n+1})$ eine Nullfolge.

(b) Die Umkehrung gilt nicht.
Hierzu sei $a_n = \sum_{j=1}^n \frac{1}{j}$. Dann ist $(a_n - a_{n+1}) = \left(-\frac{1}{n+1}\right)$ eine Nullfolge, aber (a_n) konvergiert nach Beispiel Ana-3.6.3 nicht. □

Lösung zu Aufgabe 3.1.2.

(a) ist richtig.
Sind (a_n) und $b_n)$ beide konvergent, dann nach Sätzen der Vorlesung auch $(a_n + b_n)$ und $(-b_n)$, sowie $(a_n - b_n)$.

Seien umgekehrt $c_n = a_n + b_n$ und $d_n = a_n - b_n$ konvergent, dann ist auch $a_n = \frac{1}{2}(c_n + d_n)$ konvergent und ebenso $b_n = \frac{1}{2}(c_n - d_n)$.

(b) is falsch.
Gegenbeispiel: Ist $a_n = 0$ für jedes n, dann konvergieren (a_n) und $(a_n b_n)$, ganz egal, welche Folge (b_n) ist. Man kann also für (b_n) irgendeine nicht-konvergente Folge wählen. □

© Der/die Autor(en), exklusiv lizenziert durch
Springer-Verlag GmbH, DE, ein Teil von Springer Nature 2021
A. Deitmar, *Übungsbuch zur Analysis*, https://doi.org/10.1007/978-3-662-62860-7_23

Lösung zu Aufgabe 3.1.3.

Nach der Definition des Supremums (Definition Ana-2.5.1) ist das Supremum die kleinste obere Schranke, es gilt also

(i) $s \leq a$ für jedes $s \in S$ und

(ii) ein gegebenes $r \in \mathbb{R}$ mit $r < a$ kann keine obere Schranke sein, also gibt es ein $s \in S$ mit $r < s \leq a$.

Insbesondere folgt, dass es zu jedem $n \in \mathbb{N}$ ein $s'_n \in S$ gibt, so dass

$$a - \frac{1}{n} < s'_n \leq a.$$

Für jedes $n \in \mathbb{N}$ setze $s_n := \max(s'_1, s'_2, \ldots, s'_n)$. Dann ist die Folge (s_n) monoton wachsend, es gilt $s_n \in S$ und $a - \frac{1}{n} < s'_n \leq s_n \leq a$, also $|s_n - a| < \frac{1}{n}$. Da $a - \frac{1}{n}$ gegen a geht, konvergiert die Folge (s_n) nach dem Einschließungskriterium Ana-3.1.7 gegen a. $\square$

Lösung zu Aufgabe 3.1.4.

(a) Da die Folge (b_n) beschränkt ist, gibt es ein $C > 0$, so dass $|b_n| \leq C$ für jedes $n \in \mathbb{N}$. Sei $\varepsilon > 0$. Dann gibt es ein n_0 so dass $|a_n| < \varepsilon/C$ für jedes $n \geq n_0$, also $|a_n b_n| \leq \frac{\varepsilon}{C} C = \varepsilon$ für jedes $n \geq n_0$. Das bedeutet, dass $a_n b_n$ eine Nullfolge ist.

(b) Beispiel: $a_n = \frac{1}{n}$ und $b_n = n^2$, dann ist (a_n) eine Nullfolge, aber $a_n b_n = n$ ist nicht einmal beschränkt. $\square$

Skizze zu Aufgabe 3.1.7.

Die Folge $b_n = \sup\{a_k : k \geq n\}$ ist beschränkt und monoton fallend, also konvergent und damit existiert der Limes superior. Der Fall des Limes inferior wird analog behandelt.

Falls die Folge konvergiert mit Limes $a \in \mathbb{R}$, so liegen alle Folgenglieder ab einem n_0 in $[a - \varepsilon, a + \varepsilon]$ für jedes gegebene $\varepsilon > 0$. Dann liegen auch $\limsup a_n$ und $\liminf a_n$ in diesem Intervall.

Für die Umkehrung beachte, dass aus der Gleichheit von $a := \limsup a_n = \liminf a_n$ folgt, dass fast alle Folgenglieder in $(a - \varepsilon, a + \varepsilon)$ liegen. $\square$

Lösung zu Aufgabe 3.1.8.

(a) Sei a ein Häufungspunkt. Dann gibt es ein $n_1 \in \mathbb{N}$ so dass $|a_{n_1} - a| < 1$. D es unendlich viele k gibt so dass $|a_k - a| < \frac{1}{2}$, gibt es ein $n_2 > n_1$ so dass $|a_{n_2} - a| < \frac{1}{2}$. Fortsetzung dieser Konstruktion liefert eine Folge von Indizes $n_1 < n_2 < n_2 < \ldots$ mit $|a_{n_k} - a| < \frac{1}{k}$. Daher konvergiert die Teilfolge $(a_{n_k})_{k \in \mathbb{N}}$ gegen a.

Sei Umgekehrt $(a_{n_k})_{k \in \mathbb{N}}$ eine Teilfolge mit Limes $a \in \mathbb{R}$. Ist dann $\varepsilon > 0$, so gibt es ein k_0 so dass für jedes $k \geq k_0$ gilt $|a_{n_k} - a| < \varepsilon$. Also gibt es unendlich viele Indizes n mit $|a_n - a| < \varepsilon$. Es folgt, dass a ein Häufungspunkt ist.

(b) Sei $x \in \mathbb{R}$. Da die rationalen Zahlen dicht liegen, gibt es $n_1 \in \mathbb{N}$ so dass $|r_{n_1} - x| < 1$. Da es, wieder wegen der Dichtheit, unendlich viele rationale Zahlen im Intervall $(x - 1/2, x + 1/2)$ gibt, die nicht gleich r_{n_1} sind, gibt es einen Index $n_2 > n_1$ so dass $|x - r_{n_2}| < \frac{1}{2}$. Fortsetzung dieser Konstruktion liefert eine Folge $n_1 < n_2 < n_3 < \ldots$ so dass $|x - r_{n_k}| < \frac{1}{k}$. Daher konvergiert die Folge $(r_{n_k})_k$ gegen x und nach Teil (a) ist x ein Häufungspunkt der Folge (r_n).

(c) Sei die Folge beschränkt und sei $a \in \mathbb{R}$ der Limes Superior der Folge (a_n). Sei $b_n = \sup\{a_k : k \geq n\}$, dann ist b_n monoton fallend und konvergent gegen a. Für jedes $n \in \mathbb{N}$ und jeden Häufungspunkt $h \in H$ gilt dann $b_n \geq h$, denn **wäre** $b_n < \alpha < h$ für ein α, dann gäbe es unendlich viele $k \geq n$ mit $a_k > \alpha$, **Widerspruch!** Lässt man $n \to \infty$ gehen, folgt $\limsup_n a_n \geq \sup H$. Da $\limsup_n a_n < \infty$, folgt aus der Definition, dass $\limsup_n a_n$ selbst ein Häufungspunkt ist, also folgt auch "$\leq$".

(d) Sei $(h_k)_{k \in \mathbb{N}}$ eine Folge von Häufungspunkten, die gegen ein $y \in \mathbb{R}$ konvergiert. Wir müssen zeigen, dass y ebenfalls ein Häufungspunkt ist.

Induktiv konstruieren wir eine Teilfolge (a_{n_k}) von (a_n), die gegen y konvergiert, genauer, die $|a_{n_k} - y| < \frac{1}{k}$ erfüllt. Nach Teil (a) folgt dann, dass y ein Häufungspunkt ist. Da $h_k \to y$, existiert ein $k_1 \in \mathbb{N}$ so dass $|h_{k_1} - y| < \frac{1}{2}$. Da h_{k_1} ein Häufungspunkt ist, existiert ein $n_1 \in \mathbb{N}$ so dass $|a_{n_1} - k_{k_1}| < \frac{1}{2}$. Es folgt $|a_{n_1} - y| \leq |a_{n_1} - k_{k_1}| + |h_{k_1} - y| < 1$. Seien nun $n_1 < n_2 < \cdots < n_k$ in $\mathbb{N}$ bereits konstruiert, so dass $|a_{n_j} - y| < \frac{1}{j}$ für jedes $1 \leq j \leq k$ gilt. Da $h_k \to y$ konvergiert, gibt es ein $v \in \mathbb{N}$ so dass $|h_v - y| < \frac{1}{2(k+1)}$ gilt. Da h_v ein Häufungspunkt ist, gibt es $n_{k+1} \in \mathbb{N}$ mit $n_{k+1} > n_k$ und $|a_{n_{k+1}} - h_v| < \frac{1}{2(k+1)}$. Es folgt $|a_{n_{k+1}} - y| \leq |a_{n_{k+1}} - h_v| + |h_v - y| < \frac{1}{k+1}$. Dies schließt den Induktionsschritt der induktiven Konstruktion ab. $\qquad \square$

Skizze zu Aufgabe 3.1.9.

(a) Man nehme in der Ungleichung $\limsup b_n \leq b_k$ den Limes Inferior in $k \in \mathbb{N}$ und folgere, dass $\liminf$ und $\limsup$ übereinstimmen. Danach benutze man Aufgabe 3.1.7.

(b) Sei $a_n \geq 0$ eine subadditive Folge. Man wende das Kriterium aus Teil (a) auf die Folge $b_n = \frac{a_n}{n}$ an. Hierzu folgere man aus der Subadditivität, dass $a_{qk} \leq q a_k$ für alle $k, q \in \mathbb{N}$ gilt. Wähle dann $k \in \mathbb{N}$ fest und schreibe $n = q_n k + r_n$ gemäß der Division mit Rest aus Aufgabe Aufgabe 1.4.13. Benutze dann, dass die Folge (r_n) beschränkt ist.   □

Lösung zu Aufgabe 3.1.10.

Die Folge $a_n = \frac{n+1}{n^2+1}$ geht gegen Null.
Wir rechnen

$$a_n = \underbrace{\frac{1 + \frac{1}{n}}{1 + \frac{1}{n^2}}}_{\to 1} \underbrace{\frac{1}{n}}_{\to 0} \quad \to \quad 0.$$

Die Folge $\frac{n^2+4}{(n+1)^2}$ geht gegen 1.
Wir schreiben

$$a_n = \frac{n^2 + 4}{(n + 1)^2} = \frac{1 + \frac{4}{n^2}}{(1 + \frac{1}{n})^2}.$$

Nenner und Zähler gehen jeweils gegen 1, also konvergiert der Gesamtbruch gegen 1.

Die Folge $\frac{1}{\sqrt{n}}$ geht gegen Null.
Sei $\varepsilon > 0$. dann existiert ein n_0 so dass für jedes $n \geq n_0$ gilt $0 \leq \frac{1}{n} < \varepsilon^2$. Da die Wurzelfunktion auf positiven Zahlen monoton fallend ist, folgt $0 \leq \frac{1}{\sqrt{n}} < \varepsilon$ für jedes $n \geq n_0$. Damit folgt die Behauptung.

Die Folge $a_n = \sqrt{n + 1} - \sqrt{n}$ geht gegen Null.
Wir multiplizieren sie mit der Folge $b_n = \sqrt{n + 1} + \sqrt{n}$, die gegen $+\infty$ geht und erhalten:

$$a_n b_n = (n + 1 - n) = 1.$$

Daher ist $a_n = 1/b_n$ und geht damit gegen Null.

Die Folge $a_n(-1)^n \frac{3n+1}{n+4}$ konvergiert nicht.

Die Folge $b_n = \frac{2n+1}{n+4} = \frac{3 + \frac{1}{n}}{1 + \frac{4}{n}}$ konvergiert gegen 3 und jedes Folgenglied ist

$\neq 0$. Würde die Folge a_n konvergieren, dann auch die Folge $\frac{a_n}{b_n} = (-1)^n$, was nicht der Fall ist.

Die Folge $a_n = \frac{n^n}{n!}$ geht gegen $+\infty$.
Es gilt $a_n = \frac{n^n}{n!} = n\frac{n^{n-1}}{n!} \geq n\frac{n^{n-1}}{n^{n-1}} = n$. □

Lösung zu Aufgabe 3.1.11. Sei $\varepsilon > 0$ und sei $n_0 \in \mathbb{N}$ so dass für jedes $n \geq n_0$ gilt $|a_n| < \varepsilon/2$. Dann gilt für $n \geq N$

$$|b_n| \leq \underbrace{\frac{1}{n^2}\sum_{k=1}^{N} k|a_k|}_{=c_n} + \frac{1}{n^2}\sum_{N+1}^{n} k|a_k|$$

Da die erste Summe nicht von n abhängt, geht die Folge (c_n) gegen Null für $n \to \infty$. Es gibt also ein $n_1 \geq n_0$ so dass für jedes $n \geq n_1$ gilt $|c_n| < \varepsilon/2$.

Für die zweite Summe gilt

$$\frac{1}{n^2}\sum_{N+1}^{n} k|a_k| < \frac{\varepsilon}{2}\frac{1}{n^2}\sum_{k=1}^{n} k = \varepsilon\frac{n(n+1)}{4n^2} = \frac{\varepsilon}{4}(1 + \frac{1}{n}) \leq \frac{\varepsilon}{2}.$$

Zusammen haben wir gezeigt, dass es zu gegebenem $\varepsilon > 0$ ein $n_1 \in \mathbb{N}$ gibt, so dass für jedes $n \geq n_1$ gilt $|b_n| < \varepsilon$. Also ist (b_n) eine Nullfolge. □

Skizze zu Aufgabe 3.1.13.

Die Folge konvergiert monoton wachsend gegen $\alpha = \frac{1+\sqrt{5}}{2}$.

Man zeigt durch eine Induktion, dass $a_n \leq a_{n+1} \leq \alpha$ gilt. Damit hat sie einen Limes β. Man stellt weiter fest, dass $\beta^2 = \beta + 1$ gilt und da diese Gleichung nur eine positive Lösung hat, folgert man $\beta = \alpha$. □

Skizze zu Aufgabe 3.1.15.

(a) Man nimmt an, dass dies nicht der Fall ist. Dann gibt es ein $\varepsilon > 0$ so dass die Menge

$$M = \{n \in \mathbb{N} : na_n \geq \varepsilon\}$$

unendlich ist. Wir finden daher eine Folge $(n_k)_{k\in\mathbb{N}}$ so dass $a_{n_k} \geq \frac{\varepsilon}{n_k}$ für jedes $k \in \mathbb{N}$ und $n_k \geq 2n_{k-1}$ für $k \geq 2$. Ist dann $n_{k-1} < n \leq n_k$, dann folgt wegen der Monotonie von $(a_n)_n$, dass $a_n \geq a_{n_k} \geq \frac{\varepsilon}{n_k}$. Man verkleinert entsprechend $\sum_{n=1}^{\infty} a_n$ und erhält $\sum_{k=2}^{\infty}\left(1 - \frac{n_{k-1}}{n_k}\right) < \infty$, was im Widerspruch zu $n_k \geq 2n_{k-1}$ steht.

(b) Zunächst wird gezeigt, dass die Behauptung folgt, wenn sie auf zwei Teilen von $\mathbb{N}$ separat gilt. Genauer zeigt man

(*) Seien $v_1 < v_2 < \ldots$ und $\mu_1 < \mu_2 < \ldots$ Folgen natürlicher Zahlen so dass $\mathbb{N}$ die disjunkte Vereinigung von $\{v_1, v_2, \ldots\}$ und $\{\mu_1, \mu_2, \ldots\}$ ist. Gehen die Folgen

$$(\varepsilon_{v_1} + \cdots + \varepsilon_{v_k})a_{v_k} \quad \text{und} \quad (\varepsilon_{\mu_1} + \cdots + \varepsilon_{\mu_k})a_{\mu_k}$$

beide für $k \to \infty$ gegen Null, dann geht auch $(\varepsilon_1 + \cdots + \varepsilon_k)a_k$ gegen Null.

Schreibe $E_n = \varepsilon_1 + \cdots + \varepsilon_n$. Indem man $\mathbb{N}$ zerlegt in die Mengen $P = \{n \in \mathbb{N} : E_n \geq O\}$ und $N = \mathbb{N} \setminus P$, reduziert man den Beweis auf den Fall $E_n \geq 0$ für alle $n \in \mathbb{N}$.

Sei dann $I \subset \mathbb{N}$ die Menge aller $i \in \mathbb{N}$ für die gilt

$$\varepsilon_i = 1 \quad \text{und} \quad \forall_{j>i} \quad E_j > E_i.$$

Das Komplement $J = \mathbb{N} \setminus I$ ist unterteilt in $J^{\pm} = \{j \in J : \varepsilon_j = \pm 1\}$. Für $j \in J^+$ sei $f(j) > j$ die kleinste natürliche Zahl mit $E_{f(j)} = E_j$.

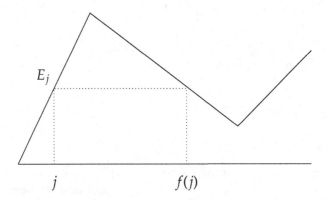

Es gilt nun

$$\sum_{\substack{i \in I \\ i \leq n}} a_i \leq \sum_{\substack{i \in I \\ i \leq n}} a_i + \sum_{\substack{j \in J^+ \\ f(j) \leq n}} \left(a_j - a_{f(j)}\right) + \sum_{\substack{j \in J^+ \\ j \leq n \\ f(j) > n}} a_j = \sum_{i=1}^{n} a_i \varepsilon_i.$$

Da die rechte Summe für $n \to \infty$ konvergiert, gilt $\sum_{i \in I} a_i < \infty$, also folgt die Behauptung für die Teilmenge $I \subset \mathbb{N}$ nach Teil (a).

Um den Beweis abzuschliessen, reicht es daher, die Behauptung unter der weiteren Annahme zu beweisen, dass E_n der Wert 0 unendlich oft annimmt.

Seien dann $n_1 < n_2 < \ldots$ die natürlichen Zahlen mit $E_{n_k} = 0$. Zu gegebenem $\delta > 0$ gibt es ein $N \in \mathbb{N}$ so dass für alle $N \le m \le n$ gilt

$$\left| \sum_{j=m}^{n} a_j \varepsilon_j \right| < \delta.$$

Sei nun k_0 so groß, dass $n_{k_0} \ge N$ ist. Dann gibt es für jedes $n \ge n_{k_0}$ ein $k \ge k_0$ so dass $N \le n_k < n \le n_{k+1}$. Es gilt

$$|\varepsilon_1 + \cdots + \varepsilon_n| a_n = |\varepsilon_{n_k+1} + \cdots + \varepsilon_n| a_n = \left(\sum_{\substack{j \in J^+ \\ n_k < j \le n < f(j)}} 1 \right) a_n$$

$$\le \sum_{\substack{j \in J^+ \\ n_k < j \le n < f(j)}} a_j + \sum_{\substack{j \in J^+ \\ n_k < j \le f(j) \le n}} a_j - a_{f(j)} = \left| \sum_{j=n_k+1}^{n} a_j \varepsilon_j \right| < \delta.$$

Da dies für jedes $n \ge n_{k_0}$ gilt, folgt die Behauptung. $\square$

Skizze zu Aufgabe 3.1.17.

Sei $(a_n)_{n \in \mathbb{N}}$ eine Folge reeller Zahlen. Man nimmt an, dass es keine monoton wachsende Teilfolge gibt und folgert dann daraus, dass für jede nichtleere Teilmenge $M \subset \mathbb{N}$ das Supremum $S(M) = \sup \{a_m : m \in M\}$ angenommen wird, d.h., ein Maximum ist. Man setzt dann $n_1 = s(\mathbb{N})$ und $n_{k+1} = S(\{n_k + 1, n_k + 2, \ldots\})$. Dann ist die Folge $(a_{n_k})_{k \in \mathbb{N}}$ monoton fallend. $\square$

Lösung zu Aufgabe 3.2.1.

Nach der Bedingung gibt es ein $0 < \theta < 1$ und ein n_0, so dass $\sqrt[n]{|a_n|} < \theta$ für alle $n \ge n_0$. Daraus folgt $|a_n| < \theta^n$ für $n \ge n_0$ und daher

$$\sum_{n=1}^{\infty} |a_n| < \sum_{n=1}^{n_0-1} |a_n| + \sum_{n=n_0}^{\infty} \theta^n < \infty,$$

da die geometrische Reihe $\sum_{n=0}^{\infty} \theta^n$ konvergiert. $\square$

Skizze zu Aufgabe 3.2.3.

Die Reihe $\sum_{n=1}^{\infty} \frac{n!}{n^n}$ konvergiert.

Da die Summanden positiv sind, reicht es zu zeigen, dass die Reihe $< \infty$ ist. Zähler und Nenner haben gleich viele Faktoren, die aber unterschiedlich groß sind.

Die Reihe $\sum_{n=1}^{\infty} \frac{n+4}{n^2+3n+1}$ konvergiert nicht. Man kann den Bruch schreiben als $\frac{1}{n}$ mal einem konvergenten Ausdruck. $\qquad\square$

Skizze zu Aufgabe 3.2.5.

Man schätzt die Summanden von $k = 2^{j-1}$ und $k = 2^j - 1$ gegen $\frac{1}{2^{j-1}}$ ab. Das sind dann $2^j - 2^{j-1} = 2^{j-1}$ Summanden $\qquad\square$

Kapitel 24

Lösungen zu Kapitel 4

Lösung zu Aufgabe 4.1.1.

Sei $x \in \mathbb{R}$. Nach Satz Ana-2.5.11 liegt in jedem nichtleeren offenen Intervall eine rationale Zahl. Also gibt es zu jedem $n \in \mathbb{N}$ eine rationale Zahl r_n in dem Intervall $(x, x + 1/n)$. Insbesondere ist dann $|r_n - x| < 1/n$, also konvergiert die Folge $(r_n)_{n \in \mathbb{N}}$ gegen x. Da f und g stetig sind und auf jedem r_n übereinstimmen, gilt

$$f(x) = \lim_n f(r_n) = \lim_n g(r_n) = g(x).$$

Da x beliebig war, sind die Funktionen f und g gleich. □

Lösung zu Aufgabe 4.1.2.

Sei $f : (a, b) \to \mathbb{R}$, $f(x) = \frac{1}{a-x} + \frac{1}{b-x}$. Wir zeigen zunächst, dass f streng monoton wachsend ist. Hierzu seien $a < x < y < b$. Dann gilt $0 < x - a < y - a$ und damit

$$\frac{1}{x - a} > \frac{1}{y - a} \quad \text{also} \quad \frac{1}{a - x} < \frac{1}{a - y},$$

und dasselbe mit b statt a. Durch Addition erhalten wir für $a < x < y < b$, dass $f(x) < f(y)$, also ist f streng monoton wachsend. Für $x \searrow a$ geht $\frac{1}{b-x}$ gegen $\frac{1}{b-a}$ und $\frac{1}{a-x}$ gegen $-\infty$, also geht $f(x)$ gegen $-\infty$. Ebenso geht $f(x)$ gegen $+\infty$ für $x \nearrow b$. Nach dem Zwischenwertsatz nimmt f jeden Wert in $\mathbb{R}$ an, ist also eine Bijektion $(a, b) \to \mathbb{R}$. Die Umkehrfunktion ist automatisch monoton wachsend, also sind beide stetig und daher ist das offene Intervall (a, b) homöomorph zu $\mathbb{R}$.

© Der/die Autor(en), exklusiv lizenziert durch
Springer-Verlag GmbH, DE, ein Teil von Springer Nature 2021
A. Deitmar, *Übungsbuch zur Analysis*, https://doi.org/10.1007/978-3-662-62860-7_24

Nach dem Satz von Bolzano-Weierstraß, Ana-3.3.4, hat jede Folge in $[a, b]$ eine in $\mathbb{R}$ konvergente Teilfolge. Da $[a, b]$ abgeschlossen ist, liegt der Limes jeweils schon in $[a, b]$. Wäre $[a, b]$ homöomorph zu (a, b), so hätte auch jede Folge in (a, b) eine in (a, b) konvergente Teilfolge. Die Folge $x_n = b + \frac{b-a}{n+1}$ konvergiert in $\mathbb{R}$ gegen a, konvergiert daher nicht in (a, b). $\square$

Skizze zu Aufgabe 4.1.4.

Ja, die gibt es. Ein Beispiel ist gegeben durch $f : \mathbb{R} \to \mathbb{R}$ mit $f(x) = 0$, falls $x \in \mathbb{R} \setminus \mathbb{Q}$ und $f\left(\frac{p}{q}\right) = \frac{1}{q}$. Die Unstetigkeit in den rationalen Zahlen ist einfach einzusehen. Für die Stetigkeit an den irrationalen Zahlen betrachte die Menge $\frac{1}{N}\mathbb{Z}$ für $N \in \mathbb{N}$. und betrachte den Abstand zu einer gegebenen irrationalen Zahl. $\square$

Skizze zu Aufgabe 4.1.5.

Diese Funktion ist stetig. Ausserhalb von $x = 0$ ist das schnell klar. Für gegebenes $\varepsilon > 0$ ist die Abschätzung $|f(x)| > \varepsilon$ äquivalent zu

$$1 - \varepsilon|x| < \sqrt{x^2 + 1} < 1 + \varepsilon|x|.$$

Wählt man x und ε klein, so ist diese Abschätzung äquivalent zu der Abschätzung, in der alle Terme quadriert werden. Aus dieser lässt sich dann die Gültigkeit des $\varepsilon - \delta$-Kriteriums für die Funktion im Punkt $x = 0$ herleiten. $\square$

Lösung zu Aufgabe 4.1.7.

Die Funktion f ist genau dann stetig in x_0, wenn $x_0 \neq \pm\frac{1}{n}$ für jedes $n \in \mathbb{N}$ gilt.
Ist $x_0 \neq 0$ von der verlangten Form, dann ist $x \mapsto 1/x$ stetig in x_0 und $[.]$ ist konstant in einer Umgebung von $1/x_0$, so dass insgesamt f in x_0 stetig ist. Ist umgekehrt x_0 von der Form $1/n$ für ein $n \in \mathbb{Z} \setminus \{0\}$, dann ist $x \mapsto [1/x]$ unstetig in x_0 und da $x_0 \neq 0$ folgt, dass f unstetig in x_0 ist. Für den Punkt $x_0 = 0$ schließlich sei $\frac{1}{n+1} < x \leq \frac{1}{n}$, dann folgt $f(x) = nx$ und $\frac{n}{n+1} < f(x) \leq 1$. Da dies für $n \to \infty$ gegen 1 konvergiert, folgt $\lim_{x \searrow 0} f(x) = 1$. der Limes von unten geht ebenso. $\square$

Lösung zu Aufgabe 4.1.8.

Seien $x_0 \in \mathbb{R}$ und $\varepsilon > 0$. Dann existieren $\delta_f, \delta_g > 0$, so dass für jedes $x \in \mathbb{R}$ gilt

$$|x - x_0| < \delta_f \Rightarrow |f(x) - f(x_0)| < \varepsilon,$$
$$|x - x_0| < \delta_g \Rightarrow |g(x) - g(x_0)| < \varepsilon.$$

Indem man gegebenenfalls f und g vertauscht, kann man $m(x_0) = f(x_0)$ annehmen. Sei $\delta = \min(\delta_f, \delta_g)$ und sei $x \in \mathbb{R}$ mit $|x - x_0| < \delta$ gegeben.

1. Fall: $m(x) = f(x)$.
Dann folgt $|m(x) - m(x_0)| = |f(x) - f(x_0)| < \varepsilon$.

2. Fall: $m(x) = g(x)$.
Dann folgt $g(x) \geq f(x)$ und $g(x_0) \leq f(x_0)$. Da aber auch $|f(x) - f(x_0)| < \varepsilon$ und ebenso für g, ist zusammengenommen,

$$f(x_0) - \varepsilon < f(x) \leq g(x) < g(x_0) + \varepsilon \leq f(x_0) + \varepsilon.$$

Zieht man $f(x_0)$ ab, so erhält man $-\varepsilon < g(x) - f(x_0) < \varepsilon$, also

$$|m(x) - m(x_0)| = |g(x) - f(x_0)| < \varepsilon.$$

Daher ist $m(x)$ im Punkt x_0 stetig. □

Lösung zu Aufgabe 4.1.9.

Da a kein Schattenpunkt ist, gilt $f(a) \geq f(b)$. Die stetige Funktion f nimmt auf dem kompakten Intervall $[a, b]$ ihr Maximum M an (Satz Ana-4.3.8). Wir nennen jeden Punkt $x \in [a, b]$ mit $f(x) = M$ einen *Maximalpunkt*. Wir zeigen, dass b ein Maximalpunkt ist und dass es keinen Maximalpunkt in (a, b) gibt.

Angenommen, es gibt einen Maximalpunkt $x_0 \in (a, b)$ Da x_0 ein Schattenpunkt ist, gibt es ein $y > x_0$ mit $f(y) > f(x_0)$. Dann muss $y > b$ sein, da $f(x_0) = M$ ist. Da b kein Schattenpunkt ist, folgt

$$f(x_0) = M \geq f(b) \geq f(y) > f(x_0),$$

also ein **Widerspruch!** Wegen $f(b) \geq f(a)$ folgt also $f(b) = M$. Insbesondere folgt auch $f(x) < f(b)$ für jedes $x \in (a, b)$, denn sonst wäre x ein Maximalpunkt. Da f stetig ist, folgt auch $f(a) = \lim_{x \searrow a} f(x) \leq f(b)$ und daher $f(a) = f(b)$. □

Lösung zu Aufgabe 4.1.10.

(a) Die Funktion f ist in jedem Punkt stetig. Im Intervall $(-\infty, 0)$ stimmt sie mit der Funktion $x \mapsto -x$ überein, welche nach Vorlesung stetig ist. Im Intervall $(0, \infty)$ ist sie gleich $x \mapsto x$, also auch stetig. Im Punkt $x_0 = 0$ folgt die Stetigkeit zum Beispiel nach dem $\varepsilon - \delta$ Kriterium, denn für gegebenes $\varepsilon > 0$ setze $\delta = \varepsilon$, dann folgt

$$|x - x_0| = |x| < \delta = \varepsilon \quad \Rightarrow \quad |f(x) - f(x_0)| = |x| < \varepsilon.$$

Die Funktion g ist in jedem Punkt stetig, außer im Punkt $x_0 = 0$. Außerhalb des Punktes $x_0 = 0$ ist sie Komposition der stetigen Funktionen $x \mapsto \frac{1}{x}$ und $\sin(x)$ und damit stetig. Im Punkt $x_0 = 0$ ist sie nicht stetig, denn für die beiden Nullfolgen $x_n = \frac{1}{\pi n}$ und $y_n = \frac{1}{\pi n + \frac{\pi}{2}}$ gilt

$$\lim_n g(x_n) = \lim_n \underbrace{\sin(\pi n)}_{=0} = 0 \quad \text{aber} \quad \lim_n g(y_n) = \lim_n \underbrace{\sin(\pi n + \frac{\pi}{2})}_{=1} = 1$$

Damit ist g im Punkt $x_0 = 0$ unstetig.

(b) Die Funktion ist genau dann stetig, wenn $\alpha = 3$ und $\beta = 4e^{-2}$.

In den Intervallen $(-\infty, 1), (1, 2)$ und $(2, \infty)$ ist f stetig. Der Limes $\lim_{x \nearrow 1} f(x)$ ist 1, wohingegen $\lim_{x \searrow 1} f(x) = \alpha - 2$ ist. Damit f in $x_0 = 1$ stetig wird, muss also $\alpha = 3$ gewählt werden. Ist $\alpha = 3$ gewählt, dann folgt $\lim_{x \nearrow 2} f(x) = 4$. Da $\lim_{x \searrow 2} f(x) = \beta e^2$, ist f genau dann stetig, wenn β als $\beta = 4e^{-2}$ gewählt wird.   □

Skizze zu Aufgabe 4.1.11.

Für Teil (a) orientiert man sich an dem Beweis von Satz Ana-4.3.9, dem $\varepsilon - \delta$-Kriterium für Stetigkeit.

(b) Man definiert den **Defekt** im Punkt $x \in \mathbb{R}$ als

$$d(x) = \limsup_{y \searrow x} \{|f(x) - f(y)| : |x - y| < \delta\}.$$

Man setzt dann $A_n = \{x \in \mathbb{R} : d(x) > \frac{1}{n}\}$. Dann stellt man fest, dass A_n die Bedingung aus Aufgabe 3.1.6 erfüllt.   □

Lösung zu Aufgabe 4.2.1.

(a) Indem man gegebenenfalls $f(x)$ durch $f(-x)$ ersetzt, kann man annehmen, dass f monoton wachsend ist. Sei $x \in \mathbb{R}$ und sei $\varepsilon > 0$. Da das Bild von f dicht ist, gibt es $x_1, x_2 \in \mathbb{R}$ mit $f(x_1) \in \big(f(x) - \varepsilon, f(x)\big)$ und $f(x_2) \in \big(f(x), f(x) + \varepsilon\big)$, also

$$f(x) - \varepsilon < f(x_1) < f(x) < f(x_2) < f(x) + \varepsilon.$$

Da f monoton wachsend ist, folgt $x_1 < x < x_2$.

Sei $\delta = \min(|x - x_1|, |x - x_2|)$. Ist $|x - y| < \delta$, so folgt $x_1 < y < x_2$ und daher

$$f(x) - \varepsilon < f(x_1) < f(y) < f(x_2) < f(x) + \varepsilon,$$

d.h., $|f(x) - f(y)| < \varepsilon$. Also ist f stetig nach dem ε-δ-Kriterium.

Ist nun $y \in \mathbb{R}$, so gibt es, da das Bild von f dicht ist, $t_1 < t_2 \in \mathbb{R}$ mit $f(t_1) < y < f(t_2)$. Nach dem Zwischenwertsatz gibt es ein $t \in \mathbb{R}$ mit $f(t) = y$. Daher ist f surjektiv.

(b) **Angenommen,** es gibt ein solches f. Die Menge $\mathbb{R} \setminus \mathbb{Q}$ ist nach Aufgabe 3.1.5 dicht in $\mathbb{R}$. Daher hat f dichtes Bild. Nach Teil (a) ist f surjektiv, also $f(\mathbb{R}) = \mathbb{R}$, **Widerspruch!**

(c) Wir definieren eine solche Funktion f wie folgt. Ist $x < \inf(A)$, so setzen wir $f(x) = \inf(A)$, andernfalls sei $f(x) = \sup \{a \in A : a \le x\}$. Beachte, dass hier das Supremum über eine nach oben beschränkte, nichtleere Menge genommen wird. Beachte ferner, dass $x < \inf(A)$ nur auftreten kann, wenn A nach unten beschränkt ist. Dann gilt

(i) $f(\mathbb{R}) = A$, denn für $a \in A$ gilt $f(a) = a$ und für jedes $x \in \mathbb{R}$ ist $f(x)$ entweder das Supremum einer nach oben beschränkten Teilmenge von A oder das Infimum einer nach unten beschränkten Teilmenge von A, liegt also nach Aufgabe 3.1.3 in jedem Fall in der abgeschlossenen Menge A.

(ii) f ist monoton wachsend. Denn: sei $x < y$ und $a_0 = \inf(A)$. Ist $a_0 \le x$, dann ist $f(y)$ das Supremum über eine größere Menge als im Fall $f(x)$, also folgt $f(y) \ge f(x)$. Ist $x < a_0$, dann ist $f(x) = \inf(A)$ und diese Zahl ist $\le a$ für jedes $a \in A$, also insbesondere $f(x) \le f(y)$. $\qquad\square$

Skizze zu Aufgabe 4.2.2.

Sei $x_0 \in [a, b]$. Durch wiederholte Anwendung der Monotonie von F sieht man dann, dass die Iterationsfolge (x_n) monoton wachsend ist. Im Fall $f(x_0) \le x_0$ ist sie monoton fallend. Da die Folge monoton und beschränkt ist, ist sie konvergent. $\qquad\square$

Skizze zu Aufgabe 4.2.3.

Setze $g(x) = x - f(x)$. Dann ist $g(a) \leq 0 \leq g(b)$. Schließe, dass g eine Nullstelle hat. $\qquad\square$

Lösung zu Aufgabe 4.2.4.

Sei I ein Intervall und sei $f : I \to \mathbb{R}$ eine monotone Funktion. Indem man gegebenenfalls f durch $-f$ ersetzt, kann man annehmen, dass f monoton wachsend ist. Da es maximal zwei Randpunkte des Intervalls gibt, reicht es, anzunehmen, dass das Intervall I offen ist. Für jeden Punkt $x \in I$ seien dann $f_-(x) = \lim_{y \nearrow x} f(y)$ und $f_+(x) = \lim_{y \searrow x} f(y)$. Es gilt stets $f_-(x) \leq f_+(x)$ und die Funktion f ist genau dann unstetig in x, wenn diese beiden Werte verschieden sind. Sei U die Menge der Unstetigkeitsstellen. Für jedes $x \in U$ gibt es eine rationale Zahl $r(x)$ in dem offenen Intervall $(f_-(x), f_+(x))$. Die Abbildung $r : U \to \mathbb{Q}$ ist streng monoton wachsend, also injektiv und daher ist A abzählbar. $\qquad\square$

Skizze zu Aufgabe 4.3.1.

Wegen $f(x) = f(x/2)^2$ ist f positiv. Man setzt $a = f(1)$ und sieht induktiv, dass $f(k) = a^k$ für $k \in \mathbb{Z}$. Dieselbe Aussage für rationale Zahlen folgt aus der Eindeutigkeit der Wurzel. Die Stetigkeit von f liefert den Rest mit Aufgabe 4.1.1. $\qquad\square$

Lösung zu Aufgabe 4.3.4.

(a) Im Allgemeinen nicht. Als Beispiel sei f konstant gleich 1 und $g(1) = 0$ sowie $g(n) = 1$ für jedes $n \geq 2$. Dann gilt $f(n) \leq g(n)$ für jedes $n \geq 2$, aber $f(1)$ ist nicht $\leq Cg(1)$, egal, welchen Wert $C > 0$ annimmt.

Allerdings lässt sich die Aussage reparieren: Gilt stets $g(n) > 0$ für jedes $n \in \mathbb{N}$, dann sind die beiden Aussagen äquivalent.

(b) Es gilt $g \ll f$, aber nicht umgekehrt. Für jedes $x > 0$ gilt $\log(x) < x$. Um dies einzusehen, betrachte die stetig differenzierbare Funktion $h(x) = x - \log x$. Für $x \to 0$ und $x \to \infty$ geht sie gegen $+\infty$. Ihre Ableitung ist $h'(x) = 1 - \frac{1}{x}$. Die einzige Nullstelle von $h'(x)$ ist $x = 1$, also liegt hier das Minimum von $h(x)$. Es gilt also $h(x) \geq h(1) = 1$. Damit folgt für $n \in \mathbb{N}$

$$g(n) = e^{n \log n} \leq e^{n^2} = f(n).$$

Zur zweiten Aussage. Es ist zu zeigen, dass $f(n)/g(n)$ unbeschränkt ist. Es gilt $f(n)/g(n) = e^{n^2 - n \log n} = e^{n(n - \log n)}$. Da die Funktion $n - \log n$ für

$n \to \infty$ gegen $+\infty$ geht, geht auch $f(n)/g(n)$ gegen $+\infty$ und damit folgt die Behauptung. $\qquad\square$

Skizze zu Aufgabe 4.4.1.

Durch Quadrieren zeigt man $\sqrt{ab} \leq \frac{a+b}{2}$ für $a, b \geq 0$. Daraus schliesst man $g_{n+1} \leq a_{n+1}$ und dann $a_n g_n \geq g_n^2$ und zieht dann die Wurzel um die Monotonie von (g_n) zu erhalten. Analog geht man für (a_n) vor. Die beiden Folgen sind dann monoton und beschränkt, also konvergent. Sein a und g die Limiten indem man die induktive Definition der Folgen benutzt, sieht man $g = \sqrt{ag}$. $\qquad\square$

Lösung zu Aufgabe 4.4.2.

Ja, die gibt es. Nach Lemma Ana-4.4.5 wächst die Exponentialfunktion schneller als jede Potenz und insbesondere konvergiert die Folge $\frac{1}{n} \log(n) = \frac{\log(n)}{e^{\log(n)}}$ gegen Null. Daher geht die Folge $n^{\frac{1}{n}} = e^{\frac{1}{n} \log(n)}$ gegen 1.

Sei $(r_n)_{n \in \mathbb{N}}$ irgendeine Abzählung von $\mathbb{Q}_{>0} = \{r \in \mathbb{Q} : r > 0\}$. Die Folge (a_n) wird induktiv konstruiert. Zunächst sei $a_1 = 1$. Dann sei $n \geq 2$ und seien $a_1, \ldots, a_{n-1}$ bereits konstruiert. Sei dann $m \in \mathbb{N}$ die kleinste natürliche Zahl so dass

$$r_m \notin \{a_1, a_2, \ldots, a_{n-1}\}$$

und

$$\frac{1}{n} < r_m < n.$$

Setze dann $a_n = r_m$. Dann gilt also insbesondere

$$\frac{1}{n} < a_n < n$$

und daher

$$\frac{1}{n^{\frac{1}{n}}} < a_n^{\frac{1}{n}} < n^{\frac{1}{n}}.$$

Die Folgen rechts und links konvergieren beide gegen 1, daher auch $\left(a_n^{\frac{1}{n}}\right)$. Da die a_n alle r_m aufzählen, folgt die Behauptung. $\qquad\square$

Lösung zu Aufgabe 4.4.3.

Sei $x_1 > 0$ beliebig und sei $x_{n+1} = x_n^{x_n}$. Die Folge (x_n) ist monoton wachsend. Ist $x_1 \leq 1$, so konvergiert sie gegen 1. Ist $x_1 > 1$, so geht sie gegen $+\infty$.

Beweis. Zunächst sei $x_1 = 1$. Dann folgt induktiv, dass $x_n = 1$ für alle $n \in \mathbb{N}$. Also ist die Folge in diesem Fall monoton wachsend und konvergiert gegen 1.

Für die anderen Fälle betrachte $f : (0, \infty) \to (0, \infty)$ gegeben durch

$$f(x) = x^x = e^{x \log(x)}.$$

Für $0 < x < 1$ ist $\log(x) < 0$ und daher $x \log(x) > \log(x)$. Für $x > 1$ ist $\log(x) > 0$ und daher ebenfalls $x \log(x) > \log(x)$. Anwendung der streng monoton wachsenden Exponentialfunktion liefert für $x \neq 1$, dass

$$f(x) = e^{x \log(x)} > e^{\log(x)} = x.$$

Das bedeutet insbesondere, dass stets $x_{n+1} > x_n$ und die Folge damit streng monoton wachsend ist.

1. Fall. $0 < x_1 < 1$.
Ist $0 < x < 1$, dann ist $x \log(x) < 0$ und damit $f(x) = e^{x \log(x)} < 1$. Induktiv folgt daraus, dass $x_n < 1$ für jedes $n \in \mathbb{N}$, die Folge ist also monoton wachsend und beschränkt, also konvergent. Sei $a > 0$ der Grenzwert. Da f stetig ist, gilt

$$f(a) = \lim_n f(x_n) = \lim_n x_{n+1} = a.$$

Daher ist $a = e^{a \log(a)}$, also $\log(a) = a \log(a)$, woraus $a = 1$ folgt.

2. Fall. $x > 1$.
Die Folge ist auch in diesem Fall monoton wachsend. Wäre sie konvergent, so wäre der Limes ein Fixpunkt von f, wie im ersten Fall gezeigt. Da f aber nur einen Fixpunkt $a = 1$ hat, geht die Folge gegen $+\infty$. □

Lösung zu Aufgabe 4.5.1.

(a) Durch Erweitern des Bruchs mit $(1 - i)$ erhält man

$$\frac{2+i}{1+i} = \frac{2+i}{1+i}\frac{1-i}{1-i} = \frac{(2+i)(1-i)}{2} = \frac{3}{2} + \frac{3}{2}i.$$

Für (b) gibt es mehrere Möglichkeiten. Man kann etwa rechnen:

$$(i+1)^n = \left(\sqrt{2}e^{\pi i/4}\right)^n = \sqrt{2}^n e^{n\pi i/4} = \sqrt{2}^n \cos(n\pi/4) + \sqrt{2}^n \sin(n\pi/4)i.$$

Eine andere Lösung ist

$$(i+1)^n = \sum_{k=1}^n \binom{n}{k}i^k = \sum_{k=0}^{[n/2]} \binom{n}{2k}(-1)^k + \left(\sum_{k=0}^{[(n-1)/2]} \binom{n}{2k+1}(-1)^k\right)i. \quad \square$$

Kapitel 25

Lösungen zu Kapitel 5

Skizze zu Aufgabe 5.1.1.

Für (a) setzt man $h(x) = f(x)e^{-cx}$ und stellt fest, dass die Ableitung Null, also h konstant ist. Für (b) leite man $f^2 + g^2$ ab. $\qquad\square$

Lösung zu Aufgabe 5.1.2.

(a) e^x ist differenzierbar und nach Kettenregel auch e^{-x} und deren Linearkombinationen, also sind cosh und sinh beide differenzierbar. Es gilt

$$\cosh'(x) = \frac{1}{2}(e^x - e^{-x}) = \sinh(x)$$

und

$$\sinh'(x) = \frac{1}{2}(e^x + e^{-x}) = \cosh(x).$$

(b) Sei $f(x) = x^{(x^x)}$. Dann gilt

$$f(x) = e^{x^x \log(x)} = e^{e^{x \log(x)} \log(x)}.$$

Für $x > 0$ sind x und $\log(x)$ differenzierbar und daher nach der Produktregel auch $x \log(x)$. Da die e-Funktion differenzierbar ist, ist nach der Kettenregel auch $e^{x \log(x)}$ differenzierbar, wieder nach der Produktregel dann die Funktion $e^{x \log(x)} \log(x)$ und schließlich ist mit einer letzten Anwendung der Kettenregel f differenzierbar. Die Anwendung der entsprechenden Ablei-

© Der/die Autor(en), exklusiv lizenziert durch
Springer-Verlag GmbH, DE, ein Teil von Springer Nature 2021
A. Deitmar, *Übungsbuch zur Analysis*, https://doi.org/10.1007/978-3-662-62860-7_25

tungsregeln liefert

$$f'(x) = e^{e^{x \log(x)} \log(x)} \left(\frac{1}{x} e^{x \log(x)} + \log(x) e^{x \log(x)} (\log(x) + 1) \right)$$

$$= x^{(x^x)} \left(\frac{1}{x} x^x + \log(x) x^x (\log(x) + 1) \right).$$

(c) Sei $g(x) = (x^x)^x$, d.h., $g(x) = e^{x \log(x^x)} = e^{x^2 \log(x)}$. Die Differenzierbarkeit wird wie in Teil (a) nachgewiesen. Es gilt

$$g'(x) = e^{x^2 \log(x)} (2x \log(x) + x).$$ □

Skizze zu Aufgabe 5.2.3.

Die Folge $a_n = (n + 1)^\alpha - n^\alpha$ konvergiert gegen Null.

Betrachte hierzu die differenzierbare Funktion $f : (0, \infty) \to \mathbb{R}$, $x \mapsto x^\alpha$. Dann ist $a_n = f(n + 1) - f(n)$. Man wende nun den Mittelwertsatz an (Satz Ana-5.2.5).   □

Skizze zu Aufgabe 5.2.6.

Das folgende Bild liefert die Beweisidee:

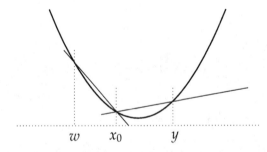

Geht zum Beispiel x von unten gegen x_0, dann lieft der Funktionswert $f(x)$ zwischen den beiden eingezeichneten Geraden, da man andernfalls einen Widerspruch zur Konvexität erhält.   □

Lösung zu Aufgabe 5.2.7.

Sei $f(x) = \frac{1}{2} \left(x + \frac{a}{x} \right)$. Die Funktion f ist für $x > 0$ differenzierbar und es gilt $f'(x) = \frac{1}{2} \left(1 - \frac{a}{x^2} \right)$. Die Funktion f bildet $(0, \infty)$ nach $\left[\sqrt{a}, \infty \right)$ ab, denn $f(x) - \sqrt{a} = \frac{1}{2x} \left(x^2 + a - 2x \sqrt{a} \right) = \frac{1}{2x} \left(x - \sqrt{a} \right)^2 \geq 0$. Damit folgt also $x_n \geq \sqrt{a}$

für jedes $n \geq 2$. Es ist $f\left(\sqrt{a}\right) = \frac{1}{2}\left(\sqrt{a} + \frac{a}{\sqrt{a}}\right) = \sqrt{a}$ und für $x > \sqrt{a}$ gibt es nach dem Mittelwertsatz ein $\sqrt{a} < \theta < x$ mit

$$\frac{f(x) - \sqrt{a}}{x - \sqrt{a}} = f'(\theta) = \frac{1}{2}\left(1 - \frac{a}{\theta^2}\right) < \frac{1}{2},$$

so dass $f(x) - \sqrt{a} < \frac{1}{2}(x - \sqrt{a}) < (x - \sqrt{a})$ und damit insbesondere $f(x) < x$. Daher folgt für $n \geq 2$, dass $x_{n+1} = f(x_n) < x_n$. Die Folge ist also monoton fallend und nach unten durch $\sqrt{a}$ beschränkt, also konvergent. Für den Limes z muss gelten

$$f(z) = f(\lim_n x_n) = \lim_n f(x_n) = \lim_n x_{n+1} = \lim_n x_n = z.$$

Das heisst $f(z) = z$, also $z = \frac{1}{2}\left(z + \frac{a}{z}\right)$, woraus $z = \sqrt{a}$ folgt. $\qquad \square$

Skizze zu Aufgabe 5.2.8.

Für (a) benutzt man das ε-δ-Kriterium der Stetigkeit der Funktion f. Für Teil (b) beachte, dass die Bedingung bedeutet, dass die Funktion f bei jeder Iteration den Abstand zum Punkt α verringert. Daher konvergiert die Folge der Abstände. Man zeigt dann, dass der Limes der Abstände nur Null sein kann. $\qquad \square$

Skizze zu Aufgabe 5.2.9.

Ein Punkt x ist genau dann Fixpunkt, wenn $\log(a) = \frac{\log x}{x}$ gilt. Diskutiere nun die Kurve $g(x) = \frac{\log x}{x}$. $\qquad \square$

Skizze zu Aufgabe 5.2.10.

Induktion nach n. Für den Induktionsschritt setze $A = a_1 + \cdots + a_n > 0$ und $B = \frac{1}{a_1} + \cdots + \frac{1}{a_n} > 0$ und diskutiere die Funktion $f(x) = (A + x)(B + \frac{1}{x})$. $\qquad \square$

Lösung zu Aufgabe 5.3.1.

(a) Zähler $Z(x) = 3x^2 - 2x - 1$ und Nenner $N(x) = x^6 + 9x^5 - 10x^4$ sind Polynome, also überall differenzierbar. Beide verschwinden in $x = 1$, wie man durch Einsetzen feststellt. Die Ableitungen sind

$$Z'(x) = 6x + 2, \qquad N'(x) = 6x^5 + 45x^4 - 40x^3.$$

Es gilt $Z'(1) = 8$ und $N'(x) = 46$, so dass der Limes $\lim_{x \to 1} \frac{Z'(x)}{N'(x)}$ existiert und gleich $\frac{4}{23}$ ist. Nach dem Satz von de l'Hospital, (Satz Ana-5.3.1), den wir einmal für den Limes $x \nearrow 1$ und dann für den Limes $x \searrow 1$ anwenden, existiert daher der Grenzwert $\lim_{x \to 1} \frac{Z(x)}{N(x)}$ auch und ist ebenfalls gleich $\frac{4}{23}$.

(b) Zähler $Z(x) = e^x - e^{-x}$ und Nenner $N(x) = x^2$ sind auf ganz $\mathbb{R}$ differenzierbar und gehen gegen Null für $x \to 0$. Ihre Ableitungen sind $Z'(x) = e^x + e^{-x}$ und $N'(x) = 2x$. Die Ableitung des Nenners geht immer noch gegen Null, wir können also den Grenzwert nicht sofort bestimmen. Daher wenden wir die Regel von de l'Hospital noch einmal an. Die Funktionen Z' und N' sind wieder auf ganz $\mathbb{R}$ differenzierbar und die Ableitungen sind $Z''(x) = e^x - e^{-x}$ und $N''(x) = 2$. Diese Funktionen sind beide stetig in $x = 0$ und haben dort die Werte $N''(0) = 0$ und $Z''(0) = 2$. Daher folgt $\lim_{x \to 0} \frac{N''(x)}{Z''(x)} = 0$. Eine Anwendung von de l'Hospital liefert $\lim_{x \to 0} \frac{N'(x)}{Z'(x)} = 0$ und eine zweite dann $\lim_{x \to 0} \frac{N(x)}{Z(x)} = 0$.

(c) Zähler $Z(x) = x$ und Nenner $N(x) = \log x$ sind beide in $\{x > 0\}$ differenzierbar und der Nenner geht gegen $-\infty$ für $x \to 0$. Es gilt $Z'(x) = 1$, sowie $Z'(x) = \frac{1}{x}$. Daher existiert der Limes $\lim_{x \searrow 0} \frac{Z'(x)}{N'(x)} = \lim_{x \searrow 0} x = 0$. Nach dem Satz von de l'Hospital folgt dann auch $\lim_{x \searrow 0} \frac{Z(x)}{N(x)} = 0$.

(d) Zähler $Z(x) = x^2$ und Nenner $N(x) = \sin(x)$ sind auf ganz $\mathbb{R}$ differenzierbar. Es gilt $N'(x) = 2x$ und $Z'(x) = \cos(x)$. Daher existiert der Grenzwert $\lim_{x \to 0} \frac{N'(x)}{Z'(x)} = 0$ und mit dem Satz von de l'Hospital gilt $\lim_{x \to 0} \frac{N(x)}{Z(x)} = 0$. $\quad\square$

Skizze zu Aufgabe 5.3.2. Mit dem Satz von de l'Hospital stellt man fest, dass der Grenzwert gleich $\frac{a}{b}$ ist. $\quad\square$

Kapitel 26

Lösungen zu Kapitel 6

Lösung zu Aufgabe 6.1.1.

Sei $\varepsilon > 0$ und seien $\phi \le f \le \psi$ Treppenfunktionen mit $\int_a^b \psi - \phi < \varepsilon \delta^2$. Wir können annehmen, dass $\phi \ge \delta$. Dann sind $\frac{1}{\phi}$ und $\frac{1}{\psi}$ ebenfalls Treppenfunktionen und es gilt $\frac{1}{\psi} \le \frac{1}{f} \le \frac{1}{\phi}$. Ferner ist

$$\int_a^b \frac{1}{\phi(x)} - \frac{1}{\psi(x)}\, dx = \int_a^b \frac{\psi(x) - \phi(x)}{\phi(x)\psi(x)}\, dx \le \frac{1}{\delta^2} \int_a^b \psi(x) - \phi(x)\, dx < \varepsilon.$$

Damit ist f nach Satz Ana-6.1.11 Riemann-integrierbar. $\qquad \square$

Skizze zu Aufgabe 6.1.2.

Das Integral ist $\begin{cases} \pi & \text{falls } m = \pm n, \\ 0 & \text{sonst.} \end{cases}$

Hierzu stellt man fest, dass $\frac{1}{ik} e^{ikx}$ die Stammfunktion zu e^{ikx} ist, wobei man Real- und Imaginärteil getrennt betrachten kann. Dann schreibt man $\sin(x) = \frac{1}{2i}(e^{ix} - e^{-ix})$. $\qquad \square$

Lösung zu Aufgabe 6.1.5.

(a) Wir substituieren $y = \log(x)$, also $\frac{dy}{dx} = \frac{1}{x}$,

$$\int_1^e \frac{\log(x^2)}{x}\, dx = 2 \int_1^e \frac{\log(x)}{x}\, dx = 2 \int_0^1 y\, dy = y^2\big|_0^1 = 1.$$

© Der/die Autor(en), exklusiv lizenziert durch
Springer-Verlag GmbH, DE, ein Teil von Springer Nature 2021
A. Deitmar, *Übungsbuch zur Analysis*, https://doi.org/10.1007/978-3-662-62860-7_26

(b) Es gilt

$$\int_2^{2\pi} |\sin(x)|\,dx = 2 \int_0^\pi \sin(x)\,dx = -2 \cos(x)|_0^\pi = 4.$$

(c) Die Substitution $y = e^x$ liefert

$$\int_0^1 \exp(x + e^x)\,dx = \int_1^e e^y\,dy = e^y|_1^e = e^e - e. \qquad \square$$

Skizze zu Aufgabe 6.1.6.

(a) Durch die Substitution $y = \log t$ erhält man $\int_1^x \log t\,dt = x \log x - x + 1$.

(b) Die Substitution $t = \log x$ liefert $\int_2^y \frac{1}{x \log x}\,dx = \log \log y - \log \log 2$.

(c) Berechne die Ableitung von e^{x^2}. Teil (d) ist trivial. Für (e) berechne die Ableitung von $\log(1 + x^2)$.

(f) Mit $f(x) = x + \sqrt{x}$ ist der Integrand gleich $x\frac{f'}{f}$. Man benutze nun partielle Integration. Am Ende ergibt sich

$$\int \frac{x - \sqrt{x}}{x + \sqrt{x}}\,dx = x \log(x + \sqrt{x}) - \frac{1}{2} x \log(x) + \frac{x}{2}$$
$$- 2 \log(\sqrt{x} + 1)\sqrt{x} + \frac{1}{3}(\sqrt{x} + 1)^3 + \frac{1}{4}(\sqrt{x} + 1)^2. \qquad \square$$

Skizze zu Aufgabe 6.2.1.

Die Reihe konvergiert genau dann, wenn $\alpha > 1$ ist.

Da der Logarithmus langsamer wächst als jede Potenz, ist $\frac{\log(n)}{n^{\alpha - \beta}}$ beschränkt, falls $1 < \beta < \alpha$. Dann lässt sich die Summe gegen die Summendarstellung der Riemannschen Zetafunktion aus Beispiel Ana-6.4.8 abschätzen. $\qquad \square$

Lösung zu Aufgabe 6.2.3.

(a) Das Integral $\int_1^\infty \frac{x\sqrt{x}}{(2x-1)^2}\,dx$ existiert nicht.

   Der Integrand ist $x^{-\frac{1}{2}}\frac{1}{4 - \frac{2}{x} + \frac{1}{x}^2}$ und da der Bruch stets > 0 ist und gegen

$\frac{1}{4}$ konvergiert, existiert ein $\alpha > 0$ so dass $\frac{x\sqrt{x}}{(2x-1)^2} \geq \alpha x^{-1/2}$ für jedes $x \geq 1$ gilt. Für $T > 1$ ist daher

$$\int_1^T \frac{x\sqrt{x}}{(2x-1)^2}\,dx \geq \alpha \int_1^T x^{-\frac{1}{2}}\,dx$$

$$= \alpha 2x^{\frac{1}{2}}\Big|_1^T = 2\alpha(\sqrt{T}-1) \to +\infty.$$

Damit folgt, dass das Integral $\int_1^T \frac{x\sqrt{x}}{(2x-1)^2}\,dx$ für $T \to \infty$ gegen $+\infty$ geht.

(b) Das Integral $\int_2^\infty \frac{1}{x(\log x)^2}\,dx$ konvergiert und hat den Wert $\frac{1}{\log 2}$.
Für $T > 2$ rechnen wir mit der Substitution $y = \log x$,

$$\int_2^T \frac{1}{x(\log x)^2}\,dx = \int_{\log 2}^{\log T} \frac{1}{y^2}\,dy = -\frac{1}{y}\Big|_{\log 2}^{\log T} = \frac{1}{\log 2} - \frac{1}{\log T}.$$

Für $T \to \infty$ konvergiert dies gegen $\frac{1}{\log 2}$.

(c) Das Integral $\int_0^\infty e^{sx}\cos(tx)\,dx$ konvergiert genau dann, wenn $s < 0$ ist und hat in diesem Fall den Wert $\frac{-s}{s^2+t^2}$.
Ist $s = t = 0$, so ist der Integrand konstant gleich 1 und das Integral existiert nicht.

Ist $t > 0$ und $s \geq 0$, dann ist für jedes $k \in \mathbb{Z}$,

$$\int_{\frac{(2k-1/2)\pi}{t}}^{\frac{(2k+1/2)\pi}{t}} e^{sx}\cos(tx)\,dx = \frac{1}{t}\int_{(2k-1/2)\pi}^{(2k+1/2)\pi} e^{sx/t}\cos(x)\,dx$$

$$\geq \frac{1}{t}\int_{(2k-1/2)\pi}^{(2k+1/2)\pi} \cos(x)\,dx$$

$$= \frac{1}{t}\int_{-\pi/2}^{\pi/2} \cos(x)\,dx = \frac{1}{t}\sin(x)\Big|_{-\pi/2}^{\pi/2} = \frac{2}{t}.$$

Diese Rechnung zeigt, dass das Integral nicht konvergiert, denn im Fall der Konvergenz müßte diese Folge für $k \to \infty$ gegen Null gehen. Der Fall $t < 0$ folgt auch, da $\cos(x)$ eine gerade Funktion ist.

Sei nun also $t \in \mathbb{R}$ und $s < 0$. Für $T > 0$ rechnen wir

$$\int_0^T e^{sx} \cos(tx)\, dx = \frac{1}{2} \int_0^T e^{(s+it)x} + e^{(s-it)x}, dx$$

$$= \frac{1}{2} \left(\frac{1}{s+it} e^{(s+it)x} \Big|_0^T + \frac{1}{s-it} e^{(s-it)x} \Big|_0^T \right)$$

$$= \frac{1}{2} \left(\frac{e^{(s+it)T} - 1}{s+it} + \frac{e^{(s-it)T} - 1}{s-it} \right)$$

$$\overset{T \to \infty}{\longrightarrow} \frac{1}{2} \left(\frac{-1}{s+it} + \frac{-1}{s-it} \right) = \frac{-s}{s^2 + t^2}. \qquad \square$$

Lösung zu Aufgabe 6.2.4.

(a) Das Integral $\int_0^1 x^\alpha\, dx$ existiert genau dann, wenn $\alpha > -1$ und hat dann den Wert $\frac{1}{\alpha+1}$.

Sei $\alpha \neq -1$ und sei $\varepsilon > 0$. Die Funktion $\frac{1}{\alpha+1} x^{\alpha+1}$ ist für $x > 0$ eine Stammfunktion von x^α und daher ist

$$\int_\varepsilon^1 x^\alpha\, dx = \frac{1}{\alpha+1} x^{\alpha+1} \Big|_\varepsilon^1 = \frac{1 - \varepsilon^{\alpha+1}}{\alpha+1}.$$

Der Limes für $\varepsilon \to 0$ existiert genau dann, wenn $\alpha > -1$ und ist dann gleich $\frac{1}{\alpha+1}$. Schließlich im Fall $\alpha = -1$ ist eine Stammfunktion zu x^α gegeben durch den Logarithmus $\log(x)$, so dass dann

$$\int_\varepsilon^1 x^\alpha\, dx = \log(1) - \log(\varepsilon) = -\log(\varepsilon).$$

Für $\varepsilon \to 0$ geht dieser Ausdruck gegen $+\infty$, das Integral existiert also ebenfalls nicht.

(b) Das uneigentliche Integral $\int_1^\infty x^\alpha\, dx$ existiert genau dann, wenn $\alpha < -1$. In diesem Fall ist sein Wert gleich $\int_1^\infty x^\alpha\, dx = \frac{-1}{\alpha+1}$.

In diesem Fall ist die obere Grenze kritisch. Sei also $T > 1$. Für $\alpha \neq -1$ ist dann

$$\int_1^T x^\alpha\, dx = \frac{1}{\alpha+1} x^{\alpha+1} \Big|_1^T = \frac{T^{\alpha+1} - 1}{\alpha+1}.$$

Der Limes für $T \to \infty$ existiert genau dann, wenn $\alpha < -1$ und ist dann gleich $\frac{-1}{\alpha+1}$. Schließlich im Fall $\alpha = -1$ ist

$$\int_1^T x^\alpha\, dx = \log(T) - \log(1) = \log(T)$$

und dieser Ausdruck geht gegen $+\infty$ für $T \to \infty$, so dass auch dieses uneigentliche Integral nicht existiert.

(c) Das uneigentliche Integral $\int_0^1 \log(x)\,dx$ existiert und hat den Wert -1.

In diesem Fall ist wieder die untere Grenze kritisch. Sei also $0 < \varepsilon < 1$. Dann muss $\int_\varepsilon^1 \log(x)\,dx$ berechnet werden. Hierzu wird zunächst mit Hilfe der Substitution $v = \log(t)$ und anschließender partieller Integration eine Stammfunktion von $\log(x)$ bestimmt:

$$
\int_1^x \log(t)\,dt = \int_0^{\log(x)} v e^v\,dv
$$

$$
= v e^v \Big|_0^{\log(x)} - \int_0^{\log(x)} e^v\,dv = x\log(x) - x + 1.
$$

Daher ist also $F(x) = x\log(x) - x + 1$ eine Stammfunktion von $\log(x)$. Eine kleine Probe bestätigt dies. Daher ist also

$$
\int_\varepsilon^1 \log(x)\,dx = x\log(x) - x + 1 \Big|_\varepsilon^1 = -\varepsilon\log(\varepsilon) + \varepsilon - 1.
$$

Für $\varepsilon \to 0$ geht dies gegen -1. $\qquad\qquad\square$

Skizze zu Aufgabe 6.2.5.

(a) Die Konvergenz des Integrals würde bedeuten, dass der Limes von $\int_0^T f(t)\,dt$ für $T \to \infty$ existiert. Formuliere das Cauchy-Kriterium für diesen Grenzübergang.

(b) (i) Dieses Integral existiert.
Sei $r > 0$. Nach der Substitution $y = 1/x$ bietet sich eine Abschätzung des Integranden an.

(ii) Dieses Integral existiert nicht.
Würde es existieren, dann auch sein Realteil, was Teil (a) widerspricht. $\quad\square$

Kapitel 27

Lösungen zu Kapitel 7

Lösung zu Aufgabe 7.1.1.

Die einseitigen Limiten existieren für jede Riemannsche Treppenfunktion und daher auch für jeden gleichmäßigen Limes von Treppenfunktion, also für jede Regelfunktion.

Sei umgekehrt f eine Funktion, für die alle einseitigen Limiten existieren. Schreibweise: für $x \in [a, b]$ sei

$$f^-(x) = \lim_{t \nearrow x} f(t), \quad f^+(x) = \lim_{t \searrow x} f(t).$$

Für $n \in \mathbb{N}$ sei A_n die Menge aller $c \in [a, b]$ so dass es eine Treppenfunktion $t : [a, c] \to \mathbb{R}$ gibt mit $|t(x) - f(x)| < \frac{1}{n}$ für alle $x \in [a, c]$.

Zwischenbehauptung: $a \in A_n$ und $\sup A_n \in A_n$.

Beweis hierzu: Die Aussage $a \in A_n$ ist klar. Sei $x_0 = \sup A_n$. Da für f alle einseitigen Limiten existieren, gibt es ein $c \in [a, x_0)$ so dass

$$|f(x) - f^-(x_0)| < \frac{1}{n} \quad \text{für} \quad c < x < x_0.$$

Man wählt nun eine Treppenfunktion $\tilde{t}$ auf $[a, c]$, die f bis auf $\frac{1}{n}$ approximiert und setzt diese durch die Konstante $f^-(x_0)$ auf (c, x_0) und durch $f(x_0)$ auf x_0 zu einer Treppenfunktion t auf $[a, x_0]$ fort. Die Zwischenbehauptung ist bewiesen.

Sei $a \le x_0 < b$. Dann kann x_0 nicht das Maximum von A_n sein, denn da die einseitigen Limiten existieren, gibt es ein $x_0 < d \le b$ so dass

$$|f(x) - f^+(x_0)| < \frac{1}{n} \quad \text{für} \quad x \in (x_0, d].$$

185

© Der/die Autor(en), exklusiv lizenziert durch
Springer-Verlag GmbH, DE, ein Teil von Springer Nature 2021
A. Deitmar, *Übungsbuch zur Analysis*, https://doi.org/10.1007/978-3-662-62860-7_27

Wieder wählt man eine Treppenfunktion auf $[a, x_0]$, die f bis auf $1/n$ approximiert und setzt diese durch die Konstante $f^+(x_0)$ nach $[a, d]$ fort. Daher ist x_0 nicht das Maximum von A_n. Es folgt, dass b dieses Maximum sein muss, also ist f auf dem ganzen Intervall $[a, b]$ durch eine Treppenfunktion bis auf $1/n$ approximierbar. Daher ist f ein gleichmäßiger Limes von Treppenfunktionen.

Die Tatsache, dass jede Regelfunktion Riemann-integrierbar ist, folgt sofort aus Satz Ana-7.1.9.   □

Lösung zu Aufgabe 7.1.2.

Dies ist nicht der Fall. Sei $x \in [0, 1)$. Dann konvergiert die Folge x^n gegen Null. Es ist dann $0 \leq f_n(x) \leq x^n \to 0$, also geht $f_n(x)$ gegen Null. Für $x = 1$ schließlich ist $f_n(x)$ konstant Null. Also konvergiert f_n punktweise gegen Null.

Die Funktion f_n ist differenzierbar, > 0 für $x \in (0, 1)$ und es gilt $f(0) = 0 = f(1)$. Die Ableitung

$$f_n'(x) = nx^{n-1}(1 - x^n) - nx^{2n-1} = nx^{n-1}(1 - 2x^n)$$

hat genau eine Nullstelle $x_0 = 1/\sqrt[n]{2}$ im offenen Intervall $(0, 1)$, so dass dies das Maximum der Funktion ist. Der Funktionswert ist $f_n\left(\frac{1}{\sqrt[n]{2}}\right) = \frac{1}{2}\left(1 - \frac{1}{2}\right) = \frac{1}{4}$ und damit konvergiert die Folge nicht gleichmäßig gegen Null.   □

Lösung zu Aufgabe 7.1.3.

(a) Diese Folge konvergiert punktweise, aber nicht gleichmäßig gegen die Konstante 1.

Sei $x \in \mathbb{R}$ gegeben und sei $x_n = \sqrt[n]{1 + x^2} = \exp(\frac{1}{n}\log(1+x^2))$. Da $\frac{1}{n}$ gegen Null geht, geht auch $\frac{1}{n}\log(1 + x^2)$ gegen Null und da die Exponentialfunktion stetig ist, geht x_n gegen $\exp(0) = 1$. Um zu zeigen, dass die Folge nicht gleichmäßig konvergiert sei $\varepsilon > 0$. Für gegebenes n geht $\sqrt[n]{1 + x^2}$ für $x \to \infty$ gegen Unendlich, daher gibt es ein x mit $\left|\sqrt[n]{1 + x^2} - 1\right| \geq \varepsilon$.

(b) Die Folge konvergiert gleichmäßig gegen Null.

Die Reihe konvergiert absolut, denn

$$\sum_{k=1}^{\infty} \left|\frac{\sin(kx)}{2^k}\right| \leq \sum_{k=1}^{\infty} \frac{1}{2^k} = 1.$$

Für die gleichmäßige Konvergenz reicht es, die Restsumme gleichmäßig abzuschätzen:

$$\left| \sum_{k=n}^{\infty} \frac{\sin(kx)}{2^k} \right| \le \sum_{k=n}^{\infty} \left| \frac{\sin(kx)}{2^k} \right| \le \sum_{k=n}^{\infty} \frac{1}{2^k} = \frac{1}{2^{n-1}}$$

und dies geht unabhängig von x gegen Null.

(c) Diese Folge konvergiert nicht.

Zum Beispiel für $x = \pi/2$ ist

$$h_n(x) = \begin{cases} -1 & n \equiv 3(4) \\ 0 & n \text{ gerade,} \\ 1 & n \equiv 1(4). \end{cases} \qquad \square$$

Lösung zu Aufgabe 7.1.6.

(a) Die Folge $g_n(x) = \sqrt{x^2 + \frac{1}{n}}$ konvergiert auf $\mathbb{R}$ gleichmäßig gegen die Funktion $g(x) = |x|$.

Beweis: Es gilt

$$|g(x) - |x|| = \left| \sqrt{x^2 + \frac{1}{n}} - \sqrt{x^2} \right|$$

$$= \left| \sqrt{x^2 + \frac{1}{n}} - \sqrt{x^2} \right| \frac{\left| \sqrt{x^2 + \frac{1}{n}} + \sqrt{x^2} \right|}{\left| \sqrt{x^2 + \frac{1}{n}} + \sqrt{x^2} \right|}$$

$$= \left| x^2 + \frac{1}{n} - x^2 \right| \frac{1}{\left| \sqrt{x^2 + \frac{1}{n}} + \sqrt{x^2} \right|} \le \frac{1}{n} \frac{1}{\frac{1}{\sqrt{n}}} = \frac{1}{\sqrt{n}}.$$

Da die letzte Folge gegen Null geht und nicht von x abhängt, folgt die Behauptung.

(b) Die Folge $f_n(x) = \arctan(nx)$ konvergiert punktweise, aber nicht gleichmäßig gegen die Funktion

$$f(x) = \begin{cases} \frac{\pi}{2} & x > 0, \\ 0 & x = 0, \\ -\frac{\pi}{2} & x < 0. \end{cases}$$

Beweis: Dies ist klar, da $\arctan(x)$ für $x \to \pm\infty$ gegen $\pm\frac{\pi}{2}$ konvergiert und $\arctan(0) = 0$ ist. Die Konvergenz kann nicht gleichmäßig sein, da sonst der Limes eine stetige Funktion wäre. □

Skizze zu Aufgabe 7.2.1.

Die höheren Ableitungen der Funktion $f(x) = \log x$ sind bekannt. Damit bestimmt man die gesuchte Taylor-Reihe als

$$f(x) = \log(a) - \sum_{n=1}^{\infty} \frac{(-1)^n}{na^n}(x-a)^n.$$

Für $a = 1$ konvergiert die Reihe nach Satz Ana-7.3.8 und stellt die Funktion im Intervall $(0,2)$ dar. Mit der Identität $f(x) - f(a) = f(x/a)$ folgert man dann, dass die Taylor-Reihe um a im Intervall $(0, 2a)$ konvergiert und dort die Funktion darstellt. □

Skizze zu Aufgabe 7.2.2.

In Beispiel Ana-5.1.7 wird die Ableitung der Arcustangens-Funktion als $\frac{1}{1+x^2}$ berechnet. Diese Funktion kann man als Potenzreihe schreiben und integrieren, um $\arctan(x) = \sum_{n=0}^{\infty}(-1)^n\frac{1}{2n+1}x^{2n+1}$ zu erhalten. Die Konvergenz der gesuchten Reihe folgt aus dem Leibniz-Kriterium und die verlangte Identität nach dem Abelschen Grenzwertsatz. □

Lösung zu Aufgabe 7.2.3.

(a) Für $|x - 1| < 1$ gilt

$$f(x) = \frac{1}{1-(1-x)} = \sum_{n=0}^{\infty}(1-x)^n = \sum_{n=0}^{\infty}(-1)^n(x-1)^n.$$

Da die geometrische Reihe den Konvergenzradius 1 hat, ist auch hier der Konvergenzradius 1.

(b) Für $|x| < 1$ gilt

$$\frac{1}{x^2 + 2x + 1} = \frac{1}{(x+1)^2} = \left(\sum_{n=0}^{\infty}(-1)^n x^n\right)^2$$

$$= \sum_{m=0}^{\infty} x^m \sum_{j=0}^{m}(-1)^j(-1)^{m-j} = \sum_{m=0}^{\infty} x^m(-1)^m(m+1).$$

Der Konvergenzradius ist 1, denn wäre er größer, müsste die Funktion in $x = 0$ glatt sein.

(c) Für beliebiges $x \in \mathbb{R}$ ist

$$x^2 e^{x+1} = ex^2 \sum_{n=0}^{\infty} \frac{x^n}{n!} = \sum_{n=2}^{\infty} x^n \frac{e}{(n-2)!}.$$

Da der Konvergenzradius der Exponentialreihe gleich $+\infty$ ist, ist er auch hier $+\infty$. $\square$

Skizze zu Aufgabe 7.2.4.

Die Reihe konvergiert für $|x| \leq 2$ und divergiert für $|x| > 2$.

Beachte, dass $c_n := \sqrt{n^2 + n} - \sqrt{n^2 + 1} = \frac{n-1}{\sqrt{n^2+n}+ \sqrt{n^2+1}}$. Hieraus ergibt sich $c_n \leq \frac{1}{2}$. Ferner konvergiert c_n gegen $\frac{1}{2}$. $\square$

Lösung zu Aufgabe 7.3.1.

Sei c_k der k-te Fourier-Koeffizient von f, wobei $k \in \mathbb{Z}$ ist. Dann gilt $c_k = \int_0^1 x e^{-2\pi i k x} \, dx$. Für $k = 0$ ist dann $c_0 = \int_0^1 x \, dx = \frac{1}{2}$. Für $k \neq 0$ ist mit partieller Integration

$$c_k = \frac{x}{-2\pi i k} e^{-2\pi i k x}\Big|_0^1 - \frac{1}{-2\pi i k} \int_0^1 e^{-2\pi i k x} \, dx$$

$$= \frac{-1}{2\pi i k} + \frac{1}{2\pi i k} \frac{1}{-2\pi i k} e^{-2\pi i k x}\Big|_0^1 = \frac{-1}{2\pi i k}.$$

Wir erhalten also die Fourier-Reihe $\frac{1}{2} - \sum_{k \in \mathbb{Z} \setminus \{0\}} \frac{1}{2\pi i k} e^{2\pi i k x}$. $\square$

Skizze zu Aufgabe 7.3.2.

Sei $k \in \mathbb{Z}$. Indem man das Integrationsintervall halbiert, stellt man fest, dass der k-te Fourierkoeffizient gleich $\frac{1+(-1)^k}{2i} \int_0^{1/2} e^{2\pi i(1-k)x} - e^{2\pi i(-1-k)x} \, dx$ ist. Ist k ungerade, so folgt $c_k = 0$. Andernfalls ergibt sich $c_k = \frac{2}{\pi(1-k^2)}$. $\square$

Skizze zu Aufgabe 7.3.4.

Für gegebenes ϕ ist die Summe stets endlich, da ϕ kompakten Träger hat. Mit Aufgabe 7.1.7 sieht man, dass die Reihe lokal-gleichmäßig konvergiert. Nach Satz Ana-7.1.3 ist f_ϕ stetig. Für die Surjektivität wähle ϕ wie im Hinweis und setze $\psi(x) = \frac{\phi(x)f(x)}{f_\phi(x)}$. Stelle dass fest, dass $f_\psi = f$ gilt. $\square$

Skizze zu Aufgabe 7.3.5.

(a) Induktiv zeigt man, dass $f(n)(x) = P_n(x)e^{-\pi x^2}$ für ein Polynom P_n. Setze $h = \hat{f}/f$ und stelle fest, dass $h' = 0$ gilt. Daher ist $\hat{f}(x) = cf(x)$ für eine Konstante c. Setzt man $x = 0$ ein, erhält man nach Lemma Ana-6.4.14 die Behauptung.

(b) Aus (a) folgt $\hat{f_t} = \frac{1}{\sqrt{t}}f_{\frac{1}{t}}$. Die Poissonsche Summenformel liefert dann die Behauptung.   □

Kapitel 28

Lösungen zu Kapitel 8

Lösung zu Aufgabe 8.1.1. Sei $n \in \mathbb{N}$ und schreibe $\bar{n}$ für die Menge $\{1, \ldots, n\}$. $d(x,y) \geq 0$ und $d(x,y) = 0 \Leftrightarrow x = y$ sind klar. Ebenso ist die Symmetrie $d(x,y) = d(y,x)$ klar. Zur Dreiecksungleichung:

Für beliebige $x, y \in X$ sei $I(x,y) \subset \bar{n}$ die Menge aller Indizes i, für die $x_i = y_i$ gilt. Dann ist $d(x,y) = \#(\bar{n} \setminus I(x,y)) = \#I(x,y)^c$. Ist $x_i = z_i$ und $z_i = y_i$, dann folgt $x_i = y_i$. Damit folgt $I(x,y) \supset I(x,z) \cap I(z,y)$ und daher

$$
\begin{aligned}
d(x,y) &= \#I(x,y)^c \\
&\leq \#\left(I(x,z) \cap I(z,y)\right)^c \\
&= \#\left(I(x,z)^c \cup I(z,y)^c\right) \\
&\leq \#I(x,z)^c + \#I(z,y)^c = d(x,z) + d(z,y).
\end{aligned}
$$

Damit ist d eine Metrik. $\qquad\square$

Lösung zu Aufgabe 8.2.1.

Auf die erste Frage lautet die Antwort: ja.

Dies kann man auf verschiedene Arten beweisen. Der entscheidende Punkt ist, dass die Abbildung $x \mapsto d(x,a)$ stetig ist (Proposition Ana-8.3.7). Dann ist die Menge das Urbild des angeschlossenen Intervalls $[0, r]$ und damit abgeschlossen.

Die Antwort auf die zweite Frage lautet: im Allgemeinen nicht.

Als Beispiel nehmen wir die diskrete Metrik (Beispiel Ana-8.1.1) auf einer Menge X, die mindestens 2 Elemente hat. Sei dann $r = 1$, so gilt $B_1(a) = \{a\}$ und da eine einelementige Menge in jeder Metrik abgeschlossen ist, gilt

Springer-Verlag GmbH, DE, ein Teil von Springer Nature 2021
A. Deitmar, *Übungsbuch zur Analysis*, https://doi.org/10.1007/978-3-662-62860-7_28

$\overline{B_r(a)} = B_r(a) = \{a\}$. Andererseits ist aber

$$\{x \in X : d(x,a) \leq 1\} = X. \qquad\qquad \square$$

Lösung zu Aufgabe 8.2.3.

(a) Seien zunächst d_1 und d_2 äquivalent. Nach Vorlesung konvergiert eine Folge (x_n) genau dann in einer Metrik gegen x, wenn es zu jeder offenen Umgebung U von x einen Index n_0 gibt so dass $x_n \in U$ für alle $n \geq n_0$ gilt. Wenn also d_1 und d_2 äquivalent sind, definieren sie dieselben Umgebungen und damit konvergiert eine Folge genau dann gegen x in d_1 wenn sie in d_2 gegen x konvergiert.

Für die Umkehrung nimm nun an, dass in d_1 dieselben Folgen konvergieren wie in d_2. Wir zeigen zunächst, dass dann die Limiten von konvergenten Folgen übereinstimmen. Sei hierzu (x_n) eine Folge mit $d_1(x_n, x) \to 0$ für ein $x \in X$ und $d_2(x_n, y) \to 0$ für ein $y \in X$. Wir müssen zeigen, dass $x = y$ gilt. Sei dazu (z_n) die Folge

$$z_n = \begin{cases} x_{n/2} & n \text{ gerade,} \\ x & n \text{ ungerade.} \end{cases}$$

Die Folge (z_n) konvergiert dann in d_1. Also konvergiert sie auch in d_2, sei der d_2-Limes mit z bezeichnet. Damit konvergieren auch die beiden Teilfolgen

$$a_n = z_{2n} = x_n,$$
$$b_n = z_{2n+1} = x$$

in d_2 gegen z. Damit folgt $d_2(x_n, z) \to 0$, also ist $z = y$, andererseits ist b_n konstant x, also folgt $z = x$.

Um schließlich zu zeigen, dass d_1 und d_2 dieselbe Topologie definieren, reicht es, zu zeigen, dass dieselben Mengen in d_1 abgeschlossen sind wie in d_2. Sei also $A \subset X$ abgeschlossen in d_1. Sei (a_n) eine Folge in A, so dass $d_2(a_n, x) \to 0$ für ein $x \in X$. Dann folgt auch $d_1(a_n, x) \to 0$ und damit folgt $x \in A$, also ist A auch in d_2 abgeschlossen. Aus Symmetriegründen folgt auch die Umkehrung.

(b) Es gibt äquivalente Metriken, die verschiedene Mengen von Cauchy-Folgen haben.

Hierzu betrachte auf $X = \mathbb{N}$ einmal die diskrete Metrik

$$d_1(m,n) = \begin{cases} 0 & m = n, \\ 1 & m \neq n, \end{cases}$$

und zum anderen die Metrik

$$d_2(m, n) = \left| \frac{1}{n} - \frac{1}{m} \right|.$$

Beide induzieren die diskrete Topologie, aber in d_1 sind nur die Folgen Cauchy, die am Ende konstant werden, wohingegen in d_2 zum Beispiel auch die Folge $a_n = n$ eine Cauchy-Folge ist. $\qquad \square$

Skizze zu Aufgabe 8.2.4.

In (a) folgt die Dreiecksungleichung aus der Subadditivität. Für (b) können wir $0 \leq a \leq b$ annehmen.

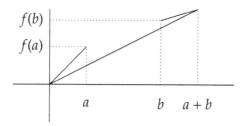

Man macht sich klar, dass die Steigung der Funktion f von $x = 0$ nach $x = a$ größer gleich der Steigung von $x = b$ nach $x = a + b$ ist, also $\frac{f(a)-f(0)}{a-0} \geq \frac{f(a+b)-f(b)}{a+b-b}$, woraus die Behauptung folgt. Für Teil (c) benutze man, dass f für jedes $T > 0$ ein Homöomorphismus $[0, T] \to [0, f(T)]$ ist. Für (d) betrachte die Beispielfunktion $f(x) = \frac{x}{x+1}$. $\qquad \square$

Lösung zu Aufgabe 8.4.1.

Sei $z \in A \cap B$ und seien $U, V \subset X$ offene Mengen mit $U \cap V \cap (A \cup B) = \emptyset$ und $A \cup B \subset U \cup V$. Dann folgt auch $U \cap V \cap A = \emptyset$ und $A \subset U \cup V$. Da A zusammenhängend ist, liegt A ganz in einer der beiden Mengen, also etwa $A \subset U$ und $A \cap V = \emptyset$. Ebenso liegt B ganz in eine der beiden Mengen. Nun ist $z \in A$, also liegt $z \in U$ und da $z \in B$, ist $B \cap U \neq \emptyset$, es folgt also $B \subset U$ und damit $A \cup B \subset U$. Es folgt, dass $A \cup B$ zusammenhängend ist. $\qquad \square$

Lösung zu Aufgabe 8.4.2.

Die Teilmenge

$$A = \left\{ \begin{pmatrix} x \\ \sin(1/x) \end{pmatrix} : 0 < x \leq 1 \right\}$$

ist der Graph einer stetigen Funktion, also zusammenhängend, damit ist die Vereinigung X, die der Abschluss von A ist, zusammenhängend.

Angenommen, die Menge X wäre wegzusammenhängend. Sei dann $\gamma :$ $[0,1] \to X$ eine stetige Abbildung mit $\gamma(0) = \binom{0}{0}$ und $\gamma(1) = \binom{1}{\sin(1)}$. Dann ist $\gamma(t) = \binom{\gamma_1(t)}{\gamma_2(t)}$ und für jedes $t > 0$ mit $\gamma_1(t) > 0$ gilt $\gamma_2(t) = \sin(1/\gamma_1(t))$. Sei $a \in [0,1)$ die größte Zahl mit $\gamma_1(a) = 0$. Dann gilt

$$\lim_{t \searrow a} \binom{\gamma_1(t)}{\sin(\gamma_1(t))} = \binom{0}{\gamma_2(a)}.$$

Wenn $t \searrow a$, läuft $\gamma_1(t)$ nach dem Zwischenwertsatz durch alle Werte zwischen 0 und 1. Daher folgt

$$\binom{0}{\gamma_2(a)} = \lim_{x \searrow 0} \binom{x}{\sin(1/x)}.$$

Der Limes auf der rechten Seite existiert aber nicht, da zum Beispiel für $x = \frac{1}{2\pi n}$ mit $n \to \infty$ der Grenzwert $\binom{0}{0}$, mit $x = \frac{1}{2\pi n + \pi/2}$ aber der Grenzwert $\binom{0}{1}$ ist. **Widerspruch!** $\qquad\square$

Lösung zu Aufgabe 8.4.3.

Sei $Q = \{q_1, q_2, \dots\}$. Seien $x, y \in \mathbb{R}^2 \setminus Q$. Wir konstruieren induktiv eine Folge von Wegen

$$\gamma_j : [0,1] \to \mathbb{R}^2 \setminus \{q_1, q_2, \dots, q_j\}$$

mit $\left\| \gamma_j(t) - \gamma_{j+1}(t) \right\| < \frac{1}{2^{j+1}}$ für jedes $t \in [0,1]$.

Hierzu sei $\gamma_0 : [0,1] \to \mathbb{R}^2$ irgendein Weg, der x und y verbindet.

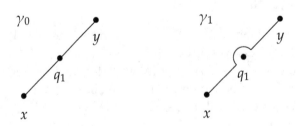

Wähle außerdem den Radius $r_0 = 1$. Für den Induktionsschritt seien die Wege $\gamma_0, \gamma_1, \dots, \gamma_j$ und die Radien $r_0, r_1, \dots, r_j$ bereits konstruiert. Falls q_{j+1} nicht im Bild von γ_j liegt, so setze $\gamma_{j+1} = \gamma_j$ und wähle $0 < r_{j+1} < \frac{r_j}{4}$ so klein, dass für den Abstand $d(q_{j+1}, \gamma_j)$ von q_{j+1} und dem Bild von γ_j gilt $r_{j+1} < \frac{d(q_{j+1}, \gamma_j)}{4}$.

Falls aber q_{j+1} im Bild von γ_j liegt, so wähle einen Radius $0 < r_{j+1} < \frac{r_j}{4}$, so dass keiner der Punkte $x, y, q_1, \ldots, q_j$ im Kreis $B_{4r_{j+1}}(q_{j+1})$ liegt. Ist nun $0 < s < t < 1$ so dass $\gamma_j(s)$ und $\gamma_j(t)$ auf dem Rand von $B_{r_{j+1}}(q_{j+1})$ liegen und $\gamma_j((s,t)) \subset B_{r_{j+1}}(q_{j+1})$ ist, dann ersetze $\gamma_j|_{[s,t]}$ durch irgendeinen Weg, der ganz im Rand von $B_{r_{j+1}}(q_{j+1})$ verläuft und der an den Endpunkten s, t mit γ_j übereinstimmt. Dies machen wir mit jedem solchen Intervall $[s,t]$ von denen es nur endlich viele gibt und erhalten so den Weg γ_{j+1}.

Die so konstruierte Folge von Wegen (γ_j) konvergiert gleichmäßig gegen einen Weg τ, der x und y verbindet. Wir behaupten, dass τ keinen Punkt in Q trifft. Hierzu beachte, dass $r_j \leq d(q_j, \gamma_j)$ für jedes j gilt. Ferner ist $d(\gamma_j(t), \gamma_{j+1}(t)) \leq 2r_{j+1} < \frac{r_j}{2}$. Daraus folgt, dass für alle $k, n \in \mathbb{N}$ und jedes $t \in [0,1]$ erhalten wir unter Benutzung der (umgekehrten) Dreiecksunglei-chung:

$$
\begin{aligned}
d(q_k, \gamma_{k+n}(t)) &\geq d(q_k, \gamma_k(t)) - d(\gamma_k(t), \gamma_{k+n}(t)) \\
&\geq d(q_k, \gamma_k(t)) - (d(\gamma_k(t), \gamma_{k+1}(t)) + d(\gamma_{k+1}(t), \gamma_{k+2}(t)) + \ldots) \\
&\geq d(q_k, \gamma_k(t)) - \left(\frac{r_k}{2} + \frac{r_k}{8} + \frac{r_k}{32} + \ldots \right) \\
&\geq d(q_k, \gamma_k(t)) - \frac{3r_k}{4} \geq \frac{r_k}{4}.
\end{aligned}
$$

Im Limes für $n \to \infty$ erhalten wir

$$
d(q_k, \tau(t)) \geq \frac{r_k}{4}
$$

und die Behauptung folgt. □

Lösung zu Aufgabe 8.5.1.

Es sei $x_n \to x$ eine konvergente Folge in X. Nach Aufgabe 8.3.1 reicht es zu zeigen, dass es eine Teilfolge $(x_{n_k})_{k \in \mathbb{N}}$ gibt, so dass $d_K(x_{n_k})$ gegen $d_K(x)$ konvergiert.

Nach Satz 8.3.7 ist die Abbildung $d(x, \cdot)$ stetig. Da K kompakt ist, nimmt diese Abbildung ihr Infimum auf K an, es gibt also $y_n \in K$, so dass $d_K(x) = d(x, y_n)$. Da K kompakt ist, gibt es eine konvergente Teilfolge $(y_{n_k})_{k \in \mathbb{N}}$. Sei $y \in K$ ihr Limes. Sei ferner $z \in K$ so dass $d_K(x) = d(x, z)$ Wiederholte Anwendung von Satz 8.3.7 zeigt, dass

$$
\begin{aligned}
d_K(x) \leq d(x, y) &= \lim_k d(x_{n_k}, y_{n_k}) \\
&= \lim_k d_K(x_{n_k}) \leq \lim_k d) x_{n_k}, z) = d(x, z) = d_K(x).
\end{aligned}
$$

Da die beiden Enden dieser Ungleichungskette übereinstimmen, haben wir überall Gleichheit, also insbesondere $d_K(x) = \lim_k d_K(x_{n_k})$ wie verlangt. □

Skizze zu Aufgabe 8.5.2.

Gilt $d_H(K, L) = 0$, dann findet man zu jedem $x \in K$ eine Folge in L, die gegen x konvergiert, also folgt $K \subset L$. Die Dreiecksungleichung ist schnell klar. Zur Vollständigkeit: Ist (K_n) eine Cauchy-Folge, dann stellt man fest, dass die Folge gegen $K = \bigcap_{m \in \mathbb{N}} \overline{\bigcup_{n \geq m} K_n}$ konvergiert. □

Skizze zu Aufgabe 8.5.3.

(a) Positive Definitheit und Symmetrie sind klar. Die Dreiecksungleichung folgt aus Aufgabe 8.2.4.

(b) Die schwierige Richtung ist die Rückrichtung. Hierzu stellt man fest, dass es für gegebenes $\varepsilon > 0$ reicht, endlich viele Glieder der Reihe abzuschätzen.

(c) Ist (a_n) eine Cauchy-Folge. Wie in (b) folgt, dass für jedes j die Folge $a_{n,j}$ eine Cauchy-Folge ist. Damit hat man die Grenzwert-Folge. Es ist dann leicht, Konvergenz zu beweisen.

(d) Für $n \in \mathbb{N}$ betrachte die Folge $c^{(n)}$, die konstant den Wert n hat. Dann stellt man fest, dass die Folgen $c^{(m)}$ und $c^{(n)}$ für $m \neq m$ einen Abstand $\geq \frac{1}{2}$ haben. Daher hat diese Folge keine konvergente Teilfolge. □

Lösung zu Aufgabe 8.5.5.

(a) **Angenommen**, dies ist nicht der Fall. Dann gibt es zu jedem $N \in \mathbb{N}$ eine ε-separierte Teilmenge F_N mit N Elementen. Wir schreiben

$$F_N = \left\{ f_{N,1}, \ldots, f_{N,N} \right\}.$$

Die Folge $(f_{N,1})_{N \in \mathbb{N}}$ hat in dem kompakten Raum X eine konvergente Teilfolge. Es gibt also Indizes $N_1^{(1)} < N_2^{(1)} < \ldots$, so dass $f_{N_j,1}$ konvergiert. Sei f_1 der Limes. Die Folge $j \mapsto f_{N_j,2}$ hat dann ebenfalls eine konvergente Teilfolge. Daher gibt es Indizes $N_1^{(2)} < N_2^{(2)} < \ldots$ so dass $f_{N_j^{(2)},1} \to f_1$ und $f_{N_j^{(2)},2} \to f_2$ für ein $f_2 \in X$. Wir iterieren diesen Vorgang und erhalten $N_j^{(k)} \in \mathbb{N}$ und $f_1, f_2, \cdots \in X$, so dass

$$f_{N_j^{(k)},1} \to f_1,$$

$$f_{N_j^{(k)},2} \to f_2,$$

$$\vdots$$

$$f_{N_j^{(k)},k} \to f_k.$$

Für alle $m < k$ in $\mathbb{N}$ gilt dann

$$d(f_m, f_k) = \lim_{j \to \infty} d(f_{N_j^{(k)}, m}, f_{N_j^{(k)}, k}) \geq \varepsilon.$$

Da X kompakt ist, hat die Folge $(f_k)_{k \in \mathbb{N}}$ aber eine konvergente Teilfolge. Insbesondere gibt es Indizes $m < k$ in $\mathbb{N}$ so dass $d(f_m, f_k) < \varepsilon$, **Widerspruch!**

(b) Da X nichtleer ist, braucht man mindestens einen offenen Ball $B_\varepsilon(x)$, um X zu überdecken. Andererseits gilt

$$X = \bigcup_{x \in X} B_\varepsilon(x).$$

Dies ist eine offene Überdeckung des kompakten Raums X, also gibt es eine endliche Teilüberdeckung. Daher gibt es eine endliche Überdeckung durch offene Bälle vom Radius ε und damit ist $u(\varepsilon) \in \mathbb{N}$ wohldefiniert.

Seien $y_1, \ldots, y_m \in X$ mit $d(y_i, y_j) \geq \varepsilon$ falls $i \neq j$ und $m = N(\varepsilon)$. Dann folgt $X = \bigcup_{j=1}^m B_\varepsilon(y_j)$, denn andernfalls gäbe es ein $x \in X$ mit $d(x, y_j) \geq \varepsilon$ für jedes j und man könnte $y_{m+1} = x$ setzen, was der Maximalität von $m = N(\varepsilon)$ widerspricht. Damit folgt $u(\varepsilon) \leq N(\varepsilon)$.

Für die Abschätzung $N(2\varepsilon) \leq u(\varepsilon)$ seien $x_1, \ldots, x_n \in X$ mit $X = \bigcup_{j=1}^n B_\varepsilon(x_j)$ und n sei minimal, also $n = u(\varepsilon)$. Ferner seien $z_1, \ldots, z_k \in X$ mit $d(z_i, z_j) \geq 2\varepsilon$ und k sei maximal, also $k = N(2\varepsilon)$. Für jedes $1 \leq j \leq k$ wähle ein $1 \leq \alpha(j) \leq n$ so dass $z_j \in B_\varepsilon(x_{\alpha(j)})$. Wir behaupten, dass die dadurch entstehende Abbildung $\alpha : \{1, \ldots, k\} \to \{1, \ldots, n\}$ injektiv ist, woraus dann $N(2\varepsilon) = k \leq n = u(\varepsilon)$ folgt. Angenommen, α ist nicht injektiv. Dann gibt es $i \neq j$ mit $\alpha(i) = \alpha(j)$. Das bedeutet aber

$$2\varepsilon \leq d(z_i, z_j) \leq d(z_i, x_{\alpha(i)}) + d(x_{\alpha(j)}, z_j) < \varepsilon + \varepsilon = 2\varepsilon,$$

Widerspruch! Damit folgt die Behauptung. $\qquad\qquad\square$

Lösung zu Aufgabe 8.6.1.

(a) Nach der Cauchy-Schwarz Ungleichung gilt

$$\|AB\|^2 = \sum_{i,j} |(AB)_{i,j}|^2$$

$$= \sum_{i,j} \left| \sum_k A_{i,k} B_{k,j} \right|^2 \leq \sum_{i,j} \sum_k |A_{i,k}|^2 \sum_l |B_{l,j}|^2 = \|A\|^2 \|B\|^2.$$

(b) Es sei $A^{(\nu)}$ eine Folge von Matrizen mit $\left\| A^{(\nu)} - A \right\| \to 0$ für $\nu \to \infty$. Für ein festes Indexpaar (i_0, j_0) gilt dann

$$|A_{i_0,j_0}^{(\nu)} - A_{i_0,j_0}|^2 \le \sum_{i,j} |A_{i,j}^{(\nu)} - A_{i,j}|^2 = \left\| A^{(\nu)} - A \right\|^2.$$

daher konvergiert $A_{i_0,j_0}^{(\nu)}$ gegen A_{i_0,j_0}.

Umgekehrt konvergiere jede Folge $A_{i,j}^{(\nu)}$ gegen $A_{i,j}$. Sei dann $\varepsilon > 0$, so gibt es ν_0 so dass für alle $\nu \ge \nu_0$ gilt $|A_{i,j}^{(\nu)} - A_{i,j}| < \varepsilon/n$. Dann gilt für jedes $\nu \ge \nu_0$,

$$\left\| A^{(\nu)} - A \right\| = \sqrt{\sum_{i,j} |A_{i,j}^{(\nu)} - A_{i,j}|^2} < \sqrt{\sum_{i,j} \varepsilon^2/n^2} = \varepsilon.$$

(c) Die Reihe $\sum_{\nu=0}^{\infty} A^{(\nu)}$ konvergiere absolut in dem Raum $M_n(\mathbb{C})$ der komplexen $n \times n$-Matrizen. Sei $1 \le i, j \le n$. Dann gilt

$$\sum_{\nu=0}^{\infty} |A_{i,j}^{(\nu)}| \le \sum_{\nu=0}^{\infty} \left\| A^{(\nu)} \right\| < \infty.$$

Daher konvergiert die Reihe $\sum_{\nu=0}^{\infty} A_{i,j}^{(\nu)}$ absolut und nach Teil (a) konvergiert damit die Reihe $\sum_{\nu=0}^{\infty} A^{(\nu)}$.

(d) Für eine gegebene Matrix $A \in M_n(\mathbb{C})$ ist nach Teil (a),

$$\sum_{\nu=0}^{\infty} \left\| \frac{1}{\nu!} A^{\nu} \right\| \le \sum_{\nu=0}^{\infty} \frac{1}{\nu!} \left\| A \right\|^{\nu} < \infty,$$

wobei die letzte Ungleichung wegen der Konvergenz der Exponentialreihe in $\mathbb{R}$ gilt. Damit konvergiert die matrixwertige Exponentialreihe absolut. Für zwei Matrizen $A, B \in M_n(\mathbb{C})$ mit $AB = BA$ gilt

$$\exp(A + B) = \sum_{\nu=0}^{\infty} \frac{1}{\nu!} (A + B)^{\nu} = \sum_{\nu=0}^{\infty} \frac{1}{\nu!} \sum_{k=0}^{\nu} \binom{\nu}{k} A^k B^{\nu-k}$$

$$= \sum_{\nu=0}^{\infty} \sum_{k=0}^{\nu} \frac{1}{k!(\nu-k)!} A^k B^{\nu-k} = \sum_{k=0}^{\infty} \sum_{\mu=0}^{\infty} \frac{1}{k!\mu!} A^k B^{\mu} = \exp(A)\exp(B).$$

Schließlich ein Beispiel, dass hier die Bedingung $AB = BA$ notwendig ist. Seien $A = \left(\begin{smallmatrix} 0 & 1 \\ 0 & 0 \end{smallmatrix} \right)$, $B = \left(\begin{smallmatrix} 1 & 0 \\ 0 & 0 \end{smallmatrix} \right)$ und $C = A + B = \left(\begin{smallmatrix} 1 & 1 \\ 0 & 0 \end{smallmatrix} \right)$. Dann ist $A^2 = 0$, $B^n = B$

und $C^n = C$ für $n \geq 1$, so dass gilt

$$\exp(A) = \sum_{n=0}^{\infty} \frac{1}{n!} A^n = I + A = \begin{pmatrix} 1 & 1 \\ 0 & 1 \end{pmatrix},$$

$$\exp(B) = \sum_{n=0}^{\infty} \frac{1}{n!} B^n = I + \sum_{n=1}^{\infty} \frac{1}{n!} B = I + \begin{pmatrix} e-1 & 0 \\ 0 & 0 \end{pmatrix} = \begin{pmatrix} e & 0 \\ 0 & 1 \end{pmatrix},$$

also $\exp(A) \exp(B) = \begin{pmatrix} e & 1 \\ 0 & 1 \end{pmatrix}$, es gilt aber

$$\exp(A + B) = \exp(C) = I + \sum_{n=1}^{\infty} \frac{1}{n!} C^n = \begin{pmatrix} e & e-1 \\ 0 & 1 \end{pmatrix}. \qquad \square$$

Kapitel 29

Lösungen zu Kapitel 9

Lösung zu Aufgabe 9.1.1.

(a) Es gilt

$$\frac{\partial}{\partial x}f(x,y) = 3x^2 - 3y, \qquad \frac{\partial}{\partial y}f(x,y) = 3y^2 - 3x.$$

(b) Ferner ist

$$\frac{\partial}{\partial x}g(x,y) = \cos(x) + \cos(x+y), \qquad \frac{\partial}{\partial y}g(x,y) = \cos(y) + \cos(x+y).$$

(c) Wir rechnen

$$\frac{\partial}{\partial x}h(x,y) = \frac{\partial}{\partial x}e^{y\log(1+x^2)} = e^{y\log(1+x^2)}\frac{1}{1+x^2}2x,$$
$$\frac{\partial}{\partial y}h(x,y) = \frac{\partial}{\partial y}e^{y\log(1+x^2)} = e^{y\log(1+x^2)}\log\left(1+x^2\right). \qquad \square$$

Lösung zu Aufgabe 9.2.2.

Die Determinante $\det : M_n(\mathbb{R}) \to \mathbb{R}$ ist eine stetige Abbildung und $GL_n(\mathbb{R})$ ist das Urbild der offenen Menge $\mathbb{R}^\times$ und damit offen.

Für $B \in M_n(\mathbb{R})$ mit $\|B\| < 1$ gilt

$$f(I+B) = (I+B)^{-1} = \sum_{k=0}^{\infty}(-B)^k = I - B + B^2\underbrace{\left(\sum_{k=2}^{\infty}(-B)^{k-2}\right)}_{=\phi(B)}.$$

© Der/die Autor(en), exklusiv lizenziert durch
Springer-Verlag GmbH, DE, ein Teil von Springer Nature 2021
A. Deitmar, *Übungsbuch zur Analysis*, https://doi.org/10.1007/978-3-662-62860-7_29

Dann geht $\frac{\phi(B)}{\|B\|}$ gegen Null für $B \to 0$ und daher ist f in $A = I$ differenzierbar mit $Df(I)B = -B$.

Sei nun $A \in GL_n(\mathbb{R})$ und $B \in M_n(\mathbb{R})$ so klein, dass $A + B \in GL_n(\mathbb{R})$. Dann gilt

$$
\begin{aligned}
Af(A + B) = A(A + B)^{-1} &= (I + BA^{-1})^{-1} \\
&= f(I + BA^{-1}) \\
&= f(I) + Df(I)BA^{-1} + \phi(BA^{-1}) \\
&= I - BA^{-1} + \phi(BA^{-1}).
\end{aligned}
$$

Also ist $f(A + B) = f(A) - A^{-1}BA^{-1} + A^{-1}\phi(BA^{-1})$, woraus die Behauptung folgt. $\square$

Skizze zu Aufgabe 9.2.3.

Die Funktionalmatrix von F ist

$$
DF(x, y) = \begin{pmatrix} 2x & -2y \\ 2y & 2x \end{pmatrix}.
$$

Die Abbildung ist surjektiv und jeder Punkt $(x, y) \neq (0, 0)$ hat genau zwei Urbildpunkte, wie man durch Nachrechnen verifiziert. $\square$

Lösung zu Aufgabe 9.3.1.

Die Koordinaten der Kurve γ_a sind unendlich oft differenzierbar, daher ist γ_a unendlich oft partiell differenzierbar. Es gilt daher

$$
\begin{aligned}
L(\gamma_a) &= \int_0^1 \|\gamma_a'(t)\|\, dt \\
&= \int_0^1 \sqrt{a^2 \sin(at)^2 + a^2 \cos(at)^2 + \frac{1}{a^2}}\, dt = \int_0^1 \sqrt{a^2 + \frac{1}{a^2}}\, dt.
\end{aligned}
$$

Nun ist $a^2 - 2 + \frac{1}{a^2} = \left(a - \frac{1}{a}\right)^2 \geq 0$ mit Gleichheit in $a = 1$ und nur dort. Daher $a^2 + \frac{1}{a^2} \geq 2$ und die Gleichheit wird bei $a = 1$ und nur dort angenommen. Damit ist die Länge $L(\gamma_a) \geq \sqrt{2}$ mit Gleichheit in $a = 1$ und nur dort. $\square$

Lösung zu Aufgabe 9.3.3.

Die Koordinaten der Helix sind stetig differenzierbar, daher ist die Helix rektifizierbar und es gilt

$$L(\gamma) = \int_{-\pi}^{\pi} \|\gamma'(t)\| \, dt = \int_{-\pi}^{\pi} \sqrt{\sin(t)^2 + \cos(t)^2 + 1} \, dt = \int_{-\pi}^{\pi} \sqrt{2} \, dt = 2\pi \sqrt{2}.$$

□

Skizze zu Aufgabe 9.4.1.

Man rechnet nach, dass Die Taylor-Reihe von f im Punkt $(1,1)$ gleich

$$\frac{1}{2}(x-1) - \frac{1}{2}(y-1) - \frac{1}{4}(x-1)^2 + \frac{1}{4}(y-1)^2 + H$$

ist, wobei H für die Terme höherer Ordnung steht.

□

Lösung zu Aufgabe 9.4.2.

(a) Man bestimmt zunächst

$$\nabla f(x,y) = \left(2xe^{-x^2} - 2xe^{-x^2}(x^2 + y^2), 2ye^{-x^2}\right).$$

Die Gleichung $\nabla f = 0$ führt in der zweiten Koordinate zu $y = 0$. Dann ist die erste Koordinate gleich $2xe^{-x^2} - 2x^3e^{-x^2} = 2xe^{-x^2}(1 - x^2)$, so dass folgt

$$\nabla f(x,y) = 0 \quad \Rightarrow \quad (x,y) = (0,0), \text{ oder } (\pm 1, 0).$$

Der Punkt $(x_0, y_0) = (0,0)$ ist ein sogar globales Minimum, denn $f \geq 0$ und $f(x_0, y_0) = 0$. Die Hesse-Matrix von f berechnet sich zu

$$Hf(x,y) = \begin{pmatrix} 4e^{-x^2}(1 - 3x^2 - y^2 + x^4 + x^2y^2) & 4xye^{-x^2} \\ 4xye^{-x^2} & 2e^{-x^2} \end{pmatrix}$$

So dass

$$Hf(\pm 1, 0) = \begin{pmatrix} -4e^{-1} & 0 \\ 0 & 2e^{-1} \end{pmatrix}.$$

Diese Matrix ist indefinit, so dass an beiden Punkten ein Sattel vorliegt.

(b) Der Gradient ist

$$\nabla g(x,y) = \left(\cos(x)\sin(y), \sin(x)\cos(y)\right).$$

Dieses verschwindet genau in den Punkten $(x,y) = (k\pi + \pi/2, l\pi + \pi/2) = (a_k, a_l)$ oder $(x,y) = (k\pi, l\pi) = (b_k, b_l)$, wobei $k, l \in \mathbb{Z}$. Die Hesse-Matrix ist

$$Hg(x,y) = \begin{pmatrix} -\sin(x)\sin(y) & \cos(x)\cos(y) \\ \cos(x)\cos(y) & -\sin(x)\sin(y) \end{pmatrix}$$

Es folgt

$$Hg(a_k, a_l) = \begin{pmatrix} (-1)^{k+l+1} & 0 \\ 0 & (-1)^{k+l+1} \end{pmatrix},$$

sowie

$$Hg(b_k, b_l) = \begin{pmatrix} 0 & (-1)^{k+l} \\ (-1)^{k+l} & 0 \end{pmatrix}.$$

Damit ist (a_k, a_l) ein lokales Maximum, falls $k+l$ gerade, ein lokales Minimum andernfalls. Ferner ist (b_k, b_l) stets ein Sattelpunkt.   □

Lösung zu Aufgabe 9.5.1.

(a) Ist $i \neq j$, so gilt

$$Df(x)_{i,j} = \frac{\partial f_i}{\partial x_j} = \frac{\partial}{\partial x_j} \frac{x_i}{1 + x_1 + x_2 + x_3}$$

$$= \frac{-x_i}{(1 + x_1 + x_2 + x_3)^2}.$$

Ferner gilt

$$Df(x)_{i,i} = \frac{\partial f_i}{\partial x_i} = \frac{\partial}{\partial x_i} \frac{x_i}{1 + x_1 + x_2 + x_3}$$

$$= \frac{1 + x_1 + x_2 + x_3 - x_i}{(1 + x_1 + x_2 + x_3)^2}.$$

Daher ist also

$$Df(x) = \frac{1}{(1 + x_1 + x_2 + x_3)^2} \begin{pmatrix} 1 + x_2 + x_3 & -x_1 & -x_1 \\ -x_2 & 1 + x_1 + x_3 & -x_2 \\ -x_3 & -x_3 & 1 + x_1 + x_2 \end{pmatrix}.$$

(b) Sei $\Lambda = \{(z_1, z_2, z_3) \in \mathbb{R}^3 : z_1 + z_2 + z_3 \neq 1\}$ und sei $g : \Lambda \to \mathbb{R}^3$ gegeben durch

$$z \mapsto \frac{1}{1 - (z_1 + z_2 + z_3)} z.$$

Es ist leicht einzusehen, dass $f(\Omega) \subset \Lambda$ und $g(\Lambda) \subset \Omega$. Für $x \in \Omega$ rechnet man direkt nach, dass $g(f(x)) = x$ und für $z \in \Lambda$, dass $f(g(z)) = z$. Damit ist $\Lambda = f(\Omega)$ und f und g sind invers zueinander. Ist $i \neq j$, so gilt

$$Dg(z)_{i,j} = \frac{\partial g_i}{\partial z_j} = \frac{\partial}{\partial z_j} \frac{z_i}{1 - (z_1 + z_2 + z_3)} = \frac{z_i}{(1 - (z_1 + z_2 + z_3))^2}.$$

Ferner gilt

$$Dg(z)_{i,i} = \frac{\partial g_i}{\partial z_i} = \frac{\partial}{\partial z_i} \frac{z_i}{1 - (z_1 + z_2 + z_3)} = \frac{1 - z_1 - z_2 - z_3 + z_i}{(1 - (z_1 + z_2 + z_3))^2}.$$

Daher also

$$Dg(z) = \frac{1}{(1 - (z_1 + z_2 + z_3))^2} \begin{pmatrix} 1 - z_2 - z_3 & z_1 & z_1 \\ z_2 & 1 - z_1 - z_3 & z_2 \\ z_3 & z_3 & 1 - z_1 - z_2 \end{pmatrix}. \quad \square$$

Kapitel 30

Lösungen zu Kapitel 10

Lösung zu Aufgabe 10.1.1.

(a) folgt direkt aus der Kettenregel, Satz Ana-9.2.8, da f die Komposition von F und $x \mapsto (x, x)$ ist.

(b) Die Funktion $G(t, s) = \int_1^t \frac{e^{sx}}{x} \, dx$ ist partiell differenzierbar nach Satz Ana-10.1.4. Die partiellen Ableitungen sind

$$D_1 G(t, s) = \frac{e^{st}}{t}, \qquad D_2 G(s, t) = \int_1^t e^{sx} \, dx = \frac{e^{sx}}{s} \Big|_{x=1}^t = \frac{e^{st} - e^s}{s}.$$

Diese Funktionen sind stetig in beiden Variablen und daher ist G total differenzierbar. Wir können also Teil (a) anwenden zur Berechnung von $g'(t) = \frac{2e^{t^2} - e^t}{t}$. $\qquad\square$

Skizze zu Aufgabe 10.1.3.

(a) Die Normeigenschaft ist leicht aus der Definition nachzuweisen.

(b) Sei (f_j) eine Cauchy-Folge in $C_b^k(\mathbb{R}^n)$. Für jedes $\alpha \in \mathbb{N}_0^n$ mit $|\alpha| \le k$ sei dann $F^{(\alpha)}(x)$ der Limes von $(D^\alpha f_j)$. Dann ist $F^{(\alpha)}$ stetig und man kann Satz Ana-10.1.4 benutzen, um folgendes zu zeigen: Sind $\alpha, \beta \in \mathbb{N}_0^n$ Multi-Indizes so dass $|\alpha| = \|\beta\| + 1$, also etwa $D^\alpha = \frac{\partial}{\partial x_j} D^\beta$, dann ist $F^{(\beta)}$ in der j-ten Variablen differenzierbar mit Ableitung $F^{(\alpha)}$.

Da dies für alle Multi-Indizes α gilt, ist $F = F^{(0)}$ k-mal stetig differenzierbar mir beschränkten Ableitungen, liegt also in $C_b^k(\mathbb{R}^n)$. Nach Konstruktion konvergiert die Folge (f_j) in $C_b^k(\mathbb{R}^n)$ gegen diese Funktion F. $\qquad\square$

© Der/die Autor(en), exklusiv lizenziert durch
Springer-Verlag GmbH, DE, ein Teil von Springer Nature 2021
A. Deitmar, *Übungsbuch zur Analysis*, https://doi.org/10.1007/978-3-662-62860-7_30

Lösung zu Aufgabe 10.2.1.

Da die Funktionen stetig sind mit kompakten Trägern, kann man die folgenden Intgerale jeweils als Integrale über kompakte Quader ausdrücken und wir dürfen nach Satz Ana-10.1.6 jeweils die Integrationsreihenfolge vertauschen. Unter Ausnutzung der Translationsinvarianz, Satz Ana-10.2.6, folgt dann

$$
\begin{aligned}
(f * g) * h(x) &= \int_{\mathbb{R}^n} f * g(y) h(x - y)\, dy \\
&= \int_{\mathbb{R}^n} \int_{\mathbb{R}^n} f(z) g(y - z)\, dz\, h(x - y)\, dy \\
&= \int_{\mathbb{R}^n} \int_{\mathbb{R}^n} f(z) g(y) h(x - y - z)\, dz\, dy \\
&= \int_{\mathbb{R}^n} f(z) \int_{\mathbb{R}^n} g(y) h(x - z - y)\, dy\, dz \\
&= \int_{\mathbb{R}^n} f(z) g * h(x - z)\, dz = f * (g * h)(x). \qquad \square
\end{aligned}
$$

Lösung zu Aufgabe 10.3.1.

(a) Wir müssen zeigen, dass die Menge $C = \mathrm{conv}(v_1, \ldots, v_k)$ konvex ist und dass C in jeder konvexen Menge liegt, die $v_1, \ldots, v_n$ enthält. Seien dazu $x = \sum_{j=1}^{k} x_j v_j$ und $y = \sum_{j=1}^{k} y_j v_j$ in C. Für gegebenes $t \in [0, 1]$ und $1 \le j \le k$ sei $s_j = ((1 - t)x_j + t y_j)$. Dann gilt

$$
(1 - t)x + ty = \sum_{j=1}^{k} \underbrace{((1 - t)x_j + t y_j)}_{=s_j} v_j.
$$

Für jedes j ist $s_j \ge 0$ und

$$
\sum_{j=1}^{k} s_j = (1 - t) \sum_{j=1}^{k} x_j + t \sum_{j=1}^{k} y_j = (1 - t) + t = 1,
$$

also ist $(1 - t)x + ty \in C$ wie verlangt.

Sei nun K eine konvexe Menge, die $v_1, \ldots, v_k$ enthält. Wir müssen zeigen, dass $C \subset K$ gilt. Wir zeigen durch Induktion, dass K alle Punkte der Form $\sum_{j=1}^{m} t_j v_j$ enthält, wobei $1 \le m \le k$ und $t_j \ge 0$ mit $\sum_j t_j \le 1$.
Der Fall $m = 1$ ist klar, da jedes $t v_1$ eine Konvexkombination aus 0 und v_1 ist. Nun zum Induktionsschritt $m \to m + 1 \le k$. Wir betrachten ein Element

der Form $y = \sum_{j=1}^{m+1} t_j v_j$. Ist $t_{m+1} = 1$, dann folgt wegen $\sum_j t_j \leq 1$, dass $t_1 = \cdots = t_m = 0$ und damit ist y eine Konvexkombination aus 0 und v_{m+1} und liegt damit in K. Sei nun also $t_{m+1} < 1$. Es ist

$$\sum_{j=1}^{m+1} t_j v_j = \sum_{j=1}^{m} t_j v_j + t_{m+1} v_{m+1} = (1 - t_{m+1}) \left(\sum_{j=1}^{m} \frac{t_j}{1 - t_{m+1}} v_j \right) + t_{m+1} v_{m+1}.$$

Dieser letzte Ausdruck ist nach der Induktionsannahme eine Konvexkombination von Elementen aus K, wenn wir zeigen können, dass $\sum_{j=1}^{m} \frac{t_j}{1 - t_{m+1}} \leq 1$ gilt. Es ist $\sum_{j=1}^{m} t_j + t_{m+1} \leq 1$ und daher $\sum_{j=1}^{m} t_j \leq 1 - t_{m+1}$ woraus nach Division durch $1 - t_{m+1}$ die Behauptung folgt.

(b)"$\subset$": Sei $v \in \text{conv}(0, v_1, \ldots, v_k)$. Dann gibt es $t_0, t_1, \ldots, t_k \geq 0$ mit $\sum_{j=0}^{k} t_j = 1$ und $v = \sum_{j=0}^{k} t_j v_j$. Da $v_0 = 0$, folgt $v = \sum_{j=1}^{k} t_j v_j$ und es gilt $\sum_{j=1}^{k} t_j = 1 - t_0 \leq 1$.

"$\supset$": Sei umgekehrt $w = \sum_{j=0}^{k} t_j v_j$ mit $\sum_{j=1}^{k} t_j \leq 1$. Sei dann $v_0 = 0$ sowie $t_0 = 1 - \sum_{j=1}^{k} t_j$. Dann ist $t_0 \geq 0$, es gilt $\sum_{j=0}^{k} t_j = 1$ und $w = \sum_{j=0}^{k} t_j v_j$.

(c) Zunächst ist klar, dass der lineare Spann von D gleich $\text{Spann}(v_1, \ldots, v_k)$ ist. Enthält $v_1, \ldots, v_k$ keine Basis, so ist dieser Spann ein echter Unterraum von $\mathbb{R}^n$, enthält also keine offene Teilmenge. Nun also zum Fall, dass $v_1, \ldots, v_k$ eine Basis enthält. Indem wir überflüssige Vektoren wegfallen lassen, können wir annehmen, dass $k = n$ und $v_1, \ldots, v_n$ eine Basis von $\mathbb{R}^n$ ist. Sei $A : \mathbb{R}^n \to \mathbb{R}^n$ die lineare Abbildung, die die Standard-Basis $e_1, \ldots, e_n$ auf $v_1, \ldots, v_n$ wirft. Sei $E = A^{-1} D$. Dann folgt $E = \text{conv}(0, e_1, \ldots, e_n)$ und da lineare Abbildungen Homöomorphismen sind, reicht es zu zeigen, dass E eine offene Teilmenge enthält. Sei $w = \frac{1}{2n} \sum_{j=1}^{n} e_j$ und sei $r = \frac{1}{2n}$. Ist $B = B_r(0)$ der offene r-Ball um 0, so ist $U = w + B$ eine nicht-leere offene Teilmenge von $\mathbb{R}^n$. Wir behaupten, dass U in E liegt. Sei $u \in U$, dann ist

$$u = \frac{1}{2n} \sum_{j=1}^{n} e_j + \sum_{j=1}^{n} b_j e_j = \sum_{j=1}^{n} \left(\frac{1}{2n} + b_j \right) e_j$$

mit $\sqrt{b_1^2 + \cdots + b_n^2} < \frac{1}{2n}$. Daraus folgt insbesondere $|b_j| < \frac{1}{2n}$ und damit $\frac{1}{2n} + b_j > 0$. Ferner ist

$$\sum_{j=1}^{n} \left(\frac{1}{2n} + b_j \right) \leq \sum_{j=1}^{n} \left(\frac{1}{2n} + \frac{1}{2n} \right) = 1,$$

so dass u in D liegt und die Behauptung bewiesen ist. $\qquad \square$

Lösung zu Aufgabe 10.3.2.

Seien $A \subset B \subset \mathbb{R}^n$ Kompakta, dann gilt

$$\text{vol}(B) - \text{vol}(A) \leq \text{vol}(\overline{B \setminus A}),$$

denn sind $f, g \in C_c(\mathbb{R}^n)$ mit $f \geq 1_A$ und $g \geq 1_{\overline{B \setminus A}}$, dann folgt $f + g \geq 1_B$, so dass folgt $\text{vol}(B) \leq \text{vol}(A) + \text{vol}(\overline{B \setminus A})$.

Sei $\mathring{H}_{s,v} = \{x \in \mathbb{R}^n : \langle x, v \rangle > s\}$ das offene Innere von $H_{s,v}$. Wir zeigen zunächst: Geht $\varepsilon > 0$ gegen Null, dann geht

$$\text{vol}(K \cap H_{s,v}) - \text{vol}(K \cap H_{s+\varepsilon,v}) \leq \text{vol}\left(K \cap \left(H_{s,v} \setminus \mathring{H}_{-s-\varepsilon,-v}\right)\right)$$

gegen Null. Indem man v zu einer Orthonormalbasis ergänzt, erhält man eine Transformationsmatrix A, so dass man nach Anwendung der Transformationsformel annehmen kann, dass $v = e_1$ der erste Standard-Basisvektor ist. Sei dann $T > 0$ so groß, dass $K \subset B = [-T, T]^n$ gilt. Sei dann eine stetige Funktion $f \in C_c(\mathbb{R}^n)$ gegeben, so dass $1 \geq f \geq 1_{K \cap (H_{s,v} \setminus \mathring{H}_{-s-\varepsilon,-v})}$ und $\text{supp}(f) \subset [-2T, 2T]^n$. Sei weiter $\chi \in C(\mathbb{R}^n)$ so dass $1 \geq \chi \geq 1_{H_{s,v} \setminus \mathring{H}_{-s-\varepsilon,-v}}$ mit $\text{supp}(\chi) \subset H_{s-\varepsilon,v} \setminus \mathring{H}_{-s-2\varepsilon,-v}$ und schließlich $h = f\chi \in C_c(\mathbb{R}^n, \mathbb{R})$. Dann gilt $1 \geq h \geq 1_{K \cap (H_{s,v} \setminus H_{-s-\varepsilon,-v})}$ aber

$$\text{supp}(h) \subset [-2T, 2T]^n \cap (H_{s-\varepsilon,v} \setminus H_{-s-2\varepsilon,-v}) \subset [s - \varepsilon, s + 2\varepsilon] \times [-2T, 2T]^{n-1},$$

woraus sich

$$\text{vol}\left(K \cap (H_{s,v} \setminus H_{-s-\varepsilon,-v})\right) \leq 3\varepsilon(4T)^{n-1}$$

ergibt, was mit $\varepsilon \to 0$ gegen Null geht.

Damit ist insbesondere die Abbildung $s \mapsto \text{vol}(K \cap H_{s,v}) - \text{vol}(K \cap H_{-s,v})$ stetig. Diese Abbildung nimmt für hinreichend kleines $s \in \mathbb{R}$ den Wert $\text{vol}(K) \geq 0$ an und für hinreichend großes s den Wert $-\text{vol}(K) \leq 0$. Nach dem Zwischenwertsatz gibt es ein s_0 mit der verlangten Eigenschaft.

Die Zahl s_0 ist nicht eindeutig bestimmt, wie man an dem Beispiel $n = 1$, $K = [-2, -1] \cup [1, 2]$ sieht. $\qquad\Box$

Skizze zu Aufgabe 10.3.3.

Sei $\sigma : D \to (0, 1) \times (0, 1)$, $(x, y) \mapsto (x + y, y/(x + y))$. Eine Anwendung der Transformationsformel liefert dann

$$\int_D e^{y/(x+y)} \, dx \, dy = \int_0^1 \int_0^1 e^s r \, ds \, dr = \frac{e - 1}{2}.$$

Es sei $\eta : R \rightarrow (0,2) \times (0,2)$ gegeben durch $\eta(x,y) = (x + y, x - y)$. Die Transformationsformel, angewendet auf $A = \eta^{-1}$ liefert

$$\int_R (x^2 - y^2)\, dx\, dy = \int_0^2 \int_0^2 \frac{st}{2}\, ds\, dt = 2. \qquad \square$$

Kapitel 31

Lösungen zu Kapitel 11

Skizze zu Aufgabe 11.1.1.

Sei $f : \mathbb{R} \times \mathbb{R}^2 \to \mathbb{R}^2$ definiert durch $f(x, y) = (-y_2, y_1) = Ay$, wobei A die lineare Abbildung $(y_1, y_2) \mapsto (-y_2, y_1)$ ist. Das Gleichungssystem hat die Form $y' = f(x, y)$. Man definiert $T\phi(x) = \int_0^x \phi(t)\,dt$, sowie $\phi_0(x) = (1, 0)$ und $\phi_{k+1}(x) = (1, 0) + AT\phi_k(x)$. Schreibt man $v = (1, 0)$, so gilt

$$\phi_k = v + ATv + A^2T^2v + \cdots + A^kT^kv.$$

Nach dem Picard-Lindelöf-Verfahren ist $\phi = \sum_{k=0}^{\infty} A^k T^k v$ die gesuchte Lösung. Man rechnet nun $Tv = \int_0^x v\,dt = xv$, $T^2v = \int_0^x tv\,dt = \frac{1}{2}x^2v$ und so weiter, also allgemein $T^kv = \frac{1}{k!}x^kv$. Hieraus ergibt sich $\phi(x) = (\cos(x), \sin(x))$.

$\square$

Lösung zu Aufgabe 11.1.4.

Aus $xyf(x, y) < 0$ folgt, dass für $xy \neq 0$ gilt $\operatorname{sign}(f(x, y)) = -\operatorname{sign}(xy)$. Insbesondere sind die Vorzeichen in benachbarten Quadranten entgegengesetzt, so dass $f(x, y) = 0$ falls $xy = 0$. Insbesondere folgt, dass $\phi = 0$ eine Lösung der Differentialgleichung $y' = f(x, y)$ ist.

Sei nun ϕ irgendeine Lösung mit $\phi(0) = 0$. Dann ist $\phi'(0) = f(0, 0) = 0$. Für $x > 0$ ist $\operatorname{sign}(\phi'(x)) = -\operatorname{sign}(\phi(x))$. Ist also etwa $\phi(x_0) > 0$ für ein $x_0 > 0$. Sei dann $\alpha \geq 0$ minimal mit der Eigenschaft, dass $\phi(x) > 0$ für jedes $\alpha < x \leq x_0$. Dann ist $\phi(\alpha) = 0$ und $\phi'(x) < 0$ im gesamten Intervall (α, x_0). Dies widerspricht dem Mittelwertsatz, nach welchem es zwischen α und x_0 ein x mit $\phi'(x) > 0$ geben muss. Der Fall, dass es ein $x_0 > 0$ gibt mit $\phi(x_0) < 0$

© Der/die Autor(en), exklusiv lizenziert durch
Springer-Verlag GmbH, DE, ein Teil von Springer Nature 2021
A. Deitmar, *Übungsbuch zur Analysis*, https://doi.org/10.1007/978-3-662-62860-7_31

geht ebenso. Es folgt $\phi(x) = 0$ für alle $x \geq 0$. Ebenso für $x \leq 0$ und daher $\phi = 0$.   □

Lösung zu Aufgabe 11.1.5.

Die Funktion $f(x, y) = (2x - 1)y^2$ ist stetig differenzierbar, erfüllt also eine lokale Lipschitz-Bedingung. Damit ist Existenz und Eindeutigkeit der Lösung bei gegebenem Anfangswert gesichert.

Der Faktor $(2x - 1)$ ist die Ableitung von $x^2 - x$. Wenn also $\psi(x)$ eine Lösung von $y' = y^2$ ist, dann ist $x \mapsto \psi(x^2 - x)$ eine Lösung der in der Aufgabe gestellten DGL. Die DGL $y' = y^2$ impliziert $y^{(n)} = n! y^{n+1}$ und daher liefert der Potenzreihenansatz die Lösung $\frac{c}{1-cx}$ mit $c = y(0) \in \mathbb{R}$. Daher ist die allgemeine Lösung $y(x) = \frac{c}{1-c(x^2-x)}$.   □

Lösung zu Aufgabe 11.1.8.

Die DGL erfüllt die Voraussetzung für den Existenz- und Eindeutigkeitssatz von Picard-Lindelöf. Wir setzen $u(t) = \frac{1}{y-t} = (y - t)^{-1}$ und rechnen

$$
\begin{aligned}
u' &= \frac{1}{(y-t)^2}(1 - y') \\
&= u^2\left((2t + 1)y - y^2 - t - t^2\right) \\
&= u^2\left(\frac{1}{u} - \frac{1}{u^2}\right) = u - 1.
\end{aligned}
$$

Wir bestimmen nun alle Lösungen der DGL $u' = u - 1$ in der Nähe von $t = 0$. Zunächst beachte $u'' = u'$, so dass $u'(t) = ce^t$ folgt für ein $c \in \mathbb{R}$ und dann $u(t) = ce^t + b$ für ein $b \in \mathbb{R}$. Wegen $u' = u - 1$ folgt $b = 1$, also $u(t) = ce^t + 1$. Ist $c \neq -1$, so ist also

$$
y = t + u^{-1} = t + \frac{1}{ce^t + 1}
$$

eine Lösung der DGL in der Nähe von Null. Es folgt $y(0) = \frac{1}{c+1}$ oder $c = \frac{1}{y(0)} - 1$. Das bedeutet, dass wir alle Lösungen mit $y(0) \neq 0$ auf diese Weise erhalten.

Geht $c \to \infty$, dann konvergiert $y(t)$ gegen t und da $y(t) = t$ die DGL tatsächlich löst, ist dies die eindeutig bestimmte Lösung mit $y(0) = 0$.   □

Skizze zu Aufgabe 11.2.1.

Sei $a \in \mathbb{R}$. Mit Variation der Konstanten bestimmt man die Lösung y mit $y(0) = a$. Mit $F(t) = 5t$ bestimmt man mit partieller Integration $c(t) = -\frac{t}{5}e^{-5t} -$

$\frac{1}{25}e^{-5t} + \frac{1}{25}$. Dann ist $y(t) = e^{F(t)}(c(t) + a) = -\frac{t}{5} - \frac{1}{25} + \frac{e^{5t}}{25} + ae^{5t}$. die gesuchte Lösung. $\qquad \square$

Skizze zu Aufgabe 11.2.2.

Gesucht ist eine differenzierbare Abbildung $F : \mathbb{R} \to \mathbb{R}^3$, $F = (f, g, h)$ mit $F' = AF$, wobei A die Matrix

$$A = \begin{pmatrix} 0 & 1 & 1 \\ 1 & 0 & 1 \\ 1 & 1 & 0 \end{pmatrix}$$

ist. Man bestimmt die Eigenwerte durch das charakteristische Polynom und die Eigenvektoren durch lösen von linearen Gleichungssystemen. So erhält man und erhält $A = S^{-1}DS$, wobei D die Diagonalmatrix mit Diagonale $(2, -1, -1)$ ist und

$$S = \begin{pmatrix} 1 & 1 & 1 \\ 1 & -1 & 0 \\ 1 & 0 & -1 \end{pmatrix}.$$

Damit folgt $(f + g + h)' = 2(f + g + h)$ und $f - g = c_2e^{-x}$, $f - h = \cdot c_3 e^{-x}$. Die Anfangswerte führen zu $c_1 = 6$, $c_2 = -2$ und $c_3 = -1$. Man erhält ein lineares Gleichungssystem für f, g, h das man löst zu $f = 2e^{2x} - e^{-x}$, $g = 2e^{2x}$, $h = 2e^{2x} + e^{-x}$. $\qquad \square$

Lösung zu Aufgabe 11.2.3.

Sei y eine Funktion, die die Differentialgleichung erfüllt. Wir erhalten

$$y''' = y'' - y' = y' - y - y' = -y.$$

Seien $a = y(0)$ und $b = y'(0)$. Die Taylorreihe von y um Null ist

$$a + bx + \frac{b-a}{2}x^2 - a\frac{1}{3!}x^3 - b\frac{1}{4!}x^4 - (b-a)\frac{1}{5!}x^5 + a\frac{1}{6!}x^6 + \ldots$$

$$= a\sum_{j=0}^{\infty}\frac{(-1)^j}{(3j)!}x^{3j} + b\sum_{j=0}^{\infty}\frac{(-1)^j}{(3j+1)!}x^{3j+1} + (b-a)\sum_{j=0}^{\infty}\frac{(-1)^j}{(3j+2)!}x^{3j+2}$$

$$= aE_0(x) + bE_1(x) + (b-a)E_2(x)$$

$$= a(E_0 - E_2) + b(E_1 + E_2)$$

wobei

$$E_0(x) = \sum_{j=0}^{\infty} \frac{(-1)^j}{(3j)!} x^{3j},$$

$$E_1(x) = \sum_{j=0}^{\infty} \frac{(-1)^j}{(3j+1)!} x^{3j+1},$$

$$E_2(x) = \sum_{j=0}^{\infty} \frac{(-1)^j}{(3j+2)!} x^{3j+2}.$$

Da diese Taylor-Reihen konvergieren und die so definierten Funktionen die Differentialgleichung erfüllen, bilden $E_0 - E_2$ und $E_1 + E_2$ ein Fundamentalsystem. Dieses wollen wir nun durch Exponentialreihen ausdrücken.

Sei $\zeta = e^{2\pi i/6}$, dann gilt $\zeta^3 = -1$ und es gilt $1 + \zeta^2 + \zeta^4 = 0$.

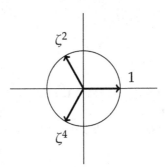

Begründung hierzu: Sei $A = 1 + \zeta^2 + \zeta^4$, dann ist

$$\zeta^2 A = (\zeta^2 + \zeta^4 + \underbrace{\zeta^6}_{=1}) = A$$

und da $\zeta^2 \neq 1$, folgt $A = 0$. Hieraus ergibt sich insbesondere

$$1 + \zeta^{2n} + \zeta^{4n} = \begin{cases} 3 & 3|n, \\ 0 & \text{sonst.} \end{cases}$$

So dass

$$\frac{1}{3}\left(e^x + e^{\zeta^2 x} + e^{\zeta^4 x}\right) = \frac{1}{3}\sum_{n=0}^{\infty} \frac{1}{n!} x^n \left(1 + \zeta^{2n} + \zeta^{4n}\right) = \sum_{n=0}^{\infty} \frac{1}{(3n)!} x^{3n}.$$

Ersetzt man jetzt noch x durch ζx, so folgt

$$\sum_{j=0}^{\infty} \frac{(-1)^j}{(3j)!} x^{3j} = \frac{1}{3}\left(e^{\zeta x} + e^{\zeta^3 x} + e^{\zeta^5 x}\right)$$

$$\sum_{j=0}^{\infty} \frac{(-1)^j}{(3j+1)!} x^{3j+1} = \frac{1}{3}\left(e^{\zeta x} + \zeta^4 e^{\zeta^3 x} + \zeta^2 e^{\zeta^5 x}\right)$$

$$\sum_{j=0}^{\infty} \frac{(-1)^j}{(3j+2)!} x^{3j+2} = \frac{1}{3}\left(e^{\zeta x} + \zeta^2 e^{\zeta^3 x} + \zeta^4 e^{\zeta^5 x}\right).$$

Damit ist ein Fundamentalsystem der Lösungen gegeben durch

$$y_1 = 3(E_0 - E_2) = (1 - \zeta^2)e^{\zeta^3 x} + (1 - \zeta^4)e^{\zeta^5 x},$$
$$y_2 = 3(E_0 + E_1) = 2e^{\zeta x} - e^{\zeta^2 x} - e^{\zeta^5 x}. \qquad \square$$

Lösung zu Aufgabe 11.2.4.

Da Matrixmultiplikation eine stetige Abbildung ist, gilt für alle $s, t \in \mathbb{R}$

$$\begin{aligned}
A'(t)A(s) &= \lim_{h \to 0}\left[\frac{1}{h}\left(A(t+h) - A(t)\right)\right]A(s) \\
&= \lim_{h \to 0}\left[\frac{1}{h}\left(A(t+h) - A(t)\right)A(s)\right] \\
&= A(s)\lim_{h \to 0}\left[\frac{1}{h}\left(A(t+h) - A(t)\right)\right] = A(s)A'(t).
\end{aligned}$$

Wir schreiben e^A für $\exp(A)$ und 1 für die $n \times n$ Einheitsmatrix. Dann ist für $h \neq 0$,

$$\begin{aligned}
\frac{e^{A(t+h)} - e^{A(t)}}{h} &= \frac{e^{A(t+h)-A(t)} - 1}{h}e^{A(t)} \\
&= \left(\sum_{n=1}^{\infty}\left(\frac{A(t+h) - A(t)}{h}\right)^n \frac{h^{n-1}}{n!}\right)e^{A(t)} \\
&= \left(\underbrace{\frac{A(t+h) - A(t)}{h} + h\underbrace{\sum_{n=2}^{\infty}\left(\frac{A(t+h) - A(t)}{h}\right)^n \frac{h^{n-2}}{n!}}_{\text{beschränkt für } h \to 0}}_{\to 0 \text{ für } h \to 0}\right)e^{A(t)}.
\end{aligned}$$

Für $h \to 0$ ergibt sich die Behauptung.

Zum Schluss ein Beispiel, das zeigt, dass die Kommutativität notwendig ist. Sei $n = 2$ und

$$A(t) = \begin{pmatrix} & 1 \\ t & \end{pmatrix}.$$

Dann ist $A'(t) = \begin{pmatrix} 0 & 0 \\ 1 & 0 \end{pmatrix}$ und daher im Allgemeinen $A'(t)A(s) \neq A(s)A'(t)$. Schließlich ist $A(t)^2 = \begin{pmatrix} t & \\ & t \end{pmatrix}$ und daher gilt für $t \geq 0$,

$$\exp(A(t)) = \sum_{n=0}^{\infty} \frac{A(t)^n}{n!} = \sum_{n=0}^{\infty} \frac{t^n}{(2n)!} + \sum_{n=0}^{\infty} \frac{t^n}{(2n+1)!} A(t)$$

$$= \cosh\left(\sqrt{t}\right) + \sinh\left(\sqrt{t}\right) A(t).$$

Damit ist

$$(\exp(A(t)))' = \frac{1}{2\sqrt{t}} \sinh\left(\sqrt{t}\right) + \frac{1}{2\sqrt{t}} \cosh\left(\sqrt{t}\right) A(t) + \sinh\left(\sqrt{t}\right) A'(t)$$

$$= \begin{pmatrix} \frac{1}{2\sqrt{t}} \sinh\left(\sqrt{t}\right) & \frac{1}{2\sqrt{t}} \cosh\left(\sqrt{t}\right) \\ t\frac{1}{2\sqrt{t}} \cosh\left(\sqrt{t}\right) + \sinh\left(\sqrt{t}\right) & \frac{1}{2\sqrt{t}} \sinh\left(\sqrt{t}\right) \end{pmatrix}.$$

Wohingegen

$$A'(t)\exp(A(t)) = \begin{pmatrix} 0 & 0 \\ 1 & 0 \end{pmatrix} \begin{pmatrix} \cosh\left(\sqrt{t}\right) & \sinh\left(\sqrt{t}\right) \\ t\sinh\left(\sqrt{t}\right) & \cosh\left(\sqrt{t}\right) \end{pmatrix} = \begin{pmatrix} 0 & 0 \\ \cosh\left(\sqrt{t}\right) & \sinh\left(\sqrt{t}\right) \end{pmatrix}.$$

Dies ist also das verlangte Beispiel.   □

Lösung zu Aufgabe 11.3.1.

(a) Dies ist eine lineare Gleichung der Dimension 1, so dass Variation der Konstanten uns sofort die Lösung gibt. Sei $a(t) = \frac{1}{t}$, $b(t) = t$ und $t_0 = 1$. Dann ist $A(t) = \int_{t_0}^{t} a(s)\,ds = \int_1^t \frac{1}{s}\,ds = \log(t)$. Ferner sei $c(t) = \int_1^t e^{-A(s)}b(s)\,ds = \int_1^t ds = t - 1$. Dann ist $y(t) = e^{A(t)}c(t) = t(t-1)$ die verlangte Lösung. Diese erfüllt die Gleichung überall in $(0, \infty)$, so dass dies das maximale Existenzintervall ist.

(b) Die Funktion $f(t, y) = \sqrt{1 - y^2}$ ist definiert und differenzierbar in $\mathbb{R} \times (-1, 1)$. Da die rechte Seite eine Funktion von y ist, kann man Trennung der Variablen anwenden. Wir setzen also

$$g(t) = 1, \qquad\qquad h(y) = \sqrt{1 - y^2},$$

$$a = 0, \qquad\qquad c = 1.$$

Ist $|y|$ hinreichend klein, so gilt

$$\phi(y) := \int_0^y \frac{1}{\sqrt{1-s^2}}\, ds = \arcsin(y).$$

Dann ist

$$y(t) = \phi^{-1}\left(\int_0^t g(s)\, ds\right) = \sin(t)$$

die eindeutig bestimmte Lösung. Diese löst die DGL solange $\sin(t)^2 = y(t)^2 < 1$ bleibt, daher ist das maximale Existenzintervall gleich $(-\frac{\pi}{2}, \frac{\pi}{2})$.

(c) Dies Problem passt nicht in unsere Theorie, da in einer DGL $y' = f(t, y)$ die Funktion f immer auf einer offenen Menge definiert und stetig sein sollte. Es gibt aber keine offene Umgebung von $(t, y) = (0, 1)$ in der $f(t, y) = \sqrt{1 - y^2}$ definiert ist.

Für dieses Anfangswertproblem gibt es überabzählbar viele Lösungen! Unter einer Lösung verstehen wir dabei eine differenzierbare Funktion, die die DGL erfüllt. Diese ist dann automatisch stetig differenzierbar. Es gibt dann die folgenden Lösungen: Einmal die konstante Funktion $z(t) = 1$ und dann für jedes $c \geq 0$ die Lösung

$$y_k(t) = \begin{cases} -1 & t < -\pi - c \\ \cos(t + c) & -\pi - c \leq t \leq -c, \\ 1 & t > -c. \end{cases}$$

Alle Lösungen haben das maximale Existenzintervall $\mathbb{R}$.

Man macht sich leicht klar, dass die genannten Funktionen Lösungen des Anfangswertproblems sind. Es ist zu zeigen, dass jede Lösung y eine von diesen ist.

Sei also y eine Lösung, die nicht konstant 1 ist und sei y definiert ist auf einem offenen Intervall I, das die Null enthält. Da $y' \geq 0$ ist y monoton wachsend und da $y(0) = 1$, ist $y(t) = 1$ für jedes $t > 0$. Wir können also $I \supset [0, \infty)$ annehmen. Sei dann $c > 0$ so dass $[-c, +\infty)$ das maximale Intervall ist, auf dem y konstant 1 ist. Sei dann $b < c$ so dass y auf (b, c) definiert ist und $|y(t)| < 1$ auf (b, c) ist. Wegen der Differentialgleichung ist y auf (b, c) zweimal differenzierbar und es gilt

$$y'' = \left(\left(1 - y^2\right)^{\frac{1}{2}}\right)'$$

$$= \frac{1}{2}\left(1 - y^2\right)^{-\frac{1}{2}}(-2yy') = -y$$

Ein Fundamentalsystem für diese lineare DGL ist gegeben durch $\sin(t + c)$ und $\cos(t + c)$, also ist $y(t) = \alpha \sin(t + c) + \beta \cos(t + c)$. Da $y(-c) = 1$, folgt $\beta = 1$. Es gilt dann in (b, c)

$$\alpha \cos - \sin = y' = \sqrt{1 - y^2} = \sqrt{1 - (\alpha \sin + \cos)^2}.$$

wobei wir $\cos$ für $\cos(t + c)$ und $\sin$ für $\sin(t + c)$ geschrieben haben. Quadrieren liefert

$$(\alpha \cos - \sin)^2 = 1 - (\alpha \sin + \cos)^2$$

oder

$$
\begin{aligned}
1 &= (\alpha \cos - \sin)^2 + (\alpha \sin + \cos)^2 \\
&= \alpha^2 \cos^2 - 2\alpha \cos \sin + \sin^2 + \alpha^2 \sin^2 + 2\alpha \sin \cos + \cos^2 \\
&= (1 + \alpha^2)(\sin^2 + \cos^2) = 1 + \alpha^2.
\end{aligned}
$$

Hieraus folgt $\alpha = 0$, also $y(t) = \cos(t + c)$. Die Behauptung folgt. □

Kapitel 32

Lösungen zu Kapitel 12

Lösung zu Aufgabe 12.1.1.

Sei X ein T1-Raum und seien $x \neq y$ in X. Dann ist $U = X \smallsetminus \{y\}$ eine offene Menge, die x, nicht aber y enthält.

Sei umgekehrt die Bedingung erfüllt und sei $x \in X$. Sei $V = X \smallsetminus \{x\}$. Wir wollen zeigen, dass V offen ist. Für jedes $y \in V$ gibt es eine offene Umgebung U_y, die x nicht enthält. Dann ist $U_y \subset V$ und daher ist $V = \bigcup_{y \in V} U_y$ eine Vereinigung von offenen Mengen, also offen. □

Lösung zu Aufgabe 12.2.1.

Es ist zu zeigen, dass f^{-1} stetig ist. Da f bijektiv ist, ist die Behauptung äquivalent dazu, dass f offene Mengen auf offene Mengen wirft. Sei also $U \subset X$ offen, dann ist $U^c = X \smallsetminus U$ abgeschlossen, also kompakt und damit ist das Bild $f(U^c)$ kompakt und da Y ein Hausdorff-Raum ist, ist $f(U^c)$ abgeschlossen und daher das Komplement, $f(U^c)^c = f(U)$, offen. Hierbei wurde benutzt, dass für eine Bijektion f stets $f(U^c) = f(U)^c$ gilt. □

Lösung zu Aufgabe 12.3.1.

Die Antwort lautet: ja. Für gegebenes $c \in C$ ist die Abbildung $X \to X \times C$, $x \mapsto (x, c)$ nach Lemma Ana-12.4.6 stetig, da die beiden Koordinaten jeweils die Identität und eine konstante Abbildung sind. Damit ist für jedes $c \in C$ die Abbildung $x \mapsto f(x, c)$ stetig und daher für jede offene Menge $U \subset \mathbb{R}$ die Menge $\{x \in X : f(x, c) \in U\}$ offen in X.

© Der/die Autor(en), exklusiv lizenziert durch
Springer-Verlag GmbH, DE, ein Teil von Springer Nature 2021
A. Deitmar, *Übungsbuch zur Analysis*, https://doi.org/10.1007/978-3-662-62860-7_32

Sei $\alpha \in \mathbb{R}$. Dann ist

$$g^{-1}(\alpha, \infty) = \left\{x \in X : \sup\{f(x,c) : c \in C\} > \alpha\right\}$$
$$= \left\{x \in X : \exists_{c \in C} f(x,c) > \alpha\right\}$$
$$= \bigcup_{c \in C} \left\{x \in X : f(x,c) > \alpha\right\}.$$

Da $x \mapsto f(x,c)$ stetig ist, ist diese Menge offen in X. Auf der anderen Seite wird, da C kompakt ist, das Supremum $\sup\{f(x,c) : c \in C\}$ stets angenommen, also folgt

$$g^{-1}(-\infty, \alpha) = \left\{x \in X : \sup\{f(x,c) : c \in C\} < \alpha\right\}$$
$$= \left\{x \in X : f(x,c) < \alpha \; \forall_{c \in C}\right\}$$
$$= \left\{x \in X : \{x\} \times C \subset U\right\},$$

wobei U die offene Menge $U = f^{-1}(-\infty, \alpha)$ ist. Liegt nun $x \in g^{-1}(-\infty, \alpha)$, dann ist $\{x\} \times C \subset U$. Da jede offene Menge in der Produkttopologie eine Vereinigung von Produkten mit offenen Faktoren ist, gibt es zu jedem $c \in C$ zwei offene Mengen $V_c \subset X$ und $W_c \subset C$ so dass $(x,c) \in V_c \times W_c \subset U$. Die Mengen $W_c, c \in C$ bilden eine offene Überdeckung von C, also gibt es $c_1, \ldots, c_n$ so dass $C = \bigcup_{j=1}^n W_{c_j}$. Die Menge $V = \bigcap_{j=1}^n V_{c_j}$ ist offen in X und es gilt $x \in V \subset g^{-1}(-\infty, \alpha)$. Die Menge $g^{-1}(-\infty, \alpha)$ enthält also mit jedem Punkt x eine offene Umgebung von x und ist damit offen. Insgesamt ist g stetig.   □

Lösung zu Aufgabe 12.3.2.

Die Folge (f_j) konvergiere in der Kompakt-Offen-Topologie gegen eine Abbildung f. Sei $K \subset X$ eine kompakte Teilmenge. Zu zeigen ist, dass (f_j) auf K gleichmäßig gegen f konvergiert. Sei hierzu $\varepsilon > 0$. Für jedes $x \in K$ sei $U_x = f^{-1}(B_{\varepsilon/4}(f(x)))$, wobei $B_r(y)$ der offene Ball vom Radius r um $y \in Y$ bezeichnet. Dann ist U_x eine offene Umgebung von x. Da K kompakt ist, gibt es $x_1, \ldots, x_n \in K$ so dass

$$K \subset U_{x_1} \cup \cdots \cup U_{x_n}.$$

Für $x \in K$ ist die Menge $V_x = f^{-1}(\overline{B}_{\varepsilon/4}(f(x)))$ eine abgeschlossen Menge, die U_x enthält. Dann ist $K \cap V_x$ kompakt. Die Funktion f liegt in der Menge $L(K \cap V_x, B_{\varepsilon/2}(f(x)))$. Da die Folge (f_j) in der Kompakt-Offen-Topologie gegen f konvergiert, gibt es ein j_0 so dass für jedes $j \geq j_0$ gilt

$$f_j \in L(K \cap V_{x_1}, B_{\varepsilon/2}(f(x_1))) \cap \cdots \cap L(K \cap V_{x_n}, B_{\varepsilon/2}(f(x_n)))$$

Sei nun $x \in K$. Dann gibt es ein $1 \le k \le n$, so dass $x \in K \cap U_{x_k} \subset K \cap V_{x_k}$. Sei $j \ge j_0$. Da $f_j(K \cap V_{x_k}) \subset B_{\varepsilon/2}(f(x_k))$, gilt

$$|f_j(x) - f(x)| \le |f_j(x) - f(x_k)| + |f(x_k) - f(x)| < \frac{\varepsilon}{2} + \frac{\varepsilon}{2} = \varepsilon.$$

Das bedeutet, dass die Folge (f_j) auf K gleichmäßig gegen f konvergiert.

Für die Rückrichtung sei $f_j \to f$ gleichmäßig auf jedem Kompaktum konvergent. Sei $K \subset X$ kompakt und $U \subset Y$ offen mit $f \in L(K, U)$, also $f(K) \subset U$. Da f stetig ist, ist $f(K)$ kompakt. Da U eine offene Obermenge von $f(K)$ ist, gibt es ein $\varepsilon > 0$ so dass die ε-Umgebung von $f(K)$, die Menge

$$U_\varepsilon(f(K)) = \left\{ y \in Y : d(y, K) < \varepsilon \right\}$$

ganz in U liegt. Da $f_j \to f$ gleichmäßig auf K konvergiert, gibt es ein j_0 so dass für jedes $j \ge j_0$ gilt $|f_j(x) - f(x)| < \varepsilon$ für jedes $x \in K$. Damit liegt für $j \ge j_0$ und $x \in K$ das Element $f_j(x)$ in $U_\varepsilon(f(K)) \subset U$, also $f_j(K) \subset U$, das heißt aber gerade, dass $f_j \in L(K, U)$ und damit konvergiert die Folge in der Kompakt-Offen-Topologie. □

Lösung zu Aufgabe 12.4.1.

Sei $U \subset X$ eine nichtleere offene Teilmenge. Wir müssen zeigen, dass $D \cap U \ne \emptyset$ gilt. Nach der Definition der Produkttopologie gibt es eine endliche Teilmenge $E \subset I$ und für jedes $j \in E$ eine offene Menge $\emptyset \ne U_j \subset X_j$, so dass die Menge $\prod_{j \in E} U_j \times \prod_{j \in I \setminus E} X_j$ eine Teilmenge von U ist. Wähle irgendwelche Elemente $u_j \in U_j$ für $j \in E$. Dann liegt das Element x mit

$$x_j = \begin{cases} u_j & j \in E, \\ a_j & j \notin E \end{cases}$$

in D und in U. Da U beliebig war, ist D dicht im Produktraum X. □

Lösung zu Aufgabe 12.5.1.

Sei $A \subset C([0, 1], \mathbb{C})$ die Algebra erzeugt von allen Funktionen $t \mapsto t^n$, $n = 0, 1, 2 \dots$. Dann gilt:

(a) A trennt Punkte, d.h., für je zwei $x \ne y$ in $[0, 1]$ gibt es $f \in A$ mit $f(x) \ne f(t)$. Hierfür kann man $f(x) = x$ wählen.

(b) Für jedes $x \in [0, 1]$ gibt es ein $f \in A$ mit $f(x) \ne 0$. Hier kann man die konstante Funktion $f(x) = 1$ nehmen.

(c) A ist abgeschlossen unter komplexer Konjugation, da die Erzeuger re-
ellwertige Funktionen sind.

Nach dem Satz von Stone-Weierstraß folgt dann, dass A dicht ist in $C([0,1])$.
Sei dann also $f \in C([0,1])$ mit $\int_0^1 f(t)t^n \, dt = 0$ für jedes $n = 0,1,2\ldots$,
dann gibt es eine Folge $f_n \in A$, die gleichmäßig gegen $\overline{f}$ konvergiert.
Da $\int_0^1 f(x)f_n(x)\,dx = 0$ für jedes n, folgt im Limes, dass $\int_0^1 |f(x)|^2 \, dx =$
$\int_0^1 f(x)\overline{f(x)}\,dx = 0$. Da f stetig ist, folgt $f = 0$.   □

Skizze zu Aufgabe 12.5.2.

Man schreibt die Ableitung $\frac{\partial}{\partial t}f_t(x) = 2(x+t)e^{(x+t)^2}$ als Limes der Differenzen-
quotienten und folgert, dass sie im Abschluss $\overline{V}$ liegt. Eine Wiederholung
dieses Argumentes liefert, dass für jedes Polynom $p(x)$ und jedes $t \in T$ die
Funktion $p(x)e^{-(x+t)^2}$ in $\overline{V}$ liegt. Da die Polynome dicht liegen, liegen auch
diese Funktionen dicht.   □

Lösung zu Aufgabe 12.6.1.

Es reicht zu zeigen, dass $V \neq \bigcup_n A_n$ gilt. Denn: es sei $f \in V \setminus \bigcup_n A_n$ und sei
$x \in (0,1)$. Dann gibt es ein n_0 so dass für $n \geq n_0$ gilt $x \in [0,1-1/n]$. Für jedes
$n \geq n_0$ gibt es dann ein $h_n \in (0,1/n)$ so dass

$$\left|\frac{f(x+h_n)-f(x)}{h_n}\right| > n.$$

Wäre nun f in x differenzierbar, so müsste dieser Differenzenquotient für
$n \to \infty$ in $\mathbb{R}$ konvergieren, was aber offensichtlich nicht geht.

Nun zeigen wir also $V \neq \bigcup_n A_n$. Jede der Mengen A_n ist abgeschlossen,
denn sei $f_k \to f$ eine konvergente Folge in A_n, dann gibt es eine Folge (x_k)
in $[0,1-1/n]$ so dass für alle $h \in (0,1/n)$ gilt

$$\left|\frac{f_k(x_k+h)-f_k(x_k)}{h}\right| \leq n.$$

Die beschränkte Folge (x_k) hat eine konvergente Teilfolge. Durch Übergang
zu dieser, kann man $x_k \to x \in [0,1-1/n]$ als konvergent annehmen. Es gilt
dann

$$\left|f_k(x_k)-f(x)\right| \leq \left|f_k(x_k)-f(x_k)\right| + \left|f(x_k)-f(x)\right|.$$

Aus der gleichmäßigen Konvergenz $f_k \to f$ und der Stetigkeit von f folgt dann dass $f_k(x_k)$ gegen $f(x)$ konvergiert und ebenso $f_k(x_k + h) \to f(x_k + h)$ für jedes $h \in (0, 1/n)$. Daher folgt

$$\left| \frac{f(x+h) - f(x)}{h} \right| = \lim_{k \to \infty} \left| \frac{f_k(x_k + h) - f_k(x_k)}{h} \right| \leq n$$

und damit $f \in A_n$.

Behauptung: $V \smallsetminus A_n$ ist dicht in V.
Da der Raum der glatten Funktionen, $C^\infty([0,1])$ dicht in V liegt, reicht es zu zeigen, dass es zu jedem $g \in C^\infty([0,1])$ eine Folge $g_k \in V \smallsetminus A_n$ gibt, die in V gegen g konvergiert. Sei $g_k(x) = g(x) + \frac{1}{k}\sin(k^2 x)$. Dann ist g_k glatt und

$$\lim_{h \to 0} \frac{g_k(x+h) - g_k(x)}{h} = g_k'(x) = g'(x) + k\cos(k^2 x).$$

Hieraus folgt leicht, dass $g_k \notin A_n$ für k hinreichend groß. Da andererseits g_k in V gegen g konvergiert, folgt die Behauptung.

Mit dem Satz von Baire folgt nun, dass $V \neq \bigcup_n A_n$ und damit ist die Aussage bewiesen. $\qquad\qquad\square$

Lösung zu Aufgabe 12.7.1.

(a) Das Netz (x_α) konvergiere gegen x. Für gegebenes $i \in I$ sei $U_i \subset X_i$ eine offene Umgebung von x_i. Wir müssen zeigen, dass es ein $\alpha_0 \in A$ gibt, so dass für jedes $\alpha \geq \alpha_0$ gilt $x_{\alpha,i} \in U_i$.

Die Menge $U = U_i \times \prod_{\substack{j \in I \\ j \neq i}} X_j$ ist eine offene Umgebung von x in X. Daher existiert ein α_0 so dass für jedes $\alpha \geq \alpha_0$ gilt $x_\alpha \in U$. Das bedeutet aber insbesondere, dass für $\alpha \geq \alpha_0$ gilt $x_{\alpha,i} \in U_i$.

Für die Umkehrung sei (x_α) ein Netz, so dass jede Koordinate $(x_{\alpha,i})$ gegen x_i konvergiert und sei $U \subset X$ eine offene Umgebung von x. Nach Definition der Produkttopologie gibt es $i_1, \ldots, i_n \in I$ und offene Mengen $U_{i_1} \subset X_{i_1}, \ldots, U_{i_n} \subset X_{i_n}$ so dass

$$x \in U_{i_1} \times \cdots \times U_{i_n} \times \prod_{j \notin \{i_1, \ldots, i_n\}} X_j \subset U.$$

Für diese $i_1, \ldots i_n \in I$ gibt es nach Voraussetzung $\alpha_1, \ldots, \alpha_n \in A$ so dass $x_{\alpha,i_\nu} \in U_{i_\nu}$ für jedes $\nu = 1, \ldots, n$ und jedes $\alpha \geq \alpha_\nu$. Da A gerichtet ist, gibt es $\beta \in A$ mit $\alpha_1, \ldots, \alpha_n \leq \beta$. Dann gilt für jedes $\alpha \geq \beta$, dass

$$x_\alpha \in U_{i_1} \times \cdots \times U_{i_n} \times \prod_{j \notin \{i_1, \ldots, i_n\}} X_j \subset U.$$

Daher konvergiert das Netz (x_α) gegen x.

(b) Sei $(x_\alpha)_{\alpha\in A}$ ein Netz in $G(f)$, welches in $X \times Y$ gegen (a,b) konvergiert. Wir müssen zeigen, dass $(a,b) \in G(f)$ ist.

Schreibe dazu $x_\alpha = (a_\alpha, b_\alpha)$. Nach Teil (a) konvergiert a_α gegen a und da f stetig ist, konvergiert dann $b_\alpha = f(a_\alpha)$ gegen $f(a)$. Andererseits konvergiert b_α gegen b und da Y hausdorffsch ist, Limiten also eindeutig bestimmt, folgt $f(a) = b$ und daher $(a,b) \in G(f)$. $\square$

Lösung zu Aufgabe 12.7.2.

(a) Die Axiome der partiellen Ordnung sind leicht verifiziert. Sind $E, f \in I$, dann ist die Vereinigung $E \cup F$ eine gemeinsame obere Schranke in I.

(b) Das Netz konvergiere gegen Null. Es sei (s_j) eine Folge in S mit paarweise verschiedenen Gliedern. Sei $\varepsilon > 0$. Da das Netz gegen Null geht, existiert ein $E_0 \in I$ so dass $f_E < \varepsilon$ für jedes $E \geq E_0$ gilt. Das bedeutet insbesondere dass $f(s) < \varepsilon$ für jedes $s \in S \setminus E_0$. Da die s_j paarweise verschieden sind und E_0 endlich ist, gibt es ein j_0 so dass für jedes $j \geq j_0$ gilt $s_j \notin E_0$, damit also $f(s_j) < \varepsilon$ und daher konvergiert die Folge $f(s_j)$ gegen Null.

Umgekehrt gelte $\lim_{j\to\infty} f(s_j) = 0$ für jede Folge (s_j) in S mit paarweise verschiedenen Gliedern. **Angenommen**, das Netz $(f_E)_{E\in I}$ konvergiert nicht gegen Null. Dann gibt es ein $\varepsilon > 0$, so dass zu jedem $E \in I$ ein $F \geq E$ existiert, so dass $f_F \geq \varepsilon$. Es wird nun induktiv eine Folge (s_j) in S konstruiert. Zunächst sei $s_1 \in S$ beliebig. Dann seien $s_1, \ldots, s_n$ bereits konstruiert. Dann gibt es ein $s_{n+1} \in S$, das nicht in der endlichen Menge $E = \{s_1, \ldots, s_n\}$ liegt, so dass $f(s_{n+1}) \geq \varepsilon$. Man erhält so eine Folge (s_j) mit paarweise verschiedenen Gliedern und der Eigenschaft $f(s_j) \geq \varepsilon$ für jedes $j \in \mathbb{N}$, was der Konvergenz $f(s_j) \to 0$ **widerspricht!**

(c) Es gelte (i). Für $n \in \mathbb{N}$ sei dann S_n die Menge aller $s \in S$ mit $f(s_n) \geq \frac{1}{n}$. Dann gilt

$$|S_n|\varepsilon \leq \sum_{s\in S_n} f(s) \leq \sum_{s\in S} f(s) < \infty.$$

Daher muss S_n endlich sein. Da $\frac{1}{n}$ gegen Null geht, folgt $S_{>0} = \bigcup_{n=1}^\infty S_n$. Also ist $S_{>0}$ eine abzählbare Vereinigung endlicher Mengen und damit abzählbar. Sei (r_j) eine Abzählung von $S > 0$. Dann gilt für jedes $N \in \mathbb{N}$,

$$P(N) = \sum_{j=1}^N f(r_j) \leq \sum_{s\in S} f(s) < \infty.$$

Daher ist die monoton wachsende Folge $P(N)$ beschränkt und also konvergent. Damit folgt (ii). Für die umgekehrte Richtung gelte (ii) und sei (r_j) eine Abzählung von $S_{>0}$. Sei $M = \sum_{j=1}^{\infty} f(r_j)$. Für jede endliche Teilmenge $E \subset S$ gilt dann

$$\sum_{s \in E} f(s) = \sum_{\substack{j \geq 1 \\ r_j \in E}} f(s_j) \leq M < \infty. \qquad \square$$

Kapitel 33

Lösungen zu Kapitel 13

Lösung zu Aufgabe 13.1.1.

Die Menge $\mathcal{B}_n$ aller $A \subset \mathbb{N}$, für die entweder $A \subset \{1,2,\ldots,n\}$ oder $A^c \subset \{1,2,\ldots,n\}$ gilt ist selbst eine σ-Algebra. Sie enthält die Mengen $\{1\},\ldots,\{n\}$ und daher enthält sie $\mathcal{A}_n$. Ist umgekehrt $B \in \mathcal{B}_n$, etwa $B \subset \{1,\ldots,n\}$, dann liegt B in $\mathcal{A}_n$. Im anderen Fall liegt B^c in $\mathcal{A}_n$ und damit auch $B \in \mathcal{A}_n$. Insgesamt folgt $\mathcal{A}_n = \mathcal{B}_n$.

Die Menge $\mathcal{A} = \bigcup_n \mathcal{A}_n$ ist keine σ-Algebra, denn einerseits enthält sie jede der abzählbar vielen Mengen der Form $\{2n\}$, $n \in \mathbb{N}$, aber nicht deren Vereinigung, die Menge aller geraden natürlichen Zahlen. $\qquad\square$

Lösung zu Aufgabe 13.1.3.

(a) Es ist

$$\left(\limsup_n A_n\right)^c = \left(\bigcap_{n=1}^{\infty}\bigcup_{k\geq n} A_k\right)^c = \bigcup_{n=1}^{\infty}\left(\bigcup_{k\geq n} A_k\right)^c = \bigcup_{n=1}^{\infty}\bigcap_{k\geq n} A_k^c = \liminf_n A_n^c$$

(b) Da charakteristische Funktionen nur die Werte 0 und 1 annehmen, gilt für $x \in X$

$$\mathbf{1}_{\liminf_n A_n}(x) = 1 \Leftrightarrow x \in \liminf_n A_n$$

$$\Leftrightarrow \exists_{n_0 \in \mathbb{N}} \forall_{n \geq n_0}\, x \in A_n$$

$$\Leftrightarrow \exists_{n_0 \in \mathbb{N}} \forall_{n \geq n_0}\, \mathbf{1}_{A_n}(x) = 1$$

$$\Leftrightarrow \liminf_n \mathbf{1}_{A_n}(x) = 1$$

229

© Der/die Autor(en), exklusiv lizenziert durch
Springer-Verlag GmbH, DE, ein Teil von Springer Nature 2021
A. Deitmar, *Übungsbuch zur Analysis*, https://doi.org/10.1007/978-3-662-62860-7_33

und

$$\mathbf{1}_{\limsup_n A_n}(x) = 1 \Leftrightarrow x \in \limsup_n A_n$$

$$\Leftrightarrow x \in A_n \text{ für unendlich viele } n$$

$$\Leftrightarrow \mathbf{1}_{A_n}(x) = 1 \text{ für unendlich viele } n$$

$$\Leftrightarrow \limsup_n \mathbf{1}_{A_n}(x) = 1.$$

(c) Sei $x \in \liminf_n A_n \cap \limsup_n B_n$, dann gibt es ein n_0 so dass für alle $n \geq n_0$ gilt $x \in A_n$. Ferner liegt x in B_n für unendlich viele n. Damit folgt, dass für unendlich viele n gilt $x \in A_n \cap B_n$, also $x \in \limsup_n (A_n \cap B_n)$.

(d) "$\subset$" Sei $x \in \left(\limsup_n A_n\right) \setminus (\liminf_n A_n)$. Da $x \in \left(\limsup_n A_n\right)$, gibt es unendlich viele n mit $x \in A_n$. Da andererseits $x \notin (\liminf_n A_n)$, gibt es auch unendlich viele m mit $x \notin A_m$. Damit gibt es unendlich viele n, so dass $x \in A_n$ und $x \notin A_{n+1}$. Daher also $x \in \limsup_n (A_n \setminus A_{n+1})$.

"$\supset$" Sei $x \in \limsup_n (A_n \setminus A_{n+1})$. Dann gibt es unendlich viele n, so dass $x \in A_n \setminus A_{n+1}$. Daher gibt es unendlich viele n mit $x \in A_n$ und es gibt unendlich viele n mit $x \in A_n^c$. Es folgt, dass

$$x \in \left(\limsup_n A_n\right) \cap \left(\limsup_n A_n^c\right) = \left(\limsup_n A_n\right) \cap \left(\liminf_n A_n\right)^c$$

$$= \left(\limsup_n A_n\right) \setminus \left(\liminf_n A_n\right). \qquad \square$$

Lösung zu Aufgabe 13.1.4.

(a) Ist (A_n) monoton wachsend, dann konvergiert sie gegen $A = \bigcup_n A_n$, denn

$$\limsup_n A_n = \bigcap_{n=1}^{\infty} \bigcup_{k \geq n} A_k = \bigcap_{n=1}^{\infty} A = A = \bigcup_{n=1}^{\infty} A_n = \bigcup_{n=1}^{\infty} \bigcap_{k \geq n} A_k = \liminf_n A_n.$$

Ist die Folge (B_n) monoton fallend, dann konvergiert sie gegen $B = \bigcap_{n=1}^{\infty} B_n$, denn

$$\limsup_n B_n = \bigcap_{n=1}^{\infty} \bigcup_{k \geq n} B_k = \bigcap_{n=1}^{\infty} B_n = B = \bigcup_{n=1}^{\infty} B = \bigcup_{n=1}^{\infty} \bigcap_{k \geq n} B_k = \liminf_n B_n.$$

(b) Es gelte $A_n \to A$, also $A = \liminf_n A_n = \limsup_n A_n$. Für jedes $x \in A = \liminf_n A_n$ gibt es dann ein n_0 so dass für $n \geq n_0$ gilt $x \in A_n$. Daraus folgt dann $\mathbf{1}_{A_n}(x) \to \mathbf{1}_A(x)$. Gilt $x \notin A = \limsup_n A_n$, dann gilt $x \in A_n$ nur für endlich viele n, also gibt es ein n_0 so dass $\mathbf{1}_{A_n}(x) = 0$ für alle $n \geq n_0$, so dass die Konvergenz auch in diesem Fall folgt.

Für die Umkehrung beachte, dass charakteristische Funktionen nur die Werte 0 und 1 annehmen, so dass $\mathbf{1}_{A_n} \to \mathbf{1}_A$ impliziert, dass die Folge $\mathbf{1}_{A_n}(x)$ für jedes x stationär wird. Damit gilt für jedes $x \in \limsup_n A_n$, dass $x \in \liminf_n A_n$, also die Konvergenz der Mengenfolge.

(c) Sei (A_n) konvergent gegen $\emptyset$. Dann ist $\emptyset = \limsup_n A_n$, dies ist aber gerade die Menge aller x, für die es unendlich viele n gibt mit $x \in A_n$.

Die Umkehrung ist klar, da immer $\liminf_n A_n \subset \limsup_n A_n$ gilt.

(d) Seien $A = \lim_n A_n$ und $B = \lim_n B_n$. Dann konvergiert (A_n^c) gegen A^c, denn

$$\limsup_n A_n^c = (\liminf_n A_n)^c = A^c = (\limsup_n A_n)^c = \liminf_n A_n^c.$$

Die Folge $(A_n \cap B_n)$ konvergiert gegen $A \cap B$, denn $\limsup_n(A_n \cap B_n) = \bigcap_{n=1}^{\infty}\bigcup_{k \geq n}(A_k \cap B_k)$ ist sowohl eine Teilmenge von $\limsup_n A_n = A$ als auch von $\limsup_n B_n = B$, also ist $\limsup_n(A \cap B) \subset A \cap B$. Andererseits ist

$$\liminf_n(A_n \cap B_n) = \bigcup_{n=1}^{\infty}\bigcap_{k \geq n}(A_k \cap B_k) = \bigcup_{n=1}^{\infty}\left(\left(\bigcap_{k \geq n} A_k\right) \cap \left(\bigcap_{k \geq n} B_k\right)\right)$$
$$\supset \left(\bigcup_{n=1}^{\infty}\bigcap_{k \geq n} A_k\right) \cap \left(\bigcup_{n=1}^{\infty}\bigcap_{k \geq n} B_k\right) = A \cap B.$$

Daher folgt $A_n \cap B_n \to A \cap B$.

Schließlich folgt durch Komplementbildung:

$$A_n \cup B_n = (A_n^c \cap B_n^c)^c \to (A^c \cap B^c)^c = A \cup B. \qquad \square$$

Lösung zu Aufgabe 13.2.1.

(a) Sei $\mathcal{A}$ die σ-Algebra, die von der Vereinigung aller $f^{-1}(\mathcal{A}_i)$, $i \in I$ erzeugt wird. Dann ist jedes f_i messbar und jede σ-Algebra bezüglich der alle f_i messbar sind, enthält $\mathcal{A}$. Damit ist $\mathcal{A}$ die kleinste σ-Algebra, die alle f_i messbar macht. Sei $g : Z \to X$ eine Abbildung von einem Messraum $(Z, \mathcal{B})$. Ist g messbar, dann sind alle Kompositionen $f_i \circ g$ messbar. Seien umgekehrt alle Kompositionen messbar, dann liegt $g^{-1}(f_i^{-1}(\mathcal{A}_i))$ in $\mathcal{B}$ für jedes $i \in I$ und damit liegt $g^{-1}(\mathcal{A})$ in $\mathcal{B}$, da die σ-Algebra $\mathcal{A}$ von den $f_i^{-1}(\mathcal{A}_i)$ erzeugt wird.

(b) Sei $\mathcal{A}$ das System von Teilmengen $A \subset X$ so dass $f_i^{-1}(A) \in \mathcal{A}_i$ für jedes $i \in I$. Dann ist $\mathcal{A}$ eine σ-Algebra, denn

(i) $\emptyset \in \mathcal{A}$, da für jedes $i \in I$ gilt $f_i^{-1}(\emptyset) = \emptyset \in \mathcal{A}_i$.

(ii) Sei $A \in \mathcal{A}$, dann gilt für jedes $i \in I$, dass $f_i^{-1}(A^c) = f_i^{-1}(A)^c \in \mathcal{A}_i$, also ist $A^c \in \mathcal{A}$.

(iii) Ist $A_1, A_2, \cdots \in \mathcal{A}$, dann gilt für jedes $i \in I$

$$ f_i^{-1}\left(\bigcup_{j=1}^{\infty} A_j\right) = \bigcup_{j=1}^{\infty} f_i^{-1}(A_j) \in \mathcal{A}_i $$

und damit folgt $\bigcup_{j=1}^{\infty} A_j \in \mathcal{A}$.

Ist $\mathcal{B}$ irgendeine σ-Algebra, die alle f_i messbar macht, dann folgt für jedes $B \in \mathcal{B}$, dass $f_i^{-1}(B) \in \mathcal{A}_i$ für jedes $i \in I$, also $B \in \mathcal{A}$ und daher $\mathcal{B} \subset \mathcal{A}$. Die σ-Algebra $\mathcal{A}$ ist also die größte σ-Algebra, die alle f_i messbar macht.

Sei $g : X \to Z$ eine messbare Abbildung in einen Messraum. Dann sind alle Kompositionen $g \circ f_i$ messbar, da Kompositionen messbarer Abbildungen messbar sind. Sei umgekehrt $g : X \to Z$ eine Abbildung für die alle Kompositionen $g \circ f_i$ messbar sind. Sei dann $B \subset Z$ messbar, dann ist $f_i^{-1}(g^{-1}(B)) = (g \circ f_i)^{-1}(B)$ messbar für jedes $i \in I$ und daher ist nach Definition $g^{-1}(B) \in \mathcal{A}$, also ist g messbar. $\square$

Lösung zu Aufgabe 13.2.2.

Ja, diese Menge ist messbar. Sei $A(j, k)$ die Menge aller $x \in X$, für die $f_j(x) > k$ gilt. Dann ist jedes $A(j, k)$ messbar und

$$ X(\infty) = \bigcap_{k \in \mathbb{N}} \liminf_{j} A(j, k), $$

die Menge alle x mit $f_j(x) \to +\infty$ ist daher messbar. Ebenso sieht man, dass das analog definierte $X(-\infty)$ messbar ist.

Für $j, k, m \in \mathbb{N}$ sei $A(j, k, m)$ die Menge aller $x \in X$ mit $|f_j(x) - f_k(x)| < 1/m$. Dann ist jedes $A(j, k, m)$ messbar und die Menge

$$ \bigcap_{m \geq 1} \bigcup_{n \geq 1} \bigcap_{j,k \geq n} A(j, k, m) $$

ist die Menge aller $x \in X$ für die $f_j(x)$ eine Cauchy-Folge, also in $\mathbb{R}$ konvergent ist. $\square$

Skizze zu Aufgabe 13.2.3.

Die Aussage ist falsch. Sei $X = \mathbb{Z}$ und sei $\mathcal{A}$ die σ-Algebra erzeugt von allen Mengen der Form $\{-k\}$, $k \in \mathbb{N}$. Ferner sei $f(k) = k + 1$ für $k \in \mathbb{Z}$. Diese Funktion ist bijektiv und leicht als messbar zu erkennen.

Die Umkehrfunktion ist aber nicht messbar, denn $\mathbb{N}_0 = \left(\bigcup_{k=1}^{\infty} \{-k\}\right)^c$ ist messbar, die Menge $f(\mathbb{N}_0) = \mathbb{N}$ aber nicht. $\qquad\square$

Skizze zu Aufgabe 13.2.4.

Sei $S = f^{-1}\big((a,b)\big)$. Durch einen Widerspruchsbeweis sieht man ein, dass es zu jedem $s \in S$ ein $\varepsilon > 0$ gibt, so dass $(s - \varepsilon, s] \subset S$ ist. Also ist S eine Vereinigung von halboffenen Intervallen der Form $(a, b]$ ist. Indem man für einen gegebenen Punkt $s_0 \in S$ alle solche Intervalle vereint, die s_0 enthalten und ihrerseits in S enthalten sind, sieht man, dass S die disjunkte Vereinigungen halb offener und offener Intervalle positiver Länge ist. Dies können nur abzählbar viele sein (3.1.6). $\qquad\square$

Lösung zu Aufgabe 13.3.1.

Für jedes $j \geq n$ gilt $\mu\left(\bigcap_{k \geq n} A_k\right) \leq \mu(A_j)$ und daher

$$\mu\left(\liminf_{n \to \infty} A_n\right) = \mu\left(\bigcup_{n=1}^{\infty} \bigcap_{k \geq n} A_k\right) = \lim_{n \to \infty} \mu\left(\bigcap_{k \geq n} A_k\right)$$

$$\leq \lim_{n \to \infty} \left(\inf_{j \geq n} \mu(A_j)\right) = \liminf_{n \to \infty} \mu(A_n).$$

Da $\mu(X) < \infty$, können wir die letzte Ungleichung durch Komplementbildung gewinnen, genauer ist

$$\limsup_n \mu(A_n) = \limsup_n \mu(X \smallsetminus A_n^c) = \mu(X) - \liminf_n \mu(A_n^c)$$

$$\leq \mu(X) - \mu\left(\liminf_n A_n^c\right)$$

$$= \mu(X) - \mu\left(\left(\limsup_n A_n\right)^c\right) = \mu\left(\limsup_n A_n\right). \qquad\square$$

Skizze zu Aufgabe 13.3.2.

(a) Der einzig schwierige Punkt ist die Transitivität. Diese folgt aber aus der Inklusion $A\Delta C \subset (A\Delta B) \cup (B\Delta C)$.

(b) Man setzt $N = A \triangle B$.

(c) Hier benutzt man (b) und wieder die Inklusion $A \triangle C \subset (A \triangle B) \cup (B \triangle C)$.

(d) Zu einer gegebenen Cauchy-Folge (A_n) erhält man den Limes A als $A = \limsup_n A_n$, siehe Aufgabe 13.1.3. Man weist zunächst nach, dass A und $B = \liminf_n A_n$ äquivalent sind. Man kann hierbei annehmen, dass $\mu(A_n \triangle A_{n+1}) < \frac{1}{2^n}$ gilt. Dann folgt, dass $A_n \cap A_{n+1} = A_n \setminus N(1/2^n)$, wobei $N(\varepsilon)$ als Symbol für irgendeine Menge vom Maß $< \varepsilon$ stehen soll. Dies reicht für die verlangte Äquivalenz und diese wiederum liefert eine Abschätzung, die zeigt, dass die Folge (A_n) in der Metrik gegen A konvergiert. $\square$

Lösung zu Aufgabe 13.4.2.

(a) Sei h_n eine Folge in $H(A)$, die gegen ein $h \in \mathbb{R}$ konvergiert. Sei U eine Umgebung von h. Dann existiert ein $n \in \mathbb{N}$, so dass $h_n \in U$. Dann ist U eine Umgebung von h_n, also ist $A \cap U$ unendlich. Damit ist $h \in H(A)$ und daher ist $H(A)$ abgeschlossen.

(b) Für jedes $x \in \mathbb{R} \setminus H(A)$ gibt es eine offene Umgebung $U(x)$, so dass $A \cap U(x)$ endlich ist. Für $n \in N$ sei K_n die Menge aller $x \in \mathbb{R}$ mit $|x| \leq n$ und $|x - h| \geq \frac{1}{n}$ für jedes $h \in H(A)$. Dann ist K_n kompakt, also gibt es endlich viele $k_j \in K_n$ so dass $K_n \subset U(k_1) \cup \cdots \cup U(k_m)$. Dann ist $A \cap K_n \subset (U(k_1) \cap A) \cup \cdots \cup (U(k_m) \cap A)$. Dies ist eine endliche Vereinigung endlicher Mengen, also endlich. Da $\mathbb{R} \setminus H(A) = \bigcup_{n \in \mathbb{N}} K_n$, ist $A \setminus H(A)$ abzählbar.

(c) Ist $H(A)$ eine Nullmenge, dann ist $A = \big(A \setminus H(A)\big) \cup \big(A \cap H(A)\big)$ die Vereinigung zweier Nullmengen, also eine Nullmenge. Die Umkehrung gilt nicht, denn für $A = \mathbb{Q}$ ist $H(A) = \mathbb{R}$. $\square$

Skizze zu Aufgabe 13.4.3.

Sei $C = \bigcup_{j=0}^{\infty} C_j$ wie in der Konstruktion des Cantor-Diskontinuums. Ein gegebenes $x \in C$ liegt in genau einem maximalen Teilintervall $[a_j, b_j]$ von C_j. Die Längen $|b_j - a_j| = 3^{-j}$ der Intervalle gehen gegen Null, also konvergiert etwa die Folge (a_j) gegen x. Da die Intervall-Enden a_j alle zu C gehören, ist x ein Häufungspunkt von C, es sei denn, $x = a_j$ für ein j. In dem Fall aber ist x Limes der Folge (b_j) und es gilt $b_j \neq x$ für jedes j.
Um einzusehen, dass C nirgends dicht ist, beachte, dass C als Schnitt abgeschlossener Mengen wieder abgeschlossen ist. Die Menge C kann aber kein offenes Intervall positiver Länge enthalten, da die Längen der Intervalle (s.o.) gegen Null gehen. $\square$

235

Skizze zu Aufgabe 13.4.5.

Da f' stetig ist, ist A abgeschlossen. Es gilt $f(A) = \bigcup_{n \in \mathbb{N}} f(A \cap [-n, n])$. Da $A \cap [-n, n]$ kompakt ist, ist $f(A \cap [-n, n])$ kompakt und daher ist $f(A)$ messbar. Für $m, n \in \mathbb{N}$ betrachtet man $A_{m,n} = \{x \in (-m, m) : |f'(x)| < 1/n\}$. Dann ist $A_{m,n}$ offen, also die disjunkte Vereinigung abzählbar vieler offener Intervalle. Für je zwei Punkte $x < y$ in einem solchen Intervall ist dann $|f(y) - f(x)| = \left|\int_x^y f'(t)\, dt\right| < \frac{1}{n}(b_k - a_k)$. Daher hat das Intervall $f(a_k, b_k)$ einen Durchmesser $< \frac{1}{n}(b_k - a_k)$. Daraus folgert man, dass $\lambda(A_{m,n})$ für $n \to \infty$ gegen Null geht. $\qquad \square$

Lösung zu Aufgabe 13.4.8.

Sei $\phi : [0, 1] \to [-\infty, \infty]$ ein monoton wachsender Homöomorphismus, etwa $\phi(x) = \frac{1}{1-x} - \frac{1}{x}$. Sei $F = \phi^{-1} \circ f$. Ist dann F^* eine messbare obere Hülle zu F, dann ist $\phi \circ F^*$ eine messbare obere Hülle zu f. Es reicht also, anzunehmen, dass f nur Werte im Intervall $[0, 1]$ annimmt. Sei dann

$$\alpha = \inf\left\{\int_X g(x)\, d\mu(x) : g \geq f,\ \text{messbar}\right\}.$$

Da $f \leq 1$, gilt $\alpha \leq \mu(X) < \infty$ und daher existiert eine Folge messbarer Funktionen $g_n \geq f$ mit $\int_X g_n \to \alpha$. Indem wir g_n durch $\min(g_1, \ldots, g_n)$ ersetzen, können wir g_n als monoton fallend annehmen. Da außerdem $g_n \geq 0$ für jedes n, konvergiert dann die Folge g_n punktweise. Sei f^* der Limes. Als punktweiser Limes messbarer Funktionen ist f^* messbar und nach dem Satz über dominierte Konvergenz folgt $\alpha = \int_X f^*\, d\mu$. Sei nun $h \geq f$ eine messbare Funktion und sei $\tilde{h} = \min(h, f^*)$. Dann ist auch $\tilde{h}$ messbar und erfüllt $\tilde{h} \geq f$. Daher ist $\int_X \tilde{h}\, d\mu \geq \int_X f^*\, d\mu$ und da $0 \leq \tilde{h} \leq f^*$, folgt μ-fast überall, dass $\tilde{h} = f^*$, also gilt μ-fast überall

$$h \geq \tilde{h} = f^*. \qquad \square$$

Kapitel 34

Lösungen zu Kapitel 14

Lösung zu Aufgabe 14.1.1.

Sei $I(f)$ die linke Seite der behaupteten Gleichung und für jede endliche Teilmenge $E \subset X$ sei $I_E(f) = \sum_{x \in E} f(x)$. Dann ist

$$I_E(f) = \sum_{x \in E} f(x) = \int_E f \, d\mu \le \int_X f \, d\mu.$$

Nimmt man das Supremum über alle E, so folgt $I(f) \le \int_X f \, d\mu$. Daher ist nur noch "$\ge$" zu zeigen. Es sei s_n eine monoton wachsende Folge einfacher Funktionen, die punktweise gegen f konvergiert. Dann gilt nach Definition des Integrals, dass $\int_X f \, d\mu = \lim_n \int_X s_n \, d\mu$. Es sei $s_n = \sum_{j=1}^{N(n)} c_{n,j} \mathbf{1}_{A_{n,j}}$ mit $c_{n,j} > 0$ und nichtleeren Mengen $A_{n,j} \subset X$, die $A_{n,i} \cap A_{n,j} = \emptyset$ für $i \ne j$ erfüllen.

1. Fall: Es gibt ein Tupel (n, j) so dass die Menge $A_{n,j}$ unendlich ist.
Sei dann $E_1 \subset E_2 \subset \ldots$ eine Folge von Teilmengen von $A_{n,j}$ so dass $\mu(E_k) = k$ gilt. Dann folgt

$$I(f) \ge \sup_{k \in \mathbb{N}} c_{n,j} \mu(E_k) = \infty.$$

Dann muss auch das Integral gleich ∞ sein und die Behauptung folgt.

2. Fall: Alle $A_{n,j}$ sind endliche Mengen.
Sei dann $E_n = \bigcup_{j=1}^{N(n)} A_{n,j}$. Dann ist E_n der Träger von s_n und daher $I_{E_n}(f) = \int_{E_n} f \, d\mu \ge \int_X s_n \, d\mu$ und damit

$$I(f) \ge \sup_n I_{E_n}(f) = \sup_n \int_X s_n \, d\mu = \int_X f \, d\mu. \qquad \square$$

© Der/die Autor(en), exklusiv lizenziert durch
Springer-Verlag GmbH, DE, ein Teil von Springer Nature 2021
A. Deitmar, *Übungsbuch zur Analysis*, https://doi.org/10.1007/978-3-662-62860-7_34

Skizze zu Aufgabe 14.1.3.

(a) Für $x \in \mathbb{R}$ sei $d_K(x) = \inf\{|x - k| : k \in K\}$ der Abstand zu K. Nach Aufgabe 8.5.1 ist d_K eine stetige Funktion. Man kann geeignete stetige Funktionen χ_n finden, so dass $g_n = \chi_n(d_K)$ die Bedingung erfüllt.

(b) Es gilt $f_{A,B}(x) = \lambda(A \cap (x + B)) = \int_A \mathbf{1}_{x+B}(y)\,dy = \int_{\mathbb{R}} \mathbf{1}_A(y)\mathbf{1}_B(y - x)\,dy$. Auf Grund der Regularität des Lebesgue-Maßes kann man A und B als kompakt annehmen. Man kann dann $\mathbf{1}_A$ und $\mathbf{1}_B$ wie in Teil (a) durch stetige Funktionen approximieren. Dann schliesslich folgt die Stetigkeit des entsprechenden Faltungs-Produkts aus der gleichmäßigen Stetigkeit von Funktionen aus $C_c(\mathbb{R})$. □

Skizze zu Aufgabe 14.1.5.

Man stellt fest, dass die Funktion $g(x) = \sum_{k \in \mathbb{Z}} |f(x+k)|$ über $[0, 1]$ integrierbar ist. Dann muss sie fast überall endlich sein. Daher müssen die Summanden $|f(x + k)|$ ausserhalb einer Nullmenge gegen Null gehen. □

Skizze zu Aufgabe 14.1.6.

Für $j, k \in \mathbb{N}$ sei

$$\Omega_{j,k} = \bigcup_{i=j}^{\infty} \left\{ x \in X : |f_j(x) - f(x)| \geq \frac{1}{k} \right\}.$$

Diese Menge ist messbar und für gegebenes $k \in \mathbb{N}$ gilt $\bigcap_{j \in \mathbb{N}} \Omega_{j,k} = \emptyset$. Nach dem Satz der dominierten Konvergenz schliesst man dann $\mu(\Omega_{j,k}) \to 0$ für $j \to \infty$. Man definiert dann $\Omega_\varepsilon = \left(\bigcup_{k=1}^{\infty} \Omega_{j_k,k} \right)^c$ für eine geeignete Folge $j_k \to \infty$ von Indizes, so dass das Komplement dieser Menge das Maß $< \varepsilon$ hat. Diese Menge Ω_ε leistet das Gewünschte. □

Skizze zu Aufgabe 14.1.7.

Ist $f = \mathbf{1}_{\widehat{A}}$ die charakteristische Funktion von $\widehat{A} \in \widehat{\mathcal{A}}$, dann ist $\widehat{A} = A \cup N$ für ein $A \in \mathcal{A}$ und eine Teilmenge einer Nullmenge N. Dann erfüllt $g = \mathbf{1}_A$ die Behauptung. Daraus folgert man die Behauptung für Linearkombinationen charakteristischer Funktionen und dann durch Approximation von unten für semi-positive messbare Funktionen. Dann wieder durch Linearkombinationen für alle $\widehat{\mathcal{A}}$-messbaren Funktionen. □

Lösung zu Aufgabe 14.1.9.

Es gilt $|f_j - f| \le |f| + |f_j| \le h + h_j$. Nach dem Lemma von Fatou, Ana-14.2.6, gilt

$$2 \int_X h \, d\mu = \int_X \liminf_j (h + h_j - |f_j - f|) \, d\mu \le \liminf_j \int_X h + h_j - |f_j - f| \, d\mu$$

$$= 2 \int_X h \, d\mu - \limsup_j \int_X |f_j - f| \, d\mu,$$

so dass $\limsup_j \int_X |f_j - f| \, d\mu = 0$ folgt und damit die Behauptung. □

Skizze zu Aufgabe 14.1.10.

Die Aussage folgt aus dem Satz der monotonen Konvergenz, wenn gezeigt wird, dass für $x \ge 0$ die Folge $h_n(x) = n \log\left(1 + \frac{x}{n}\right)$ monoton wachsend gegen x konvergiert. Es ist also zu zeigen

(a) $h_n(x) \le h_{n+1}(x)$ und

(b) $\lim_{n \to \infty} h_n(x) = x$.

Zu (a): Für die Ableitung gilt $h_n' \le h_{n+1}'$ und daraus folgt die Behauptung mit dem Hauptsatz der Differential- und Integralrechnung. Für (b) benutzt man die Potenzreihen-Entwicklung der Logarithmus-Funktion. □

Skizze zu Aufgabe 14.1.11.

Diese Funktion ist integrierbar. Durch eine Vertauschung der Summations-Reihenfolge und Einsetzen der geometrischen Reihe sieht man, dass $g(x) = 1$ gilt, falls $x \in [0,1] \setminus \mathbb{Q}$. □

Lösung zu Aufgabe 14.1.13.

Indem man f durch $|f|$ ersetzt, kann man $f \ge 0$ annehmen. Sei $h(x) = f(x)/(1 + \log(x))$. Unter Benutzung der Substitutionsregel rechnet man

$$\sum_{n=1}^{\infty} \int_{[1,2]} h(nx) \, dx = \sum_{n=1}^{\infty} \frac{1}{n} \int_{[n,2n]} h(x) \, dx = \int_{[1,\infty)} h(x) \phi(x) \, dx,$$

wobei

$$\phi(x) = \sum_{\substack{n \in \mathbb{N} \\ n \le x \le 2n}} \frac{1}{n} \le \sum_{\substack{n \in \mathbb{N} \\ n \le x}} \frac{1}{n} \le 1 + \log(x),$$

die letzte Ungleichung wurde in Aufgabe 3.2.5 bewiesen. Zusammen folgt also

$$\int_{[1,2]} \sum_{n=1}^{\infty} h(nx)\,dx = \sum_{n=1}^{\infty} \int_{[1,2]} h(nx)\,dx \le \int_{[1,\infty)} f(x)\,dx < \infty.$$

Hieraus folgt, dass $\sum_{n=1}^{\infty} h(nx) < \infty$ für alle $x \in [1,2] \setminus N_1$ für eine Nullmenge N_1, siehe Aufgabe 14.1.2. Für dieselben x folgt dann $h(nx) \to \infty$ für $n \to \infty$. Sei nun $N = \bigcup_{n \in \mathbb{N}} nN_1$. Dann ist $N \subset [1,\infty)$ eine Lebesgue-Nullmenge. Ist nun $x \in [1,\infty) \setminus N$, dann gibt es ein $m \in \mathbb{N}$ so dass $y = x/m \in [1,2] \setminus N_1$ und dann geht die Folge $h(ny) = h(nx/m)$ gegen Null, also geht auch $h(nx)$ gegen Null für $n \to \infty$. Für $x \notin N$ gilt also

$$\frac{f(nx)}{1 + \log(n) + \log(x)} \to 0.$$

Nun ist

$$\frac{f(nx)}{1 + \log(n)} = \underbrace{\frac{f(nx)}{1 + \log(n) + \log(x)}}_{= h(nx) \to 0} \underbrace{\frac{1 + \log(n) + \log(x)}{1 + \log(n)}}_{\to 1}$$

und damit geht für jedes $x \notin N$ die Folge $\frac{f(nx)}{1 + \log(n)}$ wie behauptet gegen Null. $\qquad\square$

Lösung zu Aufgabe 14.2.1.

Sei $x \ge 0$ und sei (x_n) eine Folge in $[0,\infty)$, die gegen x konvergiert. Es ist zu zeigen, dass $F(x_n)$ gegen $F(x)$ konvergiert. Hierbei reicht es, einmal $x_n \ge x$ für alle $n \in \mathbb{N}$ und einmal $x_n < x$ für alle n anzunehmen. Sei $h_n = \mathbf{1}_{[0,x_n]} f$. Dann gilt $|h_n| \le |f|$ und h_n konvergiert punktweise gegen $\mathbf{1}_{[0,x]} f$, falls $x_n \ge x$ für alle n und gegen $\mathbf{1}_{[0,x)} f$, falls $x_n < x$ für jedes $n \in \mathbb{N}$. Da $\{x\}$ eine λ-Nullmenge ist, folgt $F(x) = \int_{[0,x)} f\,d\lambda$ und daher folgt nach dem Satz über dominierte Konvergenz

$$\lim_n F(x_n) = \lim_n \int_{\mathbb{R}} h_n\,d\lambda = \begin{cases} \int_{\mathbb{R}} \mathbf{1}_{[0,x]} f\,d\lambda = F(x) & x_n \ge x, \\ \int_{\mathbb{R}} \mathbf{1}_{[0,x)} f\,d\lambda = F(x) & x_n < x. \end{cases}$$

Daher ist F stetig.

Sei nun $\varepsilon > 0$ und sei $T > 0$ so groß, dass $\int_{x>T} |f| \, d\lambda < \varepsilon/2$. Die stetige Funktion F ist auf dem kompakten Intervall $[-T, T]$ gleichmäßig stetig, also gibt es ein $\delta > 0$ so dass für alle $x, y \in [-T, T]$ mit $|x - y| < \delta$ gilt $|F(x) - F(y)| < \varepsilon/2$. Man kann $\delta < T$ annehmen. Seien nun $x, y \in \mathbb{R}$ mit $0 \leq x < y$ und $|x - y| < \delta$. Dann ist

$$|F(x) - F(y)| \leq |F(x) - F(T)| + |F(T) - F(y)|$$

$$< \frac{\varepsilon}{2} + \int_{(T,y]} |f| \, d\lambda \leq \frac{\varepsilon}{2} + \int_{(T,\infty)} |f| \, d\lambda < \frac{\varepsilon}{2} + \frac{\varepsilon}{2} = \varepsilon. \qquad \square$$

Skizze zu Aufgabe 14.2.2.

Die Gamma-Funktion ist definiert als $\Gamma(s) = \int_0^\infty t^{s-1} e^{-t} \, dt$, wobei das Integral für $s > 0$ konvergiert. Seien $0 < a < b < \infty$ und $I = (a, b)$ und $f : I \times X \to \mathbb{R}$ definiert als $f(s, t) = t^{s-1} e^{-t}$. Dann gilt

(a) Für jedes $s \in I$ ist $f(s, .)$ integrierbar.

(b) Die partielle Ableitung $D_1 f(s, t)$ existiert für alle $t \in X$.

(c*) Für jedes s existiert $\frac{\partial}{\partial s} f(s, t)$ für jedes $t \in I$ und es gibt ein $g \in \mathcal{L}^1(I)$ mit

$$\left| \frac{\partial f}{\partial s}(s, t) \right| \leq g(t)$$

für jedes $t \in I$.
Beweis hierzu: Die Funktion

$$g(t) = \begin{cases} \log(t) t^{a-1} e^{-t}, & t \leq 1, \\ \log(t) t^{b-1} e^{-t}, & t > 1. \end{cases}$$

leistet das Gewünschte. Man zeigt dann, dass g sogar auf $X = (0, \infty)$ integrierbar ist. Nach dem Satz über die Differentiation unter dem Integralzeichen (Satz Ana-14.3.3) folgt, dass die Gamma-Funktion in jedem Punkt differenzierbar ist. $\qquad \square$

Skizze zu Aufgabe 14.2.3.

Nach der Substitutionsregel, Satz Ana-6.3.8, gilt die Aussage, falls f stetig ist. Für eine offene Menge U nähert man $\mathbf{1}_U$ von unten monoton durch stetige Funktionen an und folgert die Behauptung für $\mathbf{1}_U$. Das Integral über $\mathbf{1}_A$ definiert dann ein Maß, das für offene Mengen gleich dem Lebesgue-Maß ist. Nach dem Maß-Eindeitigkeitssatz Ana-16.1.5, folgt dann die Behauptung. $\qquad\square$

Lösung zu Aufgabe 14.3.1.

Sei X ein kompakter Hausdorff-Raum und sei $P : C_c(X) \to \mathbb{C}$ ein positives Funktional. Nach dem Darstellungssatz von Riesz gibt es ein Radon-Maß μ so dass $P(f) = \int_X f \, d\mu$. Da X kompakt ist, ist $C = \mu(X) < \infty$. Für $f \in C_c(X)$ folgt

$$|P(f)| = \left| \int_X f \, d\mu \right| \le \int_X |f| \, d\mu \le \underbrace{\int 1 \, d\mu}_{=\mu(X)} \sup_{x \in X} |f(x)| = C \, \|f\|_X .$$

Zum Schluss ein Gegenbeispiel im lokalkompakten Fall. Sei $X = \mathbb{R}$ und $P(f) = \int_\mathbb{R} f \, d\lambda$, wobei λ das Lebesgue-Maß ist. Sei dann

$$f_n(x) = \begin{cases} \frac{x}{n^3} + \frac{1}{n} & -n^3 \le x \le 0 \\ -\frac{x}{n^3} + \frac{1}{n} & 0 < x \le n^3 \\ 0 & \text{sonst.} \end{cases}$$

Dann geht $f_n \to 0$ in der Supremumsnorm, aber $P(f) = n$. $\qquad\square$

Kapitel 35

Lösungen zu Kapitel 15

Lösung zu Aufgabe 15.1.1.

Es sei $H = \ell^2(\mathbb{N})$ und sei $(e_j)_{j\in\mathbb{N}}$ eine Orthonormalbasis von H. Sei V der Abschluss des Spans von $(e_{2j-1})_{j\in\mathbb{N}}$. Ferner sei W der Abschluss des Spans der $a_j e_{2j-1} + b_j e_{2j}$, wobei $a_j, b_j > $ so gewählt sind, dass $a_j^2 + b_j^2 = 1$ und dass die Folge a_j gegen Null geht. Dann ist $V + W$ die Menge aller Vektoren der Form

$$\sum_{j=1}^{\infty} \lambda_j (a_j e_{2j-1} + b_j e_{2j}) + \sum_{k=1}^{\infty} \mu_k\, e_{2k}, \qquad \lambda, \mu \in \ell^2(\mathbb{N}).$$

Damit sind alle e_j in $V + W$, damit aber eine Summe $\sum_j \eta_j e_{2j-1}$ in $V + W$ liegt, muss es $\lambda, \mu \in \ell^2(\mathbb{N})$ geben, so dass $\eta_j = \lambda_j a_j$, wobei gleichzeitig $\lambda_j b_j + \mu_j = 0$, also $\lambda_j = \frac{-\mu_j}{b_j}$ und daher $\frac{\eta_j}{a_j} = \frac{-\mu_j}{b_j}$ gilt. Das bedeutet, dass η_j so schnell gegen Null gehen muss, dass

$$\sum_{j=1}^{\infty} \frac{|\eta_j|^2}{|a_j|^2} < \infty. \qquad \Box$$

Skizze zu Aufgabe 15.1.2.

Sei $T : V \to W$ ein unitärer Isomorphismus zwischen Hilbert-Räumen V und W. Dann ist das Bild einer ONB (e_i) unter T wieder eine ONB. Also haben V und W Orthonormalbasen gleicher Mächtigkeit.

Seien umgekehrt $(e_i)_{i\in I}$ und $(f_i)_{i\in I}$ ONBs von V und W. Dann definiert man $T(\sum_{i\in I} c_i e_i) = \sum_{i\in I} c_i f_i$. Dann ist T ein unitärer Isomorphismus. $\qquad \Box$

© Der/die Autor(en), exklusiv lizenziert durch
Springer-Verlag GmbH, DE, ein Teil von Springer Nature 2021
A. Deitmar, *Übungsbuch zur Analysis*, https://doi.org/10.1007/978-3-662-62860-7_35

Lösung zu Aufgabe 15.1.4.

(a)$\Leftrightarrow$(b) ist klar, da (b) genau die Definition der Konvergenz des Netzes ist.

(b)$\Rightarrow$(c): Sei $\varepsilon > 0$ und sei $E_0 \subset I$ eine endliche Menge, die (b) für $\varepsilon/2$ erfüllt. Sei $i_1 \in I \setminus E_0$ und sei $E = E_0 \cup \{i_1\}$. Dann folgt

$$\|v_{i_1}\| = \left\|\left(v - \sum_{i \in E_0} v_i\right) - \left(v - \sum_{i \in E} v_i\right)\right\|$$

$$\leq \left\|\left(v - \sum_{i \in E_0} v_i\right)\right\| + \left\|\left(v - \sum_{i \in E} v_i\right)\right\| < \frac{\varepsilon}{2} + \frac{\varepsilon}{2} = \varepsilon.$$

Das bedeutet, dass für jedes $\varepsilon > 0$ gilt $\|v_i\| < \varepsilon$ außerhalb einer endlichen Menge von Indizes i. Anders ausgedrückt heißt das, dass für jedes $\varepsilon > 0$ die Menge $I(\varepsilon)$ aller $i \in I$ mit $\|v_i\| \geq \varepsilon$ endlich ist. Die Menge J aller $i \in I$ mit $v_i \neq 0$ ist aber

$$J = \bigcup_{\varepsilon > 0} I(\varepsilon) = \bigcup_{n \in \mathbb{N}} I(1/n)$$

eine abzählbare Vereinigung endlicher Mengen und damit ist J abzählbar.

Ist J endlich, so ist nichts weiter zu zeigen. Andernfalls sei $(i_k)_{k \in \mathbb{N}}$ eine Abzählung von J. Für ein gegebenes $\varepsilon > 0$ sei E_0 wie in (b). Es kann $E_0 \subset J$ angenommen werden. Dann existiert ein k_0, so dass E_0 in der Menge $\{i_1, i_2, \ldots, i_{k_0}\}$ enthalten ist. Es folgt für jedes $k \geq k_0$ gilt

$$\left\|\sum_{v=1}^{k} v_{i_v} - v\right\| < \varepsilon.$$

Daher konvergiert die Reihe $\sum_{v=1}^{\infty} v_{i_v}$ gegen v.

(c)$\Rightarrow$(b): Es gelte (c). **Angenommen,** (b) ist nicht erfüllt. Dann gibt es ein $\varepsilon > 0$ so dass zu jeder endlichen Teilmenge $E \subset J$ eine endliche Menge E' mit $E \subset E' \subset J$ existiert, so dass

$$\left\|\sum_{i \in E'} v_i - v\right\| \geq \varepsilon.$$

Sei $(j_v)_{v \in \mathbb{N}}$ eine Abzählung von J. Sei zuerst $E = \{j_1\}$ und sei $E_1 = E'$. Schreibe $E_1 = \{i_1, \ldots, i_{k_1}\}$. v der kleinste Index mit $j_v \notin E_1$ und sei $E_2 = (E \cup \{j_v\})'$. Schreibe dann $E_2 = \{i_1, \ldots, i_{k_2}\}$. Iteration liefert schließlich eine Abzählung $(i_1, i_2, \ldots)$ von J mit der Eigenschaft, dass für jedes $n \in \mathbb{N}$ gilt

$$\left\|\sum_{v=1}^{k_n} v_{i_v} - v\right\| \geq \varepsilon.$$

Dies **widerspricht** aber der Konvergenz der Reihe $\sum_{\nu=1}^{\infty} v_{i_\nu}$. $\qquad\square$

Skizze zu Aufgabe 15.1.5.

(a) Seien $v_j \to v$ und $w_j \to w$ konvergente Folgen in H. Mit der Dreiecks-ungleichung stellt man fest, dass beide Folgen beschränkt sind. Mit der Cauchy-Schwarz-Ungleichung folgt

$$
\begin{aligned}
\left|\langle v_j, w_j\rangle - \langle v, w\rangle\right| &\leq \left|\langle v_j, w_j\rangle - \langle v, w_j\rangle\right| + \left|\langle v, w_j\rangle - \langle v, w\rangle\right| \\
&= \left|\langle v_j - v, w_j\rangle\right| + \left|\langle v, w_j - w\rangle\right| \\
&\leq \left\|v_j - v\right\| \left\|w_j\right\| + \|v\| \left\|w_j - w\right\|.
\end{aligned}
$$

Also geht der erste Ausdruck gegen Null und damit folgt Teil (a).

(b) Da das Skalarprodukt im ersten Argument linear ist, ist $M^\perp$ ein Unter-vektorraum. Aus der Stetigkeit des Skalarproduktes schliesst man, dass $M^\perp$ abgeschlossen ist.

(c) Zunächst zu (i)$\Rightarrow$(ii): Man verlängert eine Orthonormalbasis von L zu einer von H. Sei L' der abgeschlossene Spann der hinzugenommenen Vek-toren, dann gilt nach Konstruktion $H = L \oplus L'$ und $L' \subset L^\perp$. Da außerdem $L^\perp \cap L = 0$, folgt $L' = L^\perp$.

Nun zu (ii)$\Rightarrow$(i): Nach Definition gilt $L \subset L^{\perp\perp}$. Aus $H = L \oplus L^\perp = L^{\perp\perp} \oplus L^\perp$ folgt $L = L^{\perp\perp}$. Damit ist L nach Teil (b) abgeschlossen.

(d) Nach Teil (c) gilt $H = U \oplus U^\perp$, also gibt es ein $u_0 \in U$ und $a_0 \in U^\perp$ so dass $v_0 = u_0 + a_0$. Wegen $a_0 = v_0 - u_0$ liegt a_0 in dem affinen Raum A. Dieser Vektor minimiert den Betrag auf A. Es bleibt die Eindeutigkeit zu zeigen: Sei $a_1 \in A$ ein weiterer Vektor, der den Betrag minimiert, also $\|a_1\| = \|a_0\|$ Dann gibt es ein $u \in U$ mit $a_1 = a_0 + u$ und es ist $\|a_0\| = \|a_1\| = \sqrt{\|a_0\|^2 + \|u\|^2}$. Daraus folgt $\|u\| = 0$, also $u = 0$ und daher $a_1 = a_0$. $\qquad\square$

Lösung zu Aufgabe 15.2.1.

(a) Die Abbildung $f \mapsto (a_k)$ ist eine lineare Bijektion von $\mathcal{A}$ nach $\ell^1(\mathbb{Z})$ und letzterer wird mit der Norm $\|.\|_{\mathcal{A}}$ zu einem Banach-Raum.

(b) Es gelte $f(x) = \sum_k a_k e^{2\pi i k x}$ und $g(x) = \sum_k b_k e^{2\pi i k x}$. Dann gilt

$$
f(x)g(x) = \sum_{k \in \mathbb{Z}} e^{2\pi i k x} \sum_{l \in \mathbb{Z}} a_l b_{k-l}
$$

und

$$\|h\|_{\mathcal{A}} = \sum_k \left| \sum_l a_l b_{k-l} \right| \leq \sum_k \sum_l |a_l| |b_{k-l}| = \sum_k |a_k| \sum_l |b_l| = \|f\|_{\mathcal{A}} \|g\|_{\mathcal{A}} < \infty.$$

(c) Es gilt $0 \leq g \leq 1-\delta$. Wir müssen zeigen, dass $\sum_{n=0}^{\infty} \|g^n\|_{\mathcal{A}} < \infty$. Hierfür sei $\varepsilon > 0$ und sei $N \in \mathbb{N}$ so groß, dass mit $g_N(x) = \sum_{|k| \leq N} c_k e^{2\pi ikx}$ gilt $\|g - g_N\|_{\mathcal{A}} < \varepsilon$, wobei die c_k die Fourier-Koeffizienten von g sind. Sei $r_N = g - g_N$. Es gilt dann für jedes $x \in \mathbb{R}$, dass $|r_N(x)| = |g(x) - g_N(x)| \leq \|g - g_N\|_{\mathcal{A}} < \varepsilon$, also $|g_N(x)| = |g(x) - r_N(x)| \leq 1 - \delta + \varepsilon$. Für $n \geq 0$ gilt

$$\|g^n\|_{\mathcal{A}} = \|(g_N + r_N)^n\|_{\mathcal{A}} \leq \sum_{j=0}^n \binom{n}{j} \|g_N^j\|_{\mathcal{A}} \|r_N\|_{\mathcal{A}}^{n-j} \leq \sum_{j=0}^n \binom{n}{j} \|g_N^j\|_{\mathcal{A}} \varepsilon^{n-j}.$$

Für $j \leq n$ ist

$$\|g_N^j\|_{\mathcal{A}} = \sum_{k \in \mathbb{Z}} \left| \int_0^1 g_N^j(x) e^{2\pi ikx}\, dx \right| = \sum_{|k| \leq jN} \left| \int_0^1 g_N^j(x) e^{2\pi ikx}\, dx \right|$$

$$\leq \sum_{|k| \leq nN} \int_0^1 |g_N^j(x)|\, dx \leq \sum_{|k| \leq nN} (1 - \delta + \varepsilon)^j = (2nN + 1)(1 - \delta + \varepsilon)^j,$$

so dass

$$\|g^n\|_{\mathcal{A}} \leq (2nN + 1) \sum_{j=0}^n \binom{n}{j} (1 - \delta + \varepsilon)^j \varepsilon^{n-j} = (2nN + 1)(1 - \delta + 2\varepsilon)^n.$$

Wählt man $\varepsilon < \frac{\delta}{2}$, so erhält man die gewünschte Konvergenz.

(d) Wegen $\frac{1}{f} = \frac{\bar{f}}{|f|^2}$ reicht es, $f \geq 0$ anzunehmen. Durch Skalieren reicht es $\delta \leq f \leq 1$ für ein $\delta > 0$ anzunehmen. Nach Teil (c) konvergiert die Reihe

$$\sum_{n=0}^{\infty} g^n = \frac{1}{1 - g} = \frac{1}{f}$$

in $\mathcal{A}$.   □

Skizze zu Aufgabe 15.3.1.

Da μ endlich ist, ist $\mathbf{1}_A \in L^p(\mu)$ für jedes messbare A. Dann ist $A \mapsto \Lambda(\mathbf{1}_A)$ ein komplexwertiges Maß η auf X.

Ist $\mu(N) = 0$, dann ist $\mathbf{1}_N$ gleich Null in $L^p(\mu)$ und daher $\eta(N) = 0$. Daher erhält man die verlangte Funktion g aus dem Satz von Radon-Nikodym. Um zu zeigen, dass g in L^q liegt, zerlegt man das Maß in Real- und Imaginärteil und kann dann mit der Hahnschen Zerlegung $g \geq 0$ annehmen.

Sei $C > 0$ so, dass für jedes $f \in L^p(\mu)$ gilt $\left| \int_X gf \, d\mu \right| \leq C \left(\int_X |f|^p \, d\mu \right)^{\frac{1}{p}}$.

Es gilt nun $q = \frac{p}{p-1} = 1 + \frac{1}{p-1}$. Wir wenden diese Ungleichung für $g^{\frac{1}{p-1}}$ an und erhalten

$$\int_X g^q \, d\mu = \int_X g g^{\frac{1}{p-1}} \, d\mu \leq C \left(\int_X g^{\frac{p}{p-1}} \, d\mu \right)^{\frac{1}{p}} = C \left(\int_X g^q \, d\mu \right)^{\frac{1}{p}}.$$

Damit folgt $\left(\int_X g^q \, d\mu \right)^{1-\frac{1}{p}} \leq C$, und daher ist $g \in L^q(\mu)$. $\qquad\square$

Kapitel 36

Lösungen zu Kapitel 16

Lösung zu Aufgabe 16.1.1.

Sei zunächst $f = \sum_{j=1}^{n} c_j \mathbf{1}_{A_j}$ eine einfache Funktion, wobei die A_j als paarweise disjunkt angenommen werden können. Dann gilt

$$V(f) = \bigcup_{j=1}^{n} A_j \times (0, c_j).$$

Diese Menge ist messbar im Produkt $X \times \mathbb{R}$ und es gilt

$$\mathrm{vol}(V(f)) = \sum_{j=1}^{n} \mu(A_j) c_j = \int_X f \, d\lambda.$$

Im allgemeinen ist f ein monoton wachsender Limes von einfachen Funktionen s_n. Dann ist $V(f) = \bigcup_{n=1}^{\infty} V(s_n)$ und damit ist $V(f)$ messbar und es gilt

$$\mathrm{vol}(V(f)) = \lim_n \mathrm{vol}(V(s_n)) = \lim_n \int_X s_n \, d\mu = \int_X f \, d\mu$$

nach dem Satz von der monotonen Konvergenz (Ana-14.1.6). $\qquad \square$

Skizze zu Aufgabe 16.1.2.

Die Abbildung $\phi : \mathbb{R}^2 \to \mathbb{R}, (x, y) \mapsto f(x) - y$ ist eine Komposition messbarer Abbildungen, also messbar. Daher ist $G(f) = \phi^{-1}\big(\{0\}\big)$ Nach dem Cavalierischen Prinzip, Lemma Ana-16.3.2, gilt dann

$$\lambda^2\big(G(f)\big) = \int_{\mathbb{R}} \underbrace{\lambda\big(G(f)_x\big)}_{=0} d\lambda(x) = 0. \qquad \Box$$

Lösung zu Aufgabe 16.1.3.

Diese Aussage ist falsch. **Angenommen**, Δ ist in $\mathcal{A} \otimes \mathcal{A}$. Sei μ das Maß auf $\mathcal{A}$ definiert durch

$$\mu(A) = \begin{cases} 0 & A \text{ abzählbar,} \\ 1 & A^c \text{ abzählbar.} \end{cases}$$

Dann gilt

$$\mu \otimes \mu(\Delta) = \int_{X \times X} \mathbf{1}_\Delta \, d(\mu \otimes \mu) = \int_X \underbrace{\int_X \mathbf{1}_\Delta(x, y) \, d\mu(x)}_{=0} \, d\mu(y) = 0.$$

Da das Produktmaß gerade das äußere Maß zu den Produktüberdeckungen ist, folgt daraus, dass es zu jedem $\varepsilon > 0$ eine Überdeckung $\Delta \subset \bigcup_{j=1}^\infty A_j \times B_j$ durch messbare Rechtecke gibt, so dass $\sum_{j=1}^\infty \mu(A_j)\mu(B_j) < \varepsilon$. Da das Maß μ aber nur die Werte Null und Eins annimmt, heißt dass, dass es eine Überdeckung durch Rechtecke git mit $\mu(A_j)\mu(B_j) = 0$ für alle j. Das bedeutet, dass für jedes j mindestens eine der beiden Mengen A_j, B_j abzählbar ist. Sei I die Menge aller $j \in \mathbb{N}$ so dass A_j abzählbar ist und seien $\Delta_I = \Delta \cap \bigcup_{j \in I} A_j \times B_j$, $\Delta_{I^c} = \Delta \cap \bigcup_{j \notin I} A_j \times B_j$. Seien $P_1, P_2 : X \times X \to X$ die Projektionen auf die erste, bzw. zweite Koordinate, dann sind sowohl $P_1(\Delta_I)$ als auch $P_2(\Delta_{I^c})$ abzählbar. Da Δ_I und Δ_{I^c} Teilmengen der Diagonale Δ sind, folgt daraus, dass beide abzählbar sind. Damit ist $\Delta = \Delta_I \cup \Delta_{I^c}$ ebenfalls abzählbar, **Widerspruch!** $\Box$

Lösung zu Aufgabe 16.1.4.

Sei X ein lokalkompakter Hausdorff-Raum mit abzählbar erzeugter Topologie. Das bedeutet, dass es eine abzählbare Familie $(U_j)_{j \in J}$ offener Mengen gibt, so dass jede offene Menge eine Vereinigung von Gliedern dieser Familie ist, d.h., für jede offene Menge $U \subset X$ gilt $U = \bigcup_{\substack{j \in J \\ U_j \subset U}} U_j$.

(a) Es ist zu zeigen, dass X ein σ-kompakter Raum ist. Sei

$$J_0 = \big\{ j \in J : \overline{U_j} \text{ ist kompakt} \big\}.$$

Da X lokalkompakt ist, ist jede offene Menge eine Vereinigung von offenen Mengen mit kompaktem Abschluss und diese sind wiederum Vereinigungen von Mengen der Form U_j, $j \in J_0$. Wie können also J durch J_0 ersetzen und damit annehmen, dass jede Menge U_j einen kompakten Abschluss hat. Dann ist für jedes $j \in J$ die Menge $K_j = \overline{U}_j$ kompakt und es gilt $X = \bigcup_{j \in J} K_j$, also ist X ein σ-kompakter Raum.

(b) Sei μ ein endliches Borel-Maß auf X. Ist U offen, so ist U selbst ein abzählbar erzeugter Hausdorff-Raum und nach Korollar Ana-12.3.9 ist U auch lokalkompakt, also ist U nach Teil (a) ein σ-kompakter Raum. Man kann dann $U = \bigcup_{j=1}^{\infty} K_j$ mit kompakten Mengen K_j schreiben. Dann ist

$$\mu(U) = \lim_n \mu(K_1 \cup \cdots \cup K_n) \leq \sup_{\substack{K \subset U \\ K \text{ kompakt}}} \mu(K) \leq \mu(U).$$

Da bei dieser Abschätzung recht und links $\mu(U)$ steht, muss überall Gleichheit gelten und daher ist μ von innen regulär. Für die Regularität von außen sei $\mathcal{A}$ die Menge aller $A \subset X$, für die gilt

$$\mu(A) = \inf_{\substack{U \supset A \\ U \text{ offen}}} \mu(U).$$

Wir stellen nun fest, dass $\mathcal{A}$ ein Dynkin-System ist.
Die leere Menge liegt in $\mathcal{A}$. Sei also $A \in \mathcal{A}$ und nimm der Einfachheit halber an, dass $\mu(X) = 1$ gilt. Dann ist

$$\mu(A^c) = 1 - \mu(A) = 1 - \sup_{\substack{K \subset A \\ \text{kompakt}}} \mu(K)$$

$$= \inf_{\substack{K \subset A \\ \text{kompakt}}} \mu(K^c) \geq \inf_{\substack{U \supset A^c \\ \text{offen}}} \mu(U) \geq \mu(A^c).$$

Es gilt also überall Gleichheit und damit ist $A^c \in \mathcal{A}$. Seien nun $A_1, A_2, \cdots \in \mathcal{A}$ paarweise disjunkt und sei $\varepsilon > 0$. Dann gibt es zu jedem n eine offenen Menge $U_n \supset A_n$ mit $\mu(U_n) < \mu(A_n) + \varepsilon/2^n$. Sei $U = \bigcup_{n=1}^{\infty} U_n$. Dann ist U offen mit $U \supset A := \bigcup_{n=1}^{\infty} A_n$ und es gilt

$$\mu(U) = \mu\left(\bigcup_{n=1}^{\infty} U_n\right) \leq \sum_{n=1}^{\infty} \mu(U_n) < \sum_{n=1}^{\infty} \mu(A_n) + \varepsilon = \mu(A) + \varepsilon.$$

Da $\varepsilon > 0$ beliebig ist, ist $A \in \mathcal{A}$. Also ist $\mathcal{A}$ ein Dynkin-System. Ausserdem enthält $\mathcal{A}$ alle offenen Mengen, damit enthält es das Dynkin-System, das von allen offenen Mengen erzeugt wird. Da die Topologie schnittstabil ist, ist dieses Dynkin-System gleich der von den offenen Mengen erzeugten

σ-Algebra, Ana-16.1.4, also der Borel-σ-Algebra. Daher ist μ von außen regulär, also ein Radon-Maß.   □

Lösung zu Aufgabe 16.2.1.

Das Integral ist gleich 1. Es ist $D = \{(x, y) : 0 \leq y \leq x \leq \pi/2\}$. Wir rechnen. zunächst formal,

$$\int_{\mathbb{R}} \int_{\mathbb{R}} \mathbf{1}_D(x, y) f(x, y) \, dy \, dx = \int_0^{\pi/2} \int_0^x f(x, y) \, dy \, dx$$

$$= \int_0^{\pi/2} \int_0^x \frac{\sin x}{x} \, dy \, dx$$

$$= \int_0^{\pi/2} \sin x \, dx = -\cos x \big|_0^{\pi/2} = 1.$$

Da $f \geq 0$ und da Lebesgue-Maß σ-endlich ist, reicht es nach dem Satz von Fubini (Ana-16.3.1), zu zeigen, dass $\int_D f = 1$.   □

Skizze zu Aufgabe 16.2.2.

Das fragliche Integral ist gleich

$$\frac{1}{k_1 + 1}(b_1^{k_1+1} - a_1^{k_1+1}) \cdots \frac{1}{k_n + 1}(b_N^{k_N+1} - a_N^{k_N+1})$$

Mit dem Hauptsatz der Differential- und Integralrechnung rechnet man $\int_{[a,b]} x^k \, d\lambda = \int_a^b x^k \, dx = \frac{1}{k+1}(b^{k+1} - a^{k+1})$. Daraus folgt die Behauptung durch eine iterierte Anwendung des Satzes von Fubini.   □

Skizze zu Aufgabe 16.2.3.

Für jede $y \in \mathbb{R}$ ist nach der Translationsinvarianz des Lebesgue-Maßes $\int_{\mathbb{R}} |g(x)| \, dx = \int_{\mathbb{R}} |g(x - y)| \, dx$ und daher

$$\infty > \|f\|_1 \|g\|_1 = \left(\int_{\mathbb{R}} |f(y)| \, dy \right) \left(\int_{\mathbb{R}} |g(x)| \, dx \right)$$

$$= \int_{\mathbb{R}} \int_{\mathbb{R}} |f(y) g(x - y)| \, dx \, dy$$

$$= \int_{\mathbb{R}} \int_{\mathbb{R}} |f(y) g(x - y)| \, dy \, dx.$$

Die Messbarkeit folgt aus dem Satz von Fubini.   □

Skizze zu Aufgabe 16.2.5.

Mit partieller Integration erhalten wir $\int_0^1 \frac{x}{(x+y)^3} \, dx = \frac{1}{2} \left(\frac{1}{y(y+1)} - \frac{1}{(y+1)^2} \right)$. Auf der anderen Seite ist $\int_0^1 \frac{1}{(x+y)^3} \, dx = \frac{1}{2} \frac{2y+1}{y^2(y+1)^2}$. Daraus ergibt sich

$$\int_0^1 \int_0^1 \frac{x-y}{(x+y)^3} \, dx \, dy = 1 - \log 2.$$

Das zweite Integral ist das Negative des ersten, also sind die beiden Integrale verschieden, das bedeutet, dass in diesem Fall der Satz von Fubini nicht anwendbar ist, also folgt, dass $\int_{[0,1]\times[0,1]} \left| \frac{x-y}{(x+y)^3} \right| d\lambda^2 = \infty$. $\qquad \square$

Skizze zu Aufgabe 16.2.6.

Sei $g(x,y) = \frac{\partial}{\partial x} \frac{\partial}{\partial y} f(x,y) - \frac{\partial}{\partial y} \frac{\partial}{\partial x} f(x,y)$. Dann ist g stetig. **Angenommen,** $g \neq 0$. Dann existiert ein (x_0, y_0) mit $g(x_0, y_0) \neq 0$. Man kann $\alpha = g(x_0, y_0) > 0$ annehmen. Es existiert ein $\varepsilon > 0$, so dass $g(x,y) > \alpha/2$ für jedes $(x,y) \in [x_0 - \varepsilon, x_0 + \varepsilon] \times [y_0 - \varepsilon, y_0 + \varepsilon]$. Mit dem Satz von Fubini und dem Hauptsatz der Analysis rechnet man aber, dass

$$0 < 2\varepsilon^2 \alpha \leq \int_{[x_0-\varepsilon,x_0+\varepsilon]\times[y_0-\varepsilon,y_0+\varepsilon]} g(x,y) d\lambda^2(x,y) = 0$$

Widerspruch! Damit folgt $g = 0$, also die Behauptung. $\qquad \square$

Kapitel 37

Lösungen zu Kapitel 17

Lösung zu Aufgabe 17.1.1.

Die Menge ist genau dann eine Mannigfaltigkeit, wenn $\alpha \neq 0$.

1. Fall: $\alpha < 0$. In diesem Fall muss, damit (x, y, z) in M_α liegen kann, $z^2 \geq |\alpha|$ sein. Damit zerfällt M_α in zwei Zusammenhangskomponenten, M_α^+ enthält alle Elemente mit $z > 0$ und M_α^- alle mit $z < 0$. Die Abbildung $\mathbb{R}^2 \to M_\alpha^+$, $(x, y) \mapsto (x, y, \sqrt{x^2 + y^2 - \alpha})$ ist ein Homöomorphismus mit inverser Abbildung $(x, y, z) \mapsto (x, y)$. Im Fall M_α^- leistet die Abbildung $(x, y) \mapsto (x, y, -\sqrt{x^2 + y^2 - \alpha})$ dasselbe.

2. Fall: $\alpha > 0$. Die Menge $\mathbb{R}/\mathbb{Z} \times \mathbb{R} \cong S^1 \times \mathbb{R}$ ist eine Mannigfaltigkeit, wobei S^1 der Einheitskreis in $\mathbb{R}^2$ ist. Sei

$$\phi : S^1 \times \mathbb{R} \to M_\alpha,$$
$$\big((x, y), z\big) \mapsto \left(\sqrt{z^2 + \alpha}\, x,\ \sqrt{z^2 + \alpha}\, y, z \right)$$

ist ein Homöomorphismus mit Inverser $(x, y, z) \mapsto \left(\frac{x}{\sqrt{x^2+y^2}}, \frac{y}{\sqrt{x^2+y^2}}, z \right)$.

3. Fall: $\alpha = 0$. Zunächst stellen wir fest, dass $M_0 \smallsetminus \{0\}$ eine 2-dimensionale Mannigfaltigkeit ist, die in zwei Zusammenhangskomponenten zerfällt. Definiere die Teilmengen M_0^+ und M_0^- durch $M_0^\pm = \big\{(x, y, z) \in M_0 : \pm z > 0\big\}$. Sei ferner $M_0^0 = \big\{(x, y, z) \in M_0 : z = 0\big\}$. Dann besteht M_0^0 aus nur einem Punkt $(0, 0, 0)$. Die Abbildung $\mathbb{R}^2 \smallsetminus \{0\} \to M^+$, $(x, y) \mapsto (x, y, \sqrt{x^2 + y^2})$ ist ein Homöomorphismus mit Inverser $(x, y, z) \mapsto (x, y)$. Damit ist M_0^+ eine 2-dimensionale Mannigfaltigkeit. Wäre M_0 eine Mannigfaltigkeit, dann hätte sie die Dimension 2. Es ist leicht zu sehen, dass M_0 zusammenhängend ist,

255

© Der/die Autor(en), exklusiv lizenziert durch
Springer-Verlag GmbH, DE, ein Teil von Springer Nature 2021
A. Deitmar, *Übungsbuch zur Analysis*, https://doi.org/10.1007/978-3-662-62860-7_37

aber $M_0 \smallsetminus \{0\}$ ist nicht zusammenhängend. Daher kann M_0 keine Mannigfaltigkeit sein.   □

Skizze zu Aufgabe 17.1.3.

Diese Menge ist keine Mannigfaltigkeit. Zunächst ein Bild.

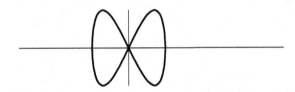

Wäre M eine Mannigfaltigkeit, dann gäbe es eine Karte um den Punkt $(0,0)$.
Entfernt man diesen Punkt, dann zerfällt jede kleine Umgebung in zu viele
Zusammenhangskomponenten.   □

Lösung zu Aufgabe 17.3.2.

(a) Ein Vektorfeld X stellt sich in lokalen Koordinaten in der Form

$$Xf(x) = a_1(x)\frac{\partial f}{\partial x_1}(x) + \cdots + a_n(x)\frac{\partial f}{\partial x_n}(x)$$

dar. Ist X glatt, so sind alle $a_1, \ldots, a_n$ glatt und damit ist X ein Differentialoperator der Ordnung 1.

(b) Ein Differentialoperator D ist genau dann ein Vektorfeld, wenn er in
lokalen Koordinaten stets die Form

$$Df(x) = a_1(x)\frac{\partial f}{\partial x_1}(x) + \cdots + a_n(x)\frac{\partial f}{\partial x_n}(x)$$

hat. Jeder solche Differentialoperator hat Ordnung 1 und annulliert Konstanten. Ist umgekehrt D ein Differentialoperator der Ordnung 1, dann ist
D in lokalen Koordinaten von der Form

$$Df(x) = a_0(x) + a_1(x)\frac{\partial f}{\partial x_1}(x) + \cdots + a_n(x)\frac{\partial f}{\partial x_n}(x).$$

Der Operator annulliert genau dann Konstanten, wenn für jedes lokale
Koordinatensystem die Funktion a_0 identisch verschwindet, d.h., wenn D
ein Vektorfeld ist.   □

Lösung zu Aufgabe 17.4.4.

Ist $I \subset \mathbb{R}$ ein offenes Intervall der Länge ≤ 1. Dann ist p auf I injektiv, $p(I) = U$ ist eine offene Menge in M und die Umkehrabbildung $\phi_0 : U \to I$ ist eine glatte Karte. Daher ist $\omega_U = \phi^*(dt)$ eine glatte 1-Form auf U. Diese erfüllt $dt = p^* \omega_U$ in I.

Ist J ein zweites Intervall der Länge ≤ 1 und sei $p(J) = V$. Dann führt diese Konstruktion zu einer Form ω_V auf V. Auf $U \cap V$ gilt $p^* \omega_U = p^* \omega_V$ und da p lokal ein Diffeomorphismus ist, folgt $\omega_U = \omega_V$ auf $U \cap V$. Daher definiert diese Konstruktion eine globale 1-Form ω, die überall die Gleichung $p^* \omega = dt$ erfüllt. Insbesondere folgt

$$p^*(d\omega) = d(p^* \omega) = d(dt) = 0.$$

Da p lokal ein Diffeomorphismus ist, folgt $d\omega = 0$. Um zu zeigen, dass ω keine Ableitung ist, sei **angenommen**, dass es ein $f \in C^\infty(M)$ gibt mit $\omega = df$. Dann folgt $dt = p^* \omega = p^*(df) = d(p^* f) = d(f \circ p)$. Sei dann $g = f \circ p \in C^\infty(\mathbb{R})$. Dann ist g periodisch, also $g(x + 1) = g(x)$ und $dg(t) = dt$. Das letztere heißt

$$dt = dg(t) = \frac{\partial g}{\partial t} dt.$$

Also folgt $g'(t) = \frac{\partial g}{\partial t} = 1$. Daher ist $g(x) = x + c$ für eine Konstante c. Dies **widerspricht** aber der Tatsache, dass $g = f \circ p$ periodisch ist! $\qquad \square$

Skizze zu Aufgabe 17.4.5.

Es gilt $\omega \wedge \eta = ydx \wedge ydy = y^2 \, dx \wedge dy$ sowie $d\omega = -dx \wedge dy$ und $d\eta = 0$. $\qquad \square$

Lösung zu Aufgabe 17.4.6.

Sei $N \subset \mathbb{R}^m$ eine glatte Mannigfaltigkeit der Dimension $< n$ mit der Eigenschaft, dass $\phi(U) \subset N$. Sei dann $\omega \in \Omega^n(\mathbb{R}^m)$, dann ist $\phi^*(\omega) = \phi^*(\omega|_N)$, wobei $\omega|_N \in \Omega^n(N)$ die Einschränkung von ω nach $\bigwedge^n(TN)$ ist. Da die Dimension von N kleiner ist als n, ist $\bigwedge^n(TM)$ gleich Null und daher ist $\omega|_N = 0$ und also ist auch $\phi^* \omega = 0$. $\qquad \square$

Kapitel 38

Lösungen zu Kapitel 18

Lösung zu Aufgabe 18.1.1.

(a)⇔(b): Seien $(U, x_1, \ldots, x_n)$ und $(V, y_1, \ldots, y_n)$ zwei lokale Koordinatensysteme.

Für $q \in U \cap V$ sei $A = A(q)$ die Matrix mit den Einträgen $A_{k,l} = \frac{\partial x_l}{\partial y_k}(q)$. Diese Matrix hat eine positive Determinante und die Formel $\frac{\partial}{\partial y_k} = \sum_{l=1}^{n} \frac{\partial x_l}{\partial y_k} \frac{\partial}{\partial x_l}$ aus Lemma Ana-17.2.9 bedeutet, dass

$$A \left(\frac{\partial}{\partial x_1}, \ldots, \frac{\partial}{\partial x_n} \right)^t = \left(\frac{\partial}{\partial y_1}, \ldots, \frac{\partial}{\partial y_n} \right)^t.$$

Das heißt, A ist die Basiswechselmatrix zwischen diesen beiden Basen von T_pM und demnach ist die Äquivalenz von (a) und (b) klar.

(b)⇒(c): Sei $(u_i)_{i \in I}$ eine glatte Teilung der Eins, die der Überdeckung (U_i) unterliegt. Für $i \in I$ sei $x_1^{(i)}, \ldots, x_n^{(i)}$ das Koordinatensystem zur Karte (U_i, ϕ_i). Sei dann $\omega_i = u_i \, dx_1^{(i)} \wedge \cdots \wedge dx_n^{(i)}$. Diese n-Form ist zunächst nur auf U_i definiert, kann aber zu einer glatten Differentialform auf M fortgesetzt werden, indem man sie außerhalb von U gleich Null setzt. Dann ist die Summe $\omega = \sum_{i \in I} \omega_i$ lokal-endlich, weil die Teilung der Eins lokal-endlich ist. Das bedeutet, dass ω eine glatte n-Differentialform auf M ist. Sei $p \in M$. Dann existiert eine offene Umgebung W von p so dass nur endlich viele u_i auf W ungleich Null sind. Seien $i_0, \ldots, i_s$ diese Indizes, wobei wir nach Umnummerierung annehmen können, dass $u_{i_0}(p) \neq 0$ ist. Für $i, j \in I$ und $q \in U_i \cap U_j$ sei $A = A^{(i,j)}(q)$ die Matrix mit den Einträgen $A_{k,l} = \frac{\partial x_l^{(i)}}{\partial x_k^{(j)}}(q)$. Diese Matrix hat eine positive Determinante und die Formel $\frac{\partial}{\partial x_k^{(j)}} = \sum_{l=1}^n \frac{\partial x_l^{(i)}}{\partial x_k^{(j)}} \frac{\partial}{\partial x_l^{(i)}}$ aus Lemma Ana-17.2.9 bedeutet, dass

$$A\left(\frac{\partial}{\partial x_1^{(i)}}, \ldots, \frac{\partial}{\partial x_n^{(i)}}\right) = \left(\frac{\partial}{\partial x_1^{(j)}}, \ldots, \frac{\partial}{\partial x_n^{(j)}}\right).$$

Scheibe $j = i_0$. Nach der Definition des Hut-Produktes 17.3.4 folgt für jedes $i = i_0, \ldots, i_n$, dass

$$\omega_i\left(\frac{\partial}{\partial x_1^{(j)}}, \ldots, \frac{\partial}{\partial x_n^{(j)}}\right) = u_i(p)\left((dx_1^{(i)} \wedge \cdots \wedge dx_n^{(i)})\left(\frac{\partial}{\partial x_1^{(j)}}, \ldots, \frac{\partial}{\partial x_n^{(j)}}\right)\right)$$

$$= u_i(p) \det\left(\left(dx_k^{(i)}\left(\frac{\partial}{\partial x_l^{(j)}}\right)\right)_{k,l}\right)$$

$$= u_i(p) \det\left(A\left(dx_k^{(i)}\left(\frac{\partial}{\partial x_l^{(i)}}\right)\right)_{k,l}\right) = u_i(p) \det(A) \geq 0.$$

Für $i = j$ herrscht > 0, so dass also $\omega(p) \neq 0$ ist.

(c)$\Rightarrow$(b): Sei ein solches ω gegeben. Eine lokale Karte (U, ϕ) mit Koordinaten $x_1, \ldots, x_n$ heisst positiv/negativ im Punkt $p \in U$, falls

$$\omega\left(\frac{\partial}{\partial x_1}, \ldots, \frac{\partial}{\partial x_n}\right)(p) > 0 (< 0)$$

gilt. Sei $U^\pm \subset U$ die Menge der positiven/negativen Punkte. Da ω keine Nullstellen hat, ist $U = U^+ \sqcup U^-$ und da diese Mengen offen sind und U zusammenhängend ist, folgt $U = U^+$ oder $U = U^-$. Also ist jede Karte entweder positiv oder negativ. Da jede negative Karte durch Multiplizieren einer Koordinate mit (-1) positiv gemacht werden kann, bilden die positiven Karten einen Atlas. Die Rechnung aus dem Teil (b)$\rightarrow$(c) liefert dann einen Beweis, dass dieser Atlas die in (b) verlangte Eigenschaft hat.   □

Lösung zu Aufgabe 18.1.2.

Sei zunächst (x, y) ein Randpunkt mit $x > 0$. Sei dann $\psi : \{(s, t) \in \mathbb{R}^2 : s, t > 0\} \rightarrow D$ gegeben durch

$$\psi(s, t) = \left(t, s + \sin\left(\frac{1}{t}\right)\right).$$

Dann ist ψ glatt und bijektiv und die Umkehrfunktion $\phi + \psi^{-1}$ ist eine Randkarte von D um jeden Randpunkt (x, y) mit $x > 0$. Der Fall $x < 0$ geht analog. Sei schliesslich $z = (0, y)$ ein Randpunkt mit $y < 1$, dann gilt für $r = 1 - y$, dass für jede Umgebung U von z, die im offenen Ball um z von Radius r liegt, dass $U \cap D$ unendlich viele Zusammenhangskomponenten hat. Daher kann es keine Randkarte um den Punkt z geben. Im Punkt $z = (0, 1)$ schliesslich gilt, dass jede offene Umgebung von z auch Punkte der Form $(0, y)$ mit $y < 1$ enthält. Daher wäre jede Randkarte von z auch eine für einen dieser Punkte, die ja keine haben. □

Skizze zu Aufgabe 18.2.1.

Man schreibt $\omega = \sum_{|I|=k} f_I dx_I$, wobei die Summe über alle Teilmengen $I \subset \{1, \ldots, n\}$ der Mächtigkeit k läuft und für $I = \{i_1, i_2, \ldots, i_k\}$ mit $i_1 < \cdots < i_k$ ist $dx_I = dx_{i_1} 1 \wedge dx_{i_2} \wedge \cdots \wedge dx_{i_k}$. Es ist dann $\int_A \omega \wedge *\omega = \sum_{I,J} \int_A f_J f_I dx_I \wedge *(dx_J)$, wobei die Summe über alle Paare I, J von Teilmengen der Ordnung k läuft. Man stellt nun fest, dass für $I \neq J$ gilt $dx_I \wedge *(dx_J) = 0$ und $dx_I \wedge *(dx_I) = dx_1 \wedge dx_2 \wedge \cdots \wedge dx_n$.

Mit diesen beiden Aussagen folgt $\int_A \omega \wedge *\omega = \sum_I \int_A f_I^2 \, dx_1 \cdots dx_n$ und damit die Behauptung. □

Lösung zu Aufgabe 18.3.1.

Sei $a \in \mathring{K}$ ein innerer Punkt von K. Sei $s \in S^{n-1} = \{x \in \mathbb{R}^n : \|x\| = 1\}$ und sei

$$R(s) = \{a + ts : t > 0\}$$

der **Strahl** von a in Richtung s. Wir behaupten, dass der Strahl $R(s)$ den Rand ∂K in genau einem Punkt trifft (Definition Ana-8.2.18). **Angenommen**, es gibt $0 < t_1 < t_2$ so dass $a + t_1 s$ und $a + t_2 s$ beide in ∂K liegen. Sei dann $r > 0$ so dass der offene Ball $B_r(a)$ ganz in K liegt. Aus der Konvexität schliesst man nun, dass der offene Ball um $a + t_1 s$ mit Radius $r_1 = r \frac{t_2 - t_1}{t_2}$ noch ganz in K liegt, also kann $a + t_1 s$ kein Randpunkt sein, **Widerspruch!**

Für $s \in S^{n-1}$ sei dann also $\beta(s)$ die eindeutig bestimmte reelle Zahl > 0 so dass $a + \beta(s)s \in \partial K$. Wir behaupten, dass $\beta : S^{n-1} \to \mathbb{R}$ stetig ist. Sei also $s_n \to s$ eine konvergente Folge in S^{n-1}. Da β von unten durch r und von oben durch den Durchmesser von K beschränkt ist, hat $\beta(s_n)$ eine konvergente Teilfolge (s_{n_k}) in $(0, \infty)$. Sei t_0 ihr Limes. Dann liegt $a + t_0 s = \lim_k a + \beta(s_{n_k})s_{n_k}$ in der abgeschlossenen Menge ∂K. Da der Strahl $R(s)$ aber nur einen Schnittpunkt mit diesem Rand hat, ist $t_0 = \beta(s)$ und damit folgt die Stetigkeit von β. Seien nun $F : \overline{B_1(0)} \to K$ und $G : K \to \overline{B_1(0)}$ definiert durch

$$F(x) = \begin{cases} a & x = 0, \\ a + \|x\|\,\alpha\left(\frac{x}{\|x\|}\right)x & x \neq 0. \end{cases} \qquad G(y) = \begin{cases} 0 & y = a, \\ \dfrac{y-a}{\sqrt{\|y-a\|\alpha\left(\frac{y-a}{\|y-a\|}\right)}}, & y \neq a. \end{cases}$$

sind zueinander inverse stetige Abbildungen, was man durch Nachrechnen verifiziert.   □

Skizze zu Aufgabe 18.3.2.

Sei $S = \left\{x \in \mathbb{R}^n : x_1, \ldots, x_n \geq 0, \|x\| = 1\right\}$. Man projiziert S auf die ersten $n-1$ Koordinaten und nutzt Aufgabe 18.3.1 um zu sehen, dass S homöomorph ist zum abgeschlossenen Einheitsball in $\mathbb{R}^{n-1}$. Nach Bemerkung Ana-18.7.2 hat jede stetige Abbildung $S \to S$ einen Fixpunkt. Gilt nun $As = 0$ für ein $s \in S$, so ist s der gesuchte Eigenvektor. Andernfalls ist $s \mapsto \frac{1}{\|A\|_S}As$ eine stetige Abbildung $S \to S$, welche also einen Fixpunkt hat. Dieser Fixpunkt ist der gesuchte Eigenvektor.   □

Lösung zu Aufgabe 18.3.3.

Zunächst rechnet man

$$d\omega = \frac{23}{2}\frac{y^2 + 1 - 2y^2}{(y^2 + 1)^2}dy \wedge dx + \frac{7x^6(x^2 + 1) - 2x^8}{(x^2 + 1)^2}dx \wedge dy$$

$$= \left(\frac{23}{2}\frac{y^2 - 1}{(y^2 + 1)^2} + \frac{5x^8 + 7x^6}{(x^2 + 1)^2}\right)dx \wedge dy$$

Das Integral $\int_Q \omega$ ist nach dem Satz von Stokes gleich $\int_{\partial R} \omega$. Auf den Seiten mit $x = 0$ oder $y = 0$ verschwindet ω. Der Beitrag von der $y = 2$ Seite ist

$$-\int_0^2 \frac{23}{5}\,dx = -\frac{46}{5}.$$

Der Beitrag der $x = 2$ Seite ist

$$\int_0^2 \frac{128}{5}\,dy = \frac{256}{5}.$$

Zusammen ergibt das

$$\int_Q d\omega = \frac{256}{5} - \frac{46}{5} = \frac{210}{5} = 42.$$ □

Kapitel 39

Lösungen zu Kapitel 19

Lösung zu Aufgabe 19.1.1.

(a)$\Rightarrow$(b): Da f im Punkt z komplex differenzierbar ist, existiert der Limes $f'(z) = \lim_{\substack{h \to 0 \\ h \neq 0}} \frac{f(z+h)-f(z)}{h}$. Das heißt also

$$\lim_{\substack{h \to 0 \\ h \neq 0}} \frac{f(z+h) - f(z) - f'(z)h}{h} = 0$$

Für $h \in \mathbb{C}$ sei $A(h) = f'(z)h$, und falls h so klein ist, dass $z + h \in D$, so setze $\phi(h) = f(z+h) - f(z) - f'(z)h$. Für solche $h \in \mathbb{C}$ folgt

$$f(z+h) = f(z) + Ah + \phi(h),$$

sowie $\lim_{\substack{h \to 0 \\ h \neq 0}} \frac{|\phi(h)|}{|h|} = 0$. Daher ist f in z total differenzierbar. Die Cauchy-Riemannschen Differentialgleichungen, also

$$u_x = v_y, \qquad u_y = -v_x$$

wurden in der Vorlesung bewiesen.

(b)$\Leftrightarrow$(c): Sei $f = u + iv$ die Zerlegung in Real- und Imaginärteil von f. Dann ist die Jacobimatrix

$$Df(x + iy) = \begin{pmatrix} u_x & u_y \\ v_x & v_y \end{pmatrix}.$$

Die Multiplikation mit $i \in \mathbb{C}$ ist gegeben durch die Matrix $J = \begin{pmatrix} 0 & -1 \\ 1 & 0 \end{pmatrix}$ und eine reelle Matrix beschreibt genau dann eine komplex-lineare Abbildung,

263

© Der/die Autor(en), exklusiv lizenziert durch
Springer-Verlag GmbH, DE, ein Teil von Springer Nature 2021
A. Deitmar, *Übungsbuch zur Analysis*, https://doi.org/10.1007/978-3-662-62860-7_39

wenn sie mit J kommutiert. Daher ist $Df(z)$ genau dann $\mathbb{C}$-linear, wenn in jedem Punkt z gilt $Df(z)J = JDf(z)$, dies ist äquivalent zu

$$\begin{pmatrix} u_y & -u_x \\ v_y & -v_x \end{pmatrix} = \begin{pmatrix} -v_x & -v_y \\ u_x & u_y \end{pmatrix}$$

gilt, was wiederum äquivalent ist zu

$$u_y = -v_x \qquad\qquad\qquad u_x = v_y,$$

also den Cauchy-Riemannschen Differentialgleichungen.

(c)$\Rightarrow$(a): Jede komplex-lineare Abbildung auf $\mathbb{C}$ ist eine Multiplikation mit einem Skalar. Ist $Df(z)$ komplex-linear, dann existiert also eine komplexe Zahl $f'(z) \in \mathbb{C}$ so dass $Df(z)h = f'(z)h$ für jedes $h \in \mathbb{C}$ gilt. Es gilt dann für hinreichend kleines $h \in \mathbb{C}$, dass

$$f(z + h) = f(z) + f'(z)h + \phi(h)$$

mit einer Funktion ϕ, die $\lim_{h\to 0} \frac{|\phi(h)|}{|h|} = 0$ erfüllt. Das heißt also, dass der Limes

$$\lim_{h\to 0} \frac{f(z + h) - f(z)}{h} = \lim_{h\to 0} f'(z) + \frac{\phi(h)}{h}$$

existiert. Daher ist f komplex differenzierbar. $\square$

Skizze zu Aufgabe 19.1.2.

Nach Aufgabe 19.1.1 reicht es, zu zeigen dass die in der Aufgabe genannte komplexe Differentialgleichung zu den Cauchy-Riemannschen Gleichungen äquivalent ist. Der Koordinatenwechsel zu Polarkoordinaten ist gegeben durch $(x, y) \mapsto (t, \theta)$, wobei $t(x, y) = \frac{1}{2}\log(x^2 + y^2)$ und $\theta(x, y) = \arctan\left(\frac{y}{x}\right)$. Dann gilt $x + iy = e^{t+i\theta}$. Mit der Kettenregel drückt man $\frac{\partial}{\partial x}$ und $\frac{\partial}{\partial x}$ durch die Ableitungen nach t und θ aus und erhält die Behauptung. $\square$

Skizze zu Aufgabe 19.1.4.

Sei $z \in \mathbb{H}$. Die Aussage, dass $|\tau(z)| < 1$ ist, ist äquivalent zu $|z - i| < |z + i|$, was geometrisch klar ist, da z näher an i liegt, als an $-i$. Man berechnet die Inverse durch den Ansatz $w = \tau(z) = \frac{z-i}{z+i}$. Diese Gleichung löst man nach z auf und erhalt $z = i\frac{1+w}{1-w}$. Man macht die rechte Seite zur Definition von $\psi(w)$, rechnet explizit nach, dass $\psi(w)$ in $\mathbb{H}$ liegt und rechnet dann nach, dass $\psi \circ \tau$ und $\tau \circ \psi$ jeweils die identische Abbildung auf $\mathbb{H}$ bzw. $\mathbb{E}$ ist. Beide Abbildungen sind rationale Funktionen, also holomorph. $\square$

Lösung zu Aufgabe 19.2.1.

Wir benutzen die geometrische Reihe.Für $|z| < 1$ gilt

$$\frac{1}{1+z} = \frac{1}{1-(-z)} = \sum_{n=0}^{\infty} (-1)^n z^n.$$

Im zweiten Fall gilt, ebenfalls für $|z| < 1$,

$$\frac{1}{1+z^2} = \frac{1}{1-(-z^2)} = \sum_{n=0}^{\infty} (-1)^n z^{2n}.$$

Im dritten Fall beachte, dass $z^2 - 3z + 2 = (z-1)(z-2)$ gilt. Ferner ist

$$\frac{1}{z^2 - 3z + 2} = \frac{1}{(z-1)(z-2)} = \frac{1}{z-2} - \frac{1}{z-1} = -\frac{1}{2}\frac{1}{1-z/2} + \frac{1}{1-z}$$

$$= -\frac{1}{2}\sum_{n=0}^{\infty}\frac{z^n}{2^n} + \sum_{n=0}^{\infty} z^n = \sum_{n=0}^{\infty} z^n \left(1 - \frac{1}{2^{n+1}}\right). \qquad \square$$

Lösung zu Aufgabe 19.2.2.

(a) Die geometrische Reihe $f(z) = \sum_{n=0}^{\infty} z^n$ hat Konvergenzradius 1. Dann hat die Reihe $f(z/R) = \sum_{n=0}^{\infty} \frac{1}{R^n} z^n$ Konvergenzradius R.

(b) Wir behaupten, dass die Reihe $\sum_{n=0}^{\infty} \frac{z^n}{(n+1)^2}$ Konvergenzradius 1 hat. Für $|z| < 1$ ist die geometrische Reihe eine Majorante und für $t = |z| > 1$ ist die Folge

$$\left|\frac{z^n}{(n+1)^2}\right| = e^{n\log t - 2\log(n+1)}$$

nicht beschränkt, da der Logarithmus langsamer wächst als jede Potenz. Daher kann die Potenzreihe für $|z| > 1$ nicht konvergieren, sie hat also Konvergenzradius 1. Sie konvergiert nun in jedem Punkt auf dem Rand des Konvergenzkreises absolut, denn für $|z| = 1$ ist

$$\sum_{n=0}^{\infty} \left|\frac{z^n}{(n+1)^2}\right| = \sum_{n=1}^{\infty} \frac{1}{n^2} < \infty.$$

Nach Satz 19.2.4 ist die Potenzreihe $\sum_{n=0}^{\infty}(n+1)z^n$, die die Ableitung der geometrischen Reihe ist, für $|z| < 1$ konvergent. Aber für $|z| = 1$ ist die Folge $(n+1)z^n$ nicht beschränkt, also die Reihe nicht konvergent.

Zum Schluss ein Beispiel, in dem beide Möglichkeiten auftreten. Betrachte die Reihe $\sum_{n=1}^{\infty} \frac{z^n}{n}$. Da die Geometrische Reihe in $|z|$ eine Majorante ist, konvergiert diese Reihe für $|z| < 1$ absolut. Für $z = 1$ divergiert sie, das die harmonische Reihe divergiert. Für $z = -1$ hingegen konvergiert sie nach dem Leibniz-Kriterium .   □

Lösung zu Aufgabe 19.3.1.

Die Funktion $\sin(z)$ hat die Stammfunktion $-\cos(z)$ und $\cos(z)$ hat die Stammfunktion $\sin(z)$. Nach Satz Ana-19.3.20 folgt daher

$$\int_\gamma \sin(z)\,dz = -\cos(-\pi) + \cos(\pi) = 1 - 1 = 0,$$

sowie

$$\int_\gamma \cos(z)\,dz = \sin(-\pi) - \sin(\pi) = 0 - 0 = 0.$$ □

Skizze zu Aufgabe 19.4.2.

Sei $0 < s < 1$. Für die Funktion $f_s(z) = f(sz)$ gilt die Behauptung. Für $s \nearrow 1$ geht f_s gegen f. Da f gleichmäßig stetig ist auf dem Kompaktum $\overline{B}$, schliesst man, dass diese Konvergenz gleichmäßig ist. Damit darf man Limes und Integral vertauschen und erhält

$$\int_\gamma f(z)\,dz = \int_\gamma \lim_{s \nearrow 1} f_s(z)\,dz = \lim_{s \nearrow 1} \int_\gamma f_s(z)\,dz = 0.$$ □

Lösung zu Aufgabe 19.5.2.

(a) Definiere eine Abbildung $f_* : G(p) \to G(f(p))$ durch $f_*(\gamma) = f \circ \gamma$. Ist γ homotop zu $\tilde\gamma$ und ist $h : [0,1] \times [0,1] \to D$ eine Homotopie von γ nach $\tilde\gamma$, dann ist $f \circ h$ eine Homotopie von $f \circ \gamma$ nach $f \circ \tilde\gamma$. Es gilt also $\gamma \cong \tilde\gamma \Rightarrow f_*\gamma \cong f_*\tilde\gamma$. Daher ist die Abbildung $\overline{f}_* : \pi_1(D,p) \to \pi_1(E, f(p))$ wohldefiniert. Für $\gamma, \eta \in G(p)$ gilt $f_*(\gamma.\eta) = f_*(\gamma).f_*(\eta)$ und daher ist $\overline{f}_*$ ein Gruppenhomomomorphismus. Sei $g : E \to D$ die Inverse zu f, dann folgt $g_* \circ f_* = (g \circ f)_* = \mathrm{Id}$ und ebenso $f_* \circ g_* = \mathrm{Id}$ und daher ist der Gruppenhomomorphismus $\overline{g}_*$ invers zu $\overline{f}_*$, so dass $\pi_1(D,p)$ und $\pi_1(E, f(p))$ isomorphe Gruppen sind.

(b) Da D wegzusammenhängend ist, gibt es einen Weg τ von p nach w. Die Abbildung

$$\phi(\gamma) = \check{\tau}.\gamma.\tau$$

bildet $G(p)$ nach $G(w)$ ab.

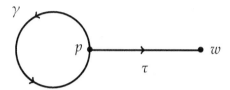

Ist γ homotop zu $\tilde{\gamma}$, dann ist nach Vorlesung der Weg $\phi(\gamma)$ homotop zu $\phi(\tilde{\gamma})$. Damit induziert ϕ eine Abbildung $\overline{\phi} : \pi_1(D,p) \to \pi_1(D,w)$, $\overline{\phi}([\gamma]) = [\phi(\gamma)]$. Wir behaupten, dass $\overline{\phi}$ ein Gruppenisomorphismus ist. Zunächst sieht man, dass für $\gamma, \eta \in G(p)$ gilt

$$\phi(\gamma.\eta) = \check{\tau}.\gamma.\eta.\tau \cong \check{\tau}.\gamma.\tau.\check{\tau}.\eta.\tau = \phi(\gamma).\phi(\eta),$$

oder $\overline{\phi}([\gamma][\eta]) = \overline{\phi}([\gamma.\eta]) = \overline{\phi}([\gamma])\overline{\phi}([\eta])$. Also ist $\overline{\phi}$ ein Gruppenhomomorphismus.

Indem wir τ durch $\check{\tau}$ ersetzen, bekommen wir einen Gruppenhomomorphismus in der umgekehrten Richtung $\psi(\eta) = \tau.\eta.\check{\tau}$. Nun ist für $\gamma \in G(p)$

$$\psi(\phi(\gamma)) = \tau.\check{\tau}.\gamma.\tau.\check{\tau} \cong c(p).\gamma.c(p) \cong \gamma$$

und ebenso in der anderen Reihenfolge, so dass ϕ und ψ zueinander inverse Gruppenhomomorphismen sind, also $\pi_1(D,w)$ isomorph ist zu $\pi_1(D,p)$.

(c) Sei D einfach zusammenhängend. Dann ist jeder geschlossene Weg nullhomotop, also insbesondere jeder Weg in $G(p)$, also ist $\pi_1(D)$ trivial. Sei umgekehrt $\pi_1(D,p) = \{1\}$ und sei γ ein geschlossener Weg in D. Sei $w \in D$ der Endpunkt von γ Nach Teil (b) ist dann $\pi_1(D,w)$ ebenfalls trivial, also ist γ nullhomotop und damit ist D einfach zusammenhängend. $\qquad\square$

Lösung zu Aufgabe 19.5.3.

(a) Die obere Halbebene ist einfach zusammenhängend, denn sie ist ein Sterngebiet, denn da sie mit zwei Punkten z, w immer auch die Verbindungslinie $[z, w]$ enthält, ist sogar jeder Punkt ein zentraler Punkt.

(b) Der Kreisring ist nicht einfach zusammenhängend, denn wäre er einfach zusammenhängend, dann hätte jede holomorphe Funktion f auf A eine Stammfunktion und damit wäre das Integral $\int_\gamma f(z)\,dz$ gleich Null für jeden geschlossenen Weg γ. Die Funktion $f(z) = \frac{1}{z}$ ist holomorph in A und $\gamma(t) = e^{2\pi i t}$ ist ein geschlossener Weg in A. In Beispiel Ana-19.3.19 wurde aber gezeigt, dass $\int_\gamma f(z)\,dz = 2\pi i$ ist.

(c) Das Gebiet B ist einfach zusammenhängend. Sei hierzu $S = \{z \in \mathbb{C} : 0 < \operatorname{Im} z < 1\}$ und seien

$$f : \mathbb{C} \to \mathbb{C}, \qquad\qquad\qquad g : \mathbb{C} \to \mathbb{C}$$
$$z \mapsto z - i\sin(\operatorname{Re}(z)) \qquad\qquad z \mapsto z + i\sin(\operatorname{Re}(z)).$$

Dann sind f und g beide stetig und invers zueinander, wie man leicht verifiziert. Da

$$\sin(\operatorname{Re}(z)) < \operatorname{Im}(z) < \sin(\operatorname{Re}(z)) + 1 \quad\Leftrightarrow\quad 0 < \operatorname{Im}(z - i\sin(\operatorname{Re}(z))) < 1,$$

bildet f das Gebiet B auf S ab und g macht es gerade umgekehrt. Das bedeutet, dass B homöomorph ist zu S. Das Gebiet S ist aber ein Sterngebiet und daher einfach zusammenhängend und damit auch B. $\square$

Lösung zu Aufgabe 19.6.1.

Nach der Cauchyschen Integralformel gilt

$$\int_{\partial B_1(0)} \frac{\sin(z)}{z}\,dz = 2\pi i \sin(0) = 0.$$

Weiter gilt

$$\int_{\partial B_1(0)} \frac{\cos(z)}{z}\,dz = 2\pi i \cos(0) = 2\pi i.$$

Schließlich sei $f(z) = 1$ die konstante Funktion, dann ist

$$\int_{\partial B_2(0)} \frac{1}{z^2 + 1}\,dz = \int_{\partial B_2(0)} \frac{1}{(z + i)(z - i)}\,dz$$
$$= \frac{i}{2} \int_{\partial B_2(0)} \frac{1}{z + i} - \frac{1}{z - i}\,dz$$
$$= \frac{i}{2} \left(\int_{\partial B_2(0)} \frac{1}{z + i}\,dz - \int_{\partial B_2(0)} \frac{1}{z - i}\,dz \right)$$
$$= \frac{i}{2} (2\pi i f(-i) - 2\pi i f(i)) = 0.$$ $\square$

Skizze zu Aufgabe 19.6.2.

Nimm an, dass dies nicht der Fall ist. Dann gibt es eine Kreisscheibe $B_r(a)$ mit $a \in \mathbb{C}$ und $r > 0$, so dass $f(\mathbb{C}) \cap B_r(a) = \emptyset$. Das bedeutet $|f(z) - a| \geq r$ für jedes $z \in \mathbb{C}$, oder mit $h(z) = \frac{1}{f(z)-a}$ gilt $|h(z)| \leq \frac{1}{r}$. Nach dem Satz von Liouville ist die ganze Funktion h konstant, also ist f konstant. $\qquad \square$

Skizze zu Aufgabe 19.6.4.

Nimm das Gegenteil an. Dann gibt es ein $R > 0$ und $p \in \mathbb{C}$, sowie ein $s > 0$ so dass $|f(z) - p| > s$ für jedes $z \in \mathbb{C}$ mit $|z| > R$ gilt. Man ersetzt $f(z)$ durch $f(z) - p$ und kann $p = 0$ annehmen. Dann gilt also $|f(z)| > s$ für jedes $z \in \mathbb{C}$ mit $|z| > R$. Insbesondere hat f keine Nullstellen ausserhalb der kompakten Menge $K := \{|z| \leq R\}$. Da Nullstellen holomorpher Funktionen isoliert liegen, hat f nur endlich viele Nullstellen $p_1, \ldots, p_t$. Seien $n_1, \ldots, n_t$ ihre Ordnungen, dann ist $g(z) = \frac{f(z)}{(z-p_1)^{n_1} \cdots (z-p_t)^{n_t}}$ eine ganze, nullstellenfreie Funktion, also ist die Funktion $\frac{1}{g(z)}$ ebenfalls ganz und nullstellenfrei. Für $|z| > 2R$ gilt $\left|\frac{1}{g(z)}\right| \leq \frac{1}{s}|z|^{n_1 + \cdots + n_t} \left|(1 - p_1/z)_1^n \cdots (1 - p_t/z)^{n_t}\right|$. Also ist $\frac{1}{g(z)}$ durch ein $C|z|^k$ beschränkt. Nach Aufgabe 19.8.2 ist $\frac{1}{g(z)}$ ein Polynom. Da $\frac{1}{g(z)}$ aber nullstellenfrei ist, folgt nach dem Fundamentalsatz der Algebra, dass $g(z)$ konstant ist und damit ist f ein Polynom, **Widerspruch!** $\qquad \square$

Skizze zu Aufgabe 19.7.1.

Nimm an, f hat keine Nullstelle. Dann ist auch $1/f$ holomorph in $\overline{B}$. Man kann $|f| \neq 0$ auf ∂B annehmen, da f sonst Null wäre. Nach Skalierung nimm an, dass $|f| = 1$ auf ∂B. Dann nehmen sowohl f also auch $1/f$ ihr Maximum auf ∂B an. Dann muss $|f|$ konstant sein und damit f ebenfalls. $\qquad \square$

Skizze zu Aufgabe 19.7.2.

Da U offen ist, kann man n so groß wählen, dass F auf dem Rand ∂B verschwindet. Nach dem Maximumprinzip ist $F = 0$. Wäre nun $f \neq 0$, dann hätte f nur diskrete Nullstellen und so auch F. Das ist nicht der Fall, also ist $f = 0$. $\qquad \square$

Skizze zu Aufgabe 19.8.1.

Es reicht, die gleichmäßige Konvergenz zu zeigen, da die Holomorphie dann aus dem Satz von Weierstraß folgt. Für jedes $z \in \mathbb{C}$ gilt $|n^{-z}| = n^{-\text{Re}(z)}$.

Es reicht also, zu zeigen, dass für gegebenes $\delta > 0$ die Reihe $\zeta(1 + \delta)$ konvergiert. Dies wurde in Beispiel Ana-6.4.8gezeigt.   □

Skizze zu Aufgabe 19.8.2.

Sei $p \in D$ und $f \in L^2_{\text{hol}}(D)$. Sei $r > 0$ so, dass die Kreisscheibe $B_r(p)$ in D liegt. Dann gilt für jedes $\frac{r}{2} < s < r$, dass $f(p) = \frac{1}{2\pi i} \int_{\partial B_s(p)} \frac{f(w)}{w-p}\, dw$. Man integriert über s und erhält nach einer Polarkoordinaten-Transformation, dass $f(p) = \frac{1}{\pi r} \int_A \frac{f(w)}{|w-p|}\, d\lambda(w)$, wobei $A = B_r(p) \setminus \overline{B_{r/2}(p)}$. Das letzte Integral ist das Skalarprodukt über A von $f(z)$ und $\frac{1}{|w-p|}$, also kann man mit der Cauchy-Schwarz-Ungleichung folgern, nachrechnen, dass $|f(p)| \leq \frac{2}{r} \|f\|$. Ist also $d(p)$ der Abstand von p zum Rand von D, dann kann $C_p = \frac{2}{d(p)}$ gewählt werden und diese Funktion ist stetig auf D.   □

Skizze zu Aufgabe 19.8.3.

Sei $(f_j)_{j\in\mathbb{N}}$ eine Cauchy-Folge in $L^2_{\text{hol}}(D)$. Für jedes $p \in D$ gibt es nach Aufgabe 19.8.2 ein $C_p > 0$, so dass für alle $j, k \in \mathbb{N}$ gilt: $|f_j(p) - f_k(p)| \leq C_p \|f_j - f_k\|$. Insbesondere ist $(f_j(p))$ eine Cauchy-Folge in $\mathbb{C}$, konvergiert also gegen ein $f(p) \in \mathbb{C}$. Ferner kann $p \mapsto C_p$ stetig, also lokal-beschränkt gewählt werden, woraus sich ergibt, dass (f_j) lokal-gleichmäßig gegen f konvergiert. Nach dem Satz von Weierstraß ist f daher holomorph auf D. Es bleibt zu zeigen, dass f quadratintegrierbar ist und dass die Normen $\|f_j - f\|$ gegen Null gehen. Es gibt es ein $M > 0$ mit $\|f_j\|^2 \leq M$. Ist $E \subset D$ eine offene Menge mit kompaktem Abschluss $\overline{E} \subset D$, dann konvergiert $f_j \to f$ gleichmäßig auf E und daher ist $\int_E |f(z)|^2\, d\lambda(z) = \int_E \lim_j |f_j(z)|^2\, d\lambda(z) = \lim_j \int_E |f_j|^2\, d\lambda(z) \leq \limsup_j \|f_j\|^2 \leq M$. Sei nun $(E_j)_{j\in\mathbb{N}}$ eine Folge offener Teilmengen $E_j \subset D$ mit kompakten Abschlüssen und $E_j \subset \overline{E_j} \subset E_{j+1} \subset D$ und $D = \bigcup_j E_j$. Lässt man E gegen D wachsen, folgt $\|f\|^2 \leq M$. Um zu zeigen, dass $\|f_j - f\|$ gegen Null geht, kann (f_j) durch eine Teilfolge ersetzen und annehmen, dass $\|f_{j+1} - f_j\| \leq \frac{1}{2^j}$ gilt. Bei lokal-gleichmäßiger Konvergenz gilt dann $f(z) = f_1(z) + \sum_{j=1}^{\infty} f_{j+1}(z) - f_j(z)$, wobei die Reihe rechts ebenfalls in der L^2-Norm konvergiert. Daher folgt $\|f_n - f\| \leq \sum_{j=n+1}^{\infty} \|f_{j+1} - f_j\| \leq \sum_{n+1}^{\infty} \frac{1}{2^j} = \frac{1}{2^n}$.   □

Lösung zu Aufgabe 19.8.4.

(a) Sei $z \in D$. Da die lineare Abbildung δ_z beschränkt ist, gibt es ein $K_z \in L^2_{\text{hol}}(D)$, so dass für jedes $f \in L^2_{\text{hol}}(D)$ gilt $f(z) = \delta_z(f) = \langle f, K_z \rangle$. Setze

$K(z, w) = K_z(w)$. Dann ist nach Definition $w \mapsto K(z, w)$ holomorph in D und die Gleichung $\langle f, K(z, \cdot) \rangle = f(z)$ gilt ebenfalls nach Definition.

(b) Aus der definierenden Eigenschaft des Bergman-Kerns folgt $K(z, w) = K_z(w) = \langle K_z, K_w \rangle = \overline{\langle K_w, K_z \rangle} = \overline{K_w(z)} = \overline{K(w, z)}$. $\qquad\square$

Skizze zu Aufgabe 19.8.5.

Sei K der Bergman-Kern der Einheitskreisscheibe B und sei $K(z, w) = \sum_{n=0}^{\infty} c_n(z) w^n$ die Potenzreihe in w. Diese Potenzreihe setzt man in der folgenden Rechnung ins Integral ein und rechnet unter Benutzung der Polarkoordinaten-Transformation $z^k = \langle w^k, K(z, w) \rangle = \int_B w^k \overline{K(z, w)} \, d\lambda(w)$
$= \int_B \sum_{n=0}^{\infty} \overline{c_n(z)} w^k \, \overline{w}^n \, d\lambda(w) = \frac{\pi}{k+1} \overline{c_k(z)}$. Es folgt $c_k(z) = \frac{k+1}{\pi} \overline{z}^k$ und daher $K(z, w) = \frac{1}{\pi} \sum_{n=0}^{\infty} (n+1) \overline{z}^k w^k = \frac{1}{\pi} \left(\frac{1}{1 - \overline{z}w} \right)^2$. $\qquad\square$

Lösung zu Aufgabe 19.8.6.

(a) In Aufgabe 2.2 wurde gezeigt, dass die Reihe $\sum_{n=0}^{\infty} (n+1) z^n$ im Inneren des Einheitskreises konvergiert, aber jedem Randpunkt divergiert. Daher konvergiert $\sum_{n=0}^{\infty} \frac{n+1}{s^n} z^n$ in der offenen Kreisscheibe $B_s(0)$ und in keinem Randpunkt. Demnach konvergiert die Reihe $\sum_{n=1}^{\infty} \frac{n+1}{(1/r)^n} \frac{1}{z^n}$ genau dann, wenn $|1/z| < 1/r$, oder $|z| > r$. Insgesamt leistet also die Laurent-Reihe

$$\sum_{n=-\infty}^{-1} (|n| + 1) \frac{z^n}{r^n} + \sum_{n=0}^{\infty} \frac{n+1}{s^n} z^n$$

das Gewünschte.

(b) Wie in Teil (a) folgt aus Aufgabe 2.2, dass die Reihe

$$\sum_{n=-\infty}^{-1} \frac{1}{(|n| + 1)^2} \frac{z^n}{r^n} + \sum_{n=0}^{\infty} \frac{1}{(n+1)^2 s^n} z^n$$

auf dem Kreisring und dessen Rand konvergiert und sonst nirgendwo.

Teil (c) löst man nun leicht durch Kombination beider vorherigen. Die Reihe

$$\sum_{n=-\infty}^{-1} \frac{1}{(|n| + 1)^2} \frac{z^n}{r^n} + \sum_{n=0}^{\infty} \frac{n+1}{s^n} z^n$$

konvergiert auf der inneren Kreislinie, nicht aber auf der Äußeren und die Reihe $\sum_{n=-\infty}^{-1} (|n| + 1) \frac{z^n}{r^n} + \sum_{n=0}^{\infty} \frac{1}{(n+1)^2 s^n} z^n$ macht es gerade umgekehrt. $\qquad\square$

Lösung zu Aufgabe 19.9.1.

(a) Die Funktion $f(z)$ hat isolierte Singularitäten in $z = \pm 1$ und ist ansonsten holomorph in $\mathbb{C}$, Also konvergiert die Laurent-Reihe um den Punkt $p = 1$ in dem Kreisring $A_{0,2}(1)$. In diesem Kreisring gilt

$$f(z) = \frac{1}{(z-1)(z+1)} = \frac{1}{z-1}\frac{1}{z-1+2} = \frac{1}{2}\frac{1}{z-1}\frac{1}{1-\frac{1-z}{2}}$$

$$= \frac{1}{2}\frac{1}{z-1}\sum_{k=0}^{\infty}\left(\frac{1-z}{2}\right)^k = \frac{1}{2}\frac{1}{z-1}\sum_{k=0}^{\infty}\frac{(-1)^k}{2^k}(z-1)^k$$

$$= \sum_{n=-1}^{\infty}\frac{(-1)^{n+1}}{2^{n+2}}(z-1)^n.$$

Dies ist die gesuchte Laurent-Reihe. (b) Die Funktion $g(z)$ ist holomorph in $\mathbb{C} \setminus 1$, also konvergiert die Laurent-Reihe in dem Kreisring $A_{0,\infty}(1)$. Es gilt

$$g(z) = \frac{z}{(z-1)^2} = \frac{1}{(z-1)^2}(1+z-1) = (z-1)^{-2} + (z-1)^{-1}.$$

Dies ist die Laurent-Reihe, welche in diesem Fall sogar endlich ist.

(c) Sei $z \in A_{1,2}(0)$, also $1 < |z| < 2$. Dann gilt insbesondere $\left|\frac{1}{z}\right| < 1$ und daher konvergieren die folgenden Reihen absolut:

$$h(z) = \frac{1}{z-1}\frac{1}{z-2} = \frac{-1}{z-1} + \frac{1}{z-2} = \frac{-1}{z}\frac{1}{1-\frac{1}{z}} - \frac{1}{2}\frac{1}{1-\frac{z}{2}}$$

$$= \frac{-1}{z}\sum_{n=0}^{\infty}\left(\frac{1}{z}\right)^n - \frac{1}{2}\sum_{k=0}^{\infty}\frac{z^n}{2^n} = \sum_{n=-\infty}^{-1}(-1)z^n + \sum_{n=0}^{\infty}\frac{-1}{2^{n+1}}z^n.$$

Dies ist die gesuchte Laurent-Reihe.   □

Lösung zu Aufgabe 19.9.2.

(a) Die einzige Singularität liegt bei $z = -1$. Es gilt

$$\frac{z^2}{(z+1)^3} = \frac{(z+1-1)^2}{(z+1)^3} = \frac{(z+1)^2 - 2(z+1) + 1}{(z+1)^3} = \frac{1}{z+1} - \frac{2}{(z+1)^2} + \frac{1}{(z+1)^3},$$

das Residuum ist also 1.

(b) Die Singularitäten liegen bei $z = \pm i$. Für $z \neq \pm i$ gilt

$$g(z) = \frac{1}{z^2 + 1} = \frac{1}{(z+i)(z-i)} = \frac{1/(z+i)}{z-i}.$$

In dieser Darstellung ist der Zähler holomorph in $z = i$ und da es sich um einen einfachen Pol handelt, ist das Residuum gleich

$$\text{res}_{z=i}\, g(z) = \frac{1}{z+i}\bigg|_{z=i} = \frac{1}{2i} = -\frac{i}{2}.$$

In derselben Weise erhalten wir $\text{res}_{z=-i}\, g(z) = \frac{i}{2}$.

(c) Die einzige Singularität liegt bei $z = 1$. Es gilt

$$\frac{e^z}{(z-1)^2} = \frac{e^{z-1}e}{(z-1)^2} = \frac{e}{(z-1)^2}\sum_{n=0}^{\infty}\frac{(z-1)^n}{n!}$$

$$= e\left(\frac{1}{(z-1)^2} + \frac{1}{z-1} + h(z)\right),$$

wobei $h(z)$ in $z = 1$ holomorph ist. Damit ist das Residuum gleich e.

(d) Die einzige Singularität liegt bei $z = 1$. Für $z \neq 1$ gilt

$$z \cdot e^{\frac{1}{z-1}} = (z - 1 + 1)\sum_{n=0}^{\infty}\frac{1}{(z-1)^n}\frac{1}{n!}$$

$$= (z-1) + 1 + \frac{1}{2}\frac{1}{z-1} + \sum_{n=3}^{\infty}\frac{1}{n!}\frac{1}{(z-1)^{n-1}} + 1 + \frac{1}{z-1} + \sum_{n=2}^{\infty}\frac{1}{n!}\frac{1}{(z-1)^n}.$$

Damit ist das Residuum gleich $\frac{3}{2}$. $\qquad\square$

Lösung zu Aufgabe 19.9.3.

(a) Der Integrand $f(z) = \frac{1}{(z-1)^2(z+i)(z-i)}$ hat einfache Pole in $z = \pm i$ und einen doppelten in $z = 1$. Die Residuen in den einfachen Polen sind $\pm i$ sind nach Lemma Ana-19.10.15 gleich

$$\text{res}_{z=\pm i}\, f(z) = \lim_{z\to\pm i}(z - (\pm i))f(z)$$

$$= \frac{1}{(\pm i - 1)^2(\pm 2i)} = \frac{1}{(\mp 2i)(\pm 2i)} = \frac{1}{4}.$$

Wir bestimmen nun das Residuum in $z = 1$. Sei $g(z) = \frac{1}{z^2+1}$. Dann ist $g(1) = \frac{1}{2}$ und $g'(z) = \frac{-2z}{(1+z^2)^2}$, also $g'(1) = -\frac{1}{2}$. Daher gilt, wieder nach Lemma Ana-19.10.15,

$$\text{res}_{z=1}\, f(z) = -\frac{1}{2}.$$

Nach dem Residuensatz ist also

$$\int_{\partial B_2(0)}\frac{1}{(z-1)^2(z^2+1)}dz = 2\pi i\left(\frac{1}{4} + \frac{1}{4} - \frac{1}{2}\right) = 0.$$

(b) Sei $f(z) = \frac{z}{2z^4+5z^2+2}$. Dann gilt

$$f(z) = \frac{1}{2} \frac{z}{\left(z^2 + \frac{1}{2}\right)(z^2 + 2)} = \frac{1}{2} \frac{z}{\left(z + i\frac{1}{\sqrt{2}}\right)\left(z - i\frac{1}{\sqrt{2}}\right)\left(z + i\sqrt{2}\right)\left(z - i\sqrt{2}\right)}.$$

Daher hat f einfache Pole in $\pm\frac{i}{\sqrt{2}}$ und ist ansonsten holomorph in $\overline{B_1(0)}$. Die Residuen sind

$$\operatorname{res}_{z=\pm\frac{i}{\sqrt{2}}} f(z) = \frac{1}{2} \frac{\pm\frac{i}{\sqrt{2}}}{\left(\pm\frac{i}{\sqrt{2}} + \pm\frac{i}{\sqrt{2}}\right)\left(-\frac{1}{2} + 2\right)} = \frac{1}{6}.$$

Damit folgt

$$\int_{\partial B_1(0)} f(z)dz = \frac{2\pi i}{3}.$$

Benutzen wir die im Hinweis angegebene Parametrisierung, ergibt sich

$$\int_{\partial B_1(0)} f(z)dz = \int_0^1 \frac{e^{2\pi i\theta}}{2e^{8\pi i\theta} + 5e^{4\pi i\theta} + 2} 2\pi i e^{2\pi i\theta} \, d\theta$$

$$= 2\pi i \int_0^1 \frac{1}{2e^{4\pi i\theta} + 5 + 2e^{-4\pi i\theta}} \, d\theta$$

$$= 2\pi i \int_0^1 \frac{1}{1 + 8\cos^2(2\pi\theta)} \, d\theta.$$

Die Behauptung folgt.   □

Lösung zu Aufgabe 19.9.7.

Die Anzahl der Nullstellen ist 3. Es sei $f(z) = -5z^3 + z - 2$ und $g(z) = z^8$. Ist $|z| = 1$, dann gilt $|-5z^3| = 5$ und $|z - 2| \leq 3$, also $|f(z)| \geq 5 - 3 = 2 > 1 = |g(z)|$. Nach dem Satz von Rouché, Ana-19.10.27, haben $f(z)$ und $f(z) + g(z)$ die gleiche Anzahl von Nullstellen in $\mathbb{E}$. Wir behaupten nun, dass $f(z)$ mit Vielfachheiten drei Nullstellen in $\mathbb{E}$ hat. Ist $|z| \geq 1$, dann folgt $|-5z^3| \geq 5|z|$ und $|z - 2| \leq |z| + 2$, also $|f(z)| \geq 5|z| - |z| - 2 = 4|z| - 2 \geq 2$. Also hat $f(z)$ nur Nullstellen innerhalb von $\mathbb{E}$. Da $f(z)$ ein Polynom vom Grad 3 ist, hat $f(z)$ mit Vielfachheiten genau 3 Nullstellen.   □

Kapitel 40

Lösungen zu Kapitel 20

Skizze zu Aufgabe 20.1.1.

Nimm zunächst $a, b \in \mathbb{R}$ an und dass f stetig nach $[a, b] \times D$ fortsetzt. Zeige, dass die Folge der Riemann-Summen

$$R_n(f, s) = \frac{b - a}{n} \sum_{j=1}^{n} f\left(a + j\frac{b - a}{n}, s\right)$$

lokal-gleichmäßig gegen $F(s)$ konvergiert. Nutze hierzu die gleichmäßige Stetigkeit von f auf $[a, b] \times K$ für jedes Kompaktum $K \subset D$. Für den allgemeinen Fall nähere das Intervall (a, b) durch Teilintervalle $[a_n, b_n]$ an und argumentiere wieder mit lokal-gleichmäßiger Konvergenz. $\qquad \square$

Skizze zu Aufgabe 20.1.2.

Sei $\alpha > 0$. Für $\mathrm{Re}(s)\,\alpha$ gilt $|e^{-t}t^{s-1}| \leq e^{-t}t^{\alpha} - 1$. Hieraus leitet man mit Aufgabe 20.1.1 ab, dass das Integral $\Gamma(s)$ existiert und eine holomorphe Funktion im Gebiet $\{\mathrm{Re}(s) > \alpha\}$ definiert. Da $\alpha > 0$ beliebig ist, folgt, dass das Integral $\Gamma_1(s)$ für jedes s mit $\mathrm{Re}(s) > 0$ existiert und holomorph in s ist. Die Funktionalgleichung $\Gamma(s + 1) = s\Gamma(s)$ wurde für reelles $s > 0$ in Analysis 1 bewiesen und gilt dann nach dem Identitätssatz auch im Komplexen. Die Funktionalgleichung gilt also für $\mathrm{Re}(s) > 0$. Wir schreiben sie um zu

$$\Gamma(s) = \frac{\Gamma(s + 1)}{s}.$$

Die rechte Seite dieser Gleichung ist eine holomorphe Funktion auf dem Gebiet $\big\{\mathrm{Re}(s) > -1\big\} \smallsetminus \{0\}$. Daher liefert diese Gleichung eine holomorphe

275

Fortsetzung der linken Seite, also $\Gamma(s)$ in ebendieses Gebiet. Wenn man mit dieser Information wieder die rechte Seite betrachtet, sieht man, dass diese rechte Seite eine in $\left\{ \operatorname{Re}(s) > -2 \right\} \setminus \{0, -1\}$ beschreibt. Diesen Vorgang iteriert man und erhält die Behauptung.   □

Skizze zu Aufgabe 20.1.4.

Indem man D verkleinert, kann man annehmen, dass das Produkt gleichmäßig auf D konvergiert. Dann geht die Folge (f_n) gleichmäßig gegen 1. Indem man endlich viele Folgenglieder weglässt, kann man annehmen, dass $\operatorname{Re}(f_n(z)) > 0$ für alle $n \in \mathbb{N}$, $z \in D$ gilt. Man multipliziert f_1 mit einem Skalar und kann, nach weiterer Verkleinerung von D, annehmen, dass $\operatorname{Re}(f(z)) > 0$ für jedes $z \in D$ gilt und dass es ein N_0 gibt, so dass für jedes $N \geq N_0$ und jedes $z \in D$ gilt $\operatorname{Re}\left(\prod_{n=1}^{N} f_n(z) \right) > 0$. Sei log der Hauptzweig des Logarithmus und $N \geq N_0$. Dann gilt

$$\log\left(\prod_{n=1}^{N} f_n(z) \right) = \sum_{n=1}^{N} \log(f_n(z)) + 2\pi i k_N$$

für ein $k_N \in \mathbb{Z}$. Mit dem Satz von Weierstrass kann man die Folge gliedweise differenzieren und erhält die Behauptung.   □

Skizze zu Aufgabe 20.1.6.

(a) Da a und b linear unabhängig über $\mathbb{R}$ sind, lässt sich jedes $z \in \mathbb{C}$ in eindeutiger Weise als $z = ra + vb$ mit $r, v \in \mathbb{R}$ darstellen. Man nimmt von r und v die Reste modulo $\mathbb{Z}$ und landet in $\mathcal{F}$.

(b) Sei f holomorph und Λ-periodisch. Dann ist der Wertebereich gleich $f(\mathcal{F}) = f(\overline{\mathcal{F}})$, also kompakt. Nach dem von Liouville ist f konstant.   □

Skizze zu Aufgabe 20.1.7.

(a) Sei $\mathcal{F}$ eine Fundamentalmasche für das Gitter Λ mit $0 \in \mathcal{F}$ und sei $\psi(z) = \sum_{\substack{\lambda \in \Lambda \\ \lambda \neq 0}} \frac{1}{|\lambda|^3} \mathbf{1}_{\mathcal{F}+\lambda}(z)$. Dann gilt $|\mathcal{F}| \sum_{\substack{\lambda \in \Lambda \\ \lambda \neq 0}} \frac{1}{|\lambda|^3} = \int_{\mathbb{C}} \psi(x + iy)\, dx\, dy$, wobei $|\mathcal{F}|$ das Volumen der Fundamentalmasche ist. Es ist zu zeigen, dass das Integral endlich ist. Für $|z| > 2 \operatorname{diam} \mathcal{F}$ lässt sich $\psi(z)$ abschätzen durch $\psi(z) \leq 2^3 |z|^{-3}$, woraus die Endlichkeit des Integrals folgt.

(b) Man schätzt $\left| \frac{1}{(z-\lambda)^2} - \frac{1}{\lambda^2} \right|$ ab gegen $\frac{10|z|}{|\lambda|^3}$ und erhält die Konvergenz. Man zeigt dann, dass $\wp(z)$ eine gerade Funktion ist. Nach dem Satz von Weierstrass kann man die Summe gliedweise differenzieren und erhält

$\wp'(z) = -2\sum_{\lambda\in\Lambda}\frac{1}{(z-\lambda)^3}$. Diese Funktion ist Λ-periodisch. Das bedeutet $\wp(z+\lambda) = \wp(z) + \chi(\lambda)$ für jedes $\lambda\in\Lambda$ und ein $\chi(\lambda)\in\mathbb{C}$. Setzt man $z = -\frac{\lambda}{2}$ ein, erhält man $\chi(\lambda) = 0$ da $\wp$ gerade ist. $\qquad\square$

Skizze zu Aufgabe 20.1.8.

(a) Man erhält die Identität, indem man jeden Summanden der $\wp$-Funktion in eine Potenzreihe um Null entwickelt und dann die Summationsreihenfolge ändert. $\qquad\square$

(b) Man zeigt, dass die Differenz der beiden Seiten keinen Pol bei Null und damit insgesamt keinen Pol hat. Damit ist sie konstant. Setzt man $z = 0$ ein, sieht man, dass diese Konstante gleich $-140G_6$ ist. $\qquad\square$

Lösung zu Aufgabe 20.2.1.

1. Fall: $D \neq \mathbb{C}$. In diesem Fall gibt es eine biholomorphe Abbildung $\phi : D \to \mathbb{E}$. Hat man die Aussage für $\phi\circ f\circ\phi^{-1} : \mathbb{E} \to \mathbb{E}$ gezeigt, so folgt sie auch für f. Daher reicht es, $D = \mathbb{E}$ anzunehmen. Seien dann $p, q \in D$ verschiedene Punkte. Die Abbildung ϕ_p aus Lemma Ana-20.4.2 vertauscht p mit Null. Sei $s = \phi_p(q)$. Dann vertauscht die Abbildung $f = \phi_p^{-1}\circ\phi_s\circ\phi_p$ die Punkte p und q und da sie eine Verknüpfung von biholomorphen Abbildungen auf D ist, ist sie selbst eine. Zur Eindeutigkeit: Ist g eine weitere biholomorphe Abbildung, die p und q vertauscht. Sei $h = g^{-1}\circ f$. Dann ist h eine biholomorphe Abbildung von $\mathbb{E}$, die die beiden Punkte p und q fixiert. Die Abbildung $\phi_p^{-1}\circ h\circ\phi_p$ fixiert dann 0 und $\phi_p^{-1}(q)$ und ist dann nach Satz Ana-20.4.3 gleich der Identität. Damit ist h die Identität und daher folgt $g = f$.

2. Fall: $D = \mathbb{C}$. Für jedes $w \in \mathbb{C}$ ist die Translation $T_w : \mathbb{C}\to\mathbb{C}, z\mapsto z+w$ biholomorph. Ebenso ist für $\lambda\in\mathbb{C}^\times$ die Multiplikationsabbildung $M_\lambda(z) = \lambda z$ biholomorph. Die biholomorphe Abbildung $G(z) = 1 - z$ vertauscht 0 und 1. Sei $\lambda = \frac{1}{q-p}$. Man rechnet leicht nach, dass die Abbildung $T_p\circ M_{1/\lambda}\circ G\circ M_\lambda\circ T_{-p}$ die Punkte p und q vertauscht.

Für die Eindeutigkeit reicht es wieder, zu zeigen, dass eine biholomorphe Abbildung, die zwei Punkte fixiert, gleich der Identität ist. Sei also $f : \mathbb{C}\to\mathbb{C}$ biholomorph mit $f(p) = p$ und $f(q) = q$. Insbesondere ist f dann eine ganze Funktion. Also ist $f(\mathbb{E})$ eine offene Teilmenge und da $f(\mathbb{C}\setminus\overline{\mathbb{E}})$ zu $f(\mathbb{E})$ disjunkt ist, liegt $f(\mathbb{C}\setminus\mathbb{E})$ nicht dicht in $\mathbb{C}$. Nach Aufgabe 19.6.4 ist f daher ein Polynom. Dieses Polynom $f(z)$ kann nur eine Nullstelle haben, da f sonst nicht injektiv wäre. Dann ist $f(z) = \lambda(z-v)^n$ für ein $\lambda\in\mathbb{C}^\times$, ein $v\in\mathbb{C}$ und ein $n\in\mathbb{N}$. Ist nun $n\geq 2$, dann kann f nach Lemma Ana-20.1.4 nicht injektiv sein. Daher ist $n = 1$, also $f(z) = \lambda(z - v)$. Aus $f(p) = p$ und $f(q) = q$ folgt $\lambda(p - q)f(p) - f(q) = p - q$, so dass $\lambda = 1$ folgt. Dann liefert $f(p) = p$ auch $v = 0$ und also $f(z) = z$. $\qquad\square$

Skizze zu Aufgabe 20.2.4.

(a) Da die Aussage lokaler Natur ist, reicht es, den Fall $D = B_{r+\varepsilon}(a)$ für $a \in \mathbb{R}$ und $r, \varepsilon > 0$ zu betrachten. Für $z \in B_r(a)$ sei $f_1(z) = \frac{1}{2\pi i} \int_{\partial K_r(a)} \frac{f(w)}{w - z} \, dw$. Diese Funktion ist holomorph und indem man das Integral durch Integrale wie in der folgenden Abbildung approximiert,

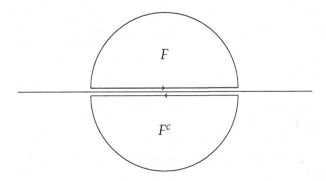

zeigt man $f_1(z) = f(z)$.

(b) Indem man f durch $f - g$ ersetzt, kann man $g = 0$ annehmen. Sei $\phi : \mathbb{C} \to \mathbb{C}$ definiert durch $\phi(z) = \begin{cases} f(z) & \text{Im}(z) \geq 0, \\ \overline{f(\overline{z})} & \text{Im}(z) < 0. \end{cases}$ Diese Funktion ist nach Teil (a) holomorph auf $\mathbb{C}$. Da sie auf $\mathbb{R}$ verschwindet, folgt nach dem Identitätssatz, dass $\phi = 0$, also $f = 0$ ist. $\qquad\square$

Lösung zu Aufgabe 20.2.5.

(a) Sei $z \in \mathbb{C} \setminus D$. Es gilt

$$\mathcal{W}(\gamma, z) = \frac{1}{2\pi i} \int_{\gamma} \frac{1}{w - z} \, dw \in \mathbb{C}.$$

Die Funktion $w \mapsto \frac{1}{w - z}$ is holomorph in D, daher ist das Integral invariant unter Homotopie (mit festen Enden). Ist also γ nullhomotop, dann stimmt das Integral mit $\int_{\eta} \frac{1}{w - z} \, dw$ überein, wobei η ein konstanter Weg ist. Das Integral über einen konstanten Weg ist aber Null.

(b) Sei

$$K = \text{Im}(\gamma) \cup \left\{ z \in \mathbb{C} : \mathcal{W}(\gamma, z) \neq 0 \right\}.$$

Dann ist K kompakt, denn K ist abgeschlossen und ist $R > 0$ so groß, dass $\mathrm{Bild}(\gamma) \subset B_R(0)$, dann folgt $K \subset B_R(0)$. Da γ nullhomolog in D ist, folgt $K \subset D$. Nach dem Satz von Runge existieren rationale Funktionen R_n, $n \in \mathbb{N}$, so dass die Folge R_n auf K gleichmäßig gegen f konvergiert. Genauer kann man jedes R_n als Linearkombination von Funktionen der Art $z \mapsto \frac{1}{z-a}$, $a \notin K$ wählen. Nach Voraussetzung gilt $\int_\gamma \frac{1}{z-a}\, dz = 0$ für jedes $a \notin K$, so dass $\int_\gamma R_n(z)\, dz = 0$ für jedes $n \in \mathbb{N}$ folgt. Im Limes ergibt sich $\int_\gamma f(z)\, dz = 0$.

(c) Sei f holomorph in D bis auf endlich viele Punkte $a_1, \ldots, a_n \in D$, von denen keiner auf dem Bild des nullhomologen Weges γ in D liegt. Wir wollen zeigen, dass

$$\int_\gamma f(z) = 2\pi i \sum_{z \in D \setminus \mathrm{Bild}(\gamma)} \mathcal{W}(\gamma, z) \operatorname{res}_z f(z).$$

Mit Hilfe von Teil (b) läuft der Beweis genauso wie der Beweis des Residuensatzes in einfach zusammenhängenden Gebieten: Seien $f_1, \ldots, f_n$ die Hauptteile der Laurent-Entwicklungen von f. Dann ist die Funktion $g = f - \sum_{j=1}^n f_j$ holomorph in D, also gilt $\int_\gamma g(z)\, dz = 0$. Daher folgt

$$\int_\gamma f(z)\, dz = \sum_{k=1}^n \int_\gamma f_k(z)\, dz = 2\pi i \sum_{k=1}^n \mathcal{W}(\gamma, z) \operatorname{res}_{z=a_k} f(z). \qquad \square$$

Skizze zu Aufgabe 20.3.1.

(a) Sei $\gamma : [0,1] \to \mathbb{R}^k$ ein geschlossener Weg mit Endpunkt $x_0 \in \mathbb{R}^k$. Dann ist $h(s,t) = x_0 + (1-s)(\gamma(t) - x_0)$ eine Homotopie mit festen Enden zwischen γ und dem konstanten Weg mit Wert x_0.

(b) Sei $\gamma : [0,1] \to S^n$ ein geschlossener Weg mit Endpunkt x_0. Es soll gezeigt werden, dass γ homotop ist zu einem Weg $\eta : [0,1] \to S^n$, der nicht surjektiv ist. Dieser Weg η liegt dann in $S^n \setminus \{p\}$ für einen Punkt $p \in S^n$. Nach der stereographischen Projektion, Beispiel Ana-12.2.4, ist $S^n \setminus \{p\}$ homöomorph zu $\mathbb{R}^n$ und daher einfach zusammenhängend, so dass γ insgesamt homotop zu einem konstanten Weg ist.

Sei nun γ ein geschlossener Weg in S^n mit Endpunkt x_0 und sei $p \in S^n$ ein Punkt, der verschieden von x_0 ist. Liegt p nicht im Bild von γ, so ist der Beweis beendet. Man ändert den Weg nun bis auf Homotopie so ab, dass er das Innere eines gegebenen kleinen Balls B um den Punkt p nicht trifft. $\quad\square$

Anhang A

Statistik

In diesem Buch gibt es 343 Aufgaben. Nach Schwierigkeitsgrad ergibt sich folgende Verteilung:

(A) 120 Aufgaben,

(B) 139 Aufgaben,

(C) 54 Aufgaben,

(E) 30 Aufgaben.

Es werden 125 Lösungen angegeben und 91 Lösungsskizzen. Demnach bleiben 127 Aufgaben ohne Angabe einer Lösung oder Lösungsskizze.

A. Deitmar, *Übungsbuch zur Analysis*, https://doi.org/10.1007/978-3-662-62860-7

Index

© Der/die Herausgeber bzw. der/die Autor(en), exklusiv lizenziert durch
Springer-Verlag GmbH, DE, ein Teil von Springer Nature 2021
A. Deitmar, *Übungsbuch zur Analysis*, https://doi.org/10.1007/978-3-662-62860-7

Printed in the United States
By Bookmasters